Hallo? Jemand da draußen?

© Fotostudio Balsereit

Dagmar Röhrlich, geboren 1956, hat Geologie/Paläontologie studiert und gehört zu den höchstdekorierten Wissenschaftsjournalisten im deutschsprachigen Raum. Sie erhielt u. a. 1999 den Georg von Holtzbrinck Preis für Wissenschaftsjournalismus, 2002 den Karl-Winnacker-Preis des Deutschen Atomforums und 2003 den RWTH-Preis Wissenschaftsjournalismus. Röhrlich arbeitet seit Jahren erfolgreich für Sender wie den Deutschlandfunk, die Deutsche Welle, den WDR und den BR. Darüber hinaus ist sie Schatzmeisterin und im Vorstand der Wissenschafts-Pressekonferenz (WPK). Die Autorin lebt mit ihrer Familie in Köln.

Für Zoé

Dagmar Röhrlich

Hallo?

Jemand da draußen?

Der Ursprung des Lebens und
die Suche nach neuen Welten

Spektrum
AKADEMISCHER VERLAG

Autorin
Dagmar Röhrlich
dagmar.roehrlich@wpk.org

Originalausgabe unter dem Titel Anybody Out There? erschienen im List Verlag

Wichtiger Hinweis für den Benutzer
Der Verlag, der Herausgeber und die Autoren haben alle Sorgfalt walten lassen, um vollständige und akkurate Informationen in diesem Buch zu publizieren. Der Verlag übernimmt weder Garantie noch die juristische Verantwortung oder irgendeine Haftung für die Nutzung dieser Informationen, für deren Wirtschaftlichkeit oder fehlerfreie Funktion für einen bestimmten Zweck. Der Verlag übernimmt keine Gewähr dafür, dass die beschriebenen Verfahren, Programme usw. frei von Schutzrechten Dritter sind. Die Wiedergabe von Gebrauchsnamen, Handelsnamen, Warenbezeichnungen usw. in diesem Buch berechtigt auch ohne besondere Kennzeichnung nicht zu der Annahme, dass solche Namen im Sinne der Warenzeichen- und Markenschutz-Gesetzgebung als frei zu betrachten wären und daher von jedermann benutzt werden dürften. Der Verlag hat sich bemüht, sämtliche Rechteinhaber von Abbildungen zu ermitteln. Sollte dem Verlag gegenüber dennoch der Nachweis der Rechtsinhaberschaft geführt werden, wird das branchenübliche Honorar gezahlt.

Bibliografische Information der Deutschen Nationalbibliothek
Die Deutsche Nationalbibliothek verzeichnet diese Publikation in der Deutschen Nationalbibliografie; detaillierte bibliografische Daten sind im Internet über http://dnb.d-nb.de abrufbar.

Springer ist ein Unternehmen von Springer Science+Business Media
springer.de

Spektrum Akademischer Verlag ist ein Imprint von Springer

08 09 10 11 12 5 4 3 2 1

Planung und Lektorat: Frank Wigger, Marion Baumann
Herstellung: Katrin Frohberg
Umschlaggestaltung: wsp design Werbeagentur GmbH, Heidelberg, unter Verwendung eines Fotos von GLCF / Deutsches Zentrum für Luft- und Raumfahrt (DLR)
Satz: TypoDesign Hecker GmbH, Leimen
Druck und Bindung: Krips b.v., Meppel

Printed in The Netherlands

ISBN 978-3-8274-2032-9

Inhalt

Einleitung ... 7

1. Was ist Leben? ... 13
2. Auf der Suche nach fremden Welten ... 27
3. Und es ward Licht ... 43
4. Kennen Sie Planetenbillard? ... 57
5. Die Welt aus dem Zirkon ... 75
6. Der Käfer aus dem Rundkolben ... 87
7. Von untermeerischen Quellen und fernen Monden ... 95
8. Himmel, Ton und Hölle ... 109
9. Made in Space ... 121
10. LUCA erzählt eine Geschichte ... 129
11. Spurensuche am Ende der Welt ... 141
12. Leben, wie wir es nicht kennen ... 149
13. Und sie bewegt sich doch ... 171
14. Evolution im Zeitraffer ... 185
15. Anybody Out There? ... 203

Danksagung ... 219
Anmerkungen ... 222
Literatur ... 235
Bildnachweis ... 237
Register ... 238

Einleitung

> Es gibt eine Theorie, die besagt, wenn jemals irgendwer genau herausfindet, wozu das Universum da ist und warum es da ist, dann verschwindet es auf der Stelle und wird durch noch etwas Bizarreres und Unbegreiflicheres ersetzt. Es gibt eine andere Theorie, nach der das schon passiert ist.
> *Douglas Adams: »Das Restaurant am Ende des Universums«*

Eine dichte Dunstglocke verhüllt Titan, undurchsichtiger als der dickste Smog, den irdische Städte jemals erlebt haben. Vom Weltall aus erscheint der Saturnmond deshalb wie eine gleißende Kugel. Wie Titan selbst aussieht, war bis zum 14. Januar 2005 Gegenstand der gewagtesten Spekulationen. Seitdem wissen wir mehr, denn an diesem Tag setzte gegen 13:45 Uhr MEZ die europäische Titansonde »Huygens« auf dem Saturnmond auf und erlaubte den ersten Blick auf eine fremde und doch seltsam vertraute Welt.

Unter Titans opakem, orangefarbenem Himmel verbergen sich Hügel aus Eis, weite, dunkle Ebenen und Flusstäler. Doch nicht Wasser hat diese Welt geprägt, dafür ist es viel zu kalt, sondern flüssiges Methan. Auf Titan regnet es »Erdgas«, das die Hügel hinunterläuft, sich in Rinnsalen, Bächen und Flüssen sammelt und tiefe Täler einschneidet. Dabei löst es Eisbrocken, die es mit sich schleppt wie ein irdischer Bach Steine. Wenn in den Ebenen die Kraft des Methanstroms nachlässt, bleiben runde Eiskiesel zurück – und auf diesen Kieseln hat Huygens aufgesetzt.

Obwohl Titans Landschaften den irdischen gleichen, war nirgends etwas Flüssiges zu entdecken, kein Bach, kein Strom, kein See und erst recht nicht die Meere aus Methan, auf welche die Wissenschaftler vor der Landung gehofft hatten. Erst ein Jahr nach der Huygens-Landung machten die Radarsensoren der NASA-Sonde »Cassini« zunächst im hohen Norden und später wohl auch am Südpol Titans Methanseen aus. Außerdem scheint es unter dem kilometerdicken, isolierenden Eispanzer ein Meer zu geben! Einen Ozean aus Wasser, den die innere Hitze Titans flüssig hält. Wo Wasser ist, kann Leben sein. Allerdings erklären die Forscher eilig, dass in diesem verborgenen Meer chemische Nährstoffe rar sein werden. So rar, dass es höchstens für sehr simple Organismen reicht, und auch nicht für sehr viele. Aber es ist immerhin möglich! Falls es sie gibt, ist eines jedoch sicher: Sie werden vollkommen anders sein als unsere irdischen Mikroben.

Auch Titans kleiner »Bruder«, der Saturnmond Enceladus, ist unerwartet in die Riege der potenziellen »Heimatwelten« für außerirdisches Leben aufgerückt, als Cassini seltsame Geysire ausmachte, die fast 500 Kilometer hoch aus ihm aufschießen. Gespeist werden diese Fontänen vielleicht aus Wasserreservoirs knapp unterhalb der Mondoberfläche, also von Wasser, dessen Temperatur oberhalb des Gefrierpunkts liegt. So weit draußen im Sonnensystem müsste Enceladus eigentlich tiefgefroren sein. Wahrscheinlich verleihen ihm die Gezeitenkräfte Saturns, die ihn durchkneten, so etwas wie »geologische Aktivität«. Dass das die Planetologen in Aufregung versetzt, liegt am irdischen Blickwinkel: Hier kennen wir Ökosysteme, die rein vom Vulkanismus angetrieben werden. Vielleicht gibt es so etwas ja auch auf dem kleinen Mond? Seit Cassini einmal mitten durch die Wasser- und Eisfontäne geflogen ist, wissen wir, dass sie aus kohlensäurehaltigem Wasser mit Spuren von Methan und vielen verschiedenen organischen Verbindungen besteht. Sie erinnern in ihrer Art der Zusammensetzung an die der Kometen. Wie diese kosmischen Eisbälle könnte Enceladus einen Rest der Wolke bewahrt haben, aus der sich einst unser Sonnensystem geformt hat. So gering es auch ist, Enceladus bietet ein gewisses Potenzial für sehr genügsames Leben, das von der Energie abhängt, die Saturn in dem Mond freisetzt. Der Nächste im Bunde, wenn es darum geht, ob in unserem Sonnensystem jenseits der Erde Leben entstanden sein könnte, ist der Jupitermond Europa, auf dem es ebenfalls ein Meer unter dem Eis geben soll, und auch Mars zählt dazu. Der rote, staubige Planet ist für manche Wissenschaftler immer noch Favorit.

Seit der italienische Astronom Giovanni Virginio Schiaparelli 1877 auf dem Mars die »Canali« entdeckt hatte, zarte Linien, die von seinen Zeitgenossen als Kanäle interpretiert wurden, träumt – oder befürchtet – die Menschheit, dass es im Weltraum Wesen gibt, die ihr mindestens ebenbürtig sind. Beim abendlichen Zappen durch die TV-Kanäle scheint es, als sei der Kosmos gefüllt mit mehr oder weniger wohlwollenden, auf jeden Fall jedoch intelligenten Wesen, die nur darauf warten, dass wir uns zu ihnen in die unendlichen Weiten aufmachen. Jenseits von Science-Fiction sind wir allerdings erst jetzt technisch in der Lage, ernsthaft nach Antworten auf die Frage zu suchen, ob die Entstehung von Leben etwas spezifisch Irdisches ist.

Die Europäische Weltraumagentur ESA plant, 2015 eine ganze Flottille von Weltraumteleskopen auszusenden, die im Formationsflug nach Spuren von Leben außerhalb des Sonnensystems suchen sollen. »Darwin« wird in anderthalb Millionen Kilometern Entfernung von uns auf die Jagd nach einer zweiten Erde gehen, einem Planeten, auf dem es Anzeichen für Leben gibt. Schließlich bieten die Planeten unseres Sonnensystems nur eine winzig kleine Auswahl aus den immensen Möglichkeiten des Weltraums. Er könnte voller belebter Welten sein.

Allerdings: Betrachtet man das Universum unvoreingenommen, scheint die Tatsache, dass es überhaupt Leben gibt, das weitaus größte Rätsel zu sein. Wohin wir auch schauen, da draußen ist es meist viel zu kalt oder in der Nähe einer Sonne zu heiß und zu strahlungsreich, um Leben entstehen zu lassen. Das Weltall ist für ein Lebewesen ein sehr ungemütlicher Ort – und trotzdem gibt es uns. Aber – gibt es nur uns? Sind wir allein? Wenn wir diese Frage jemals beantworten wollen, müssen wir erst einmal wissen, wonach wir dort draußen suchen sollen – und wo könnten wir das besser lernen als auf der Erde selbst, die nicht nur vom Leben überprägt, ja, geformt wurde, sondern die auch unser (zumindest derzeit) einziges Anschauungsobjekt ist.

Also schauen wir uns zunächst unseren eigenen Planeten an, und hier führt uns die Suche nach den erkennbaren Symptomen des Lebens weit in die Erdgeschichte zurück. Vielleicht seit 3,8 Milliarden Jahren bevölkern Organismen unseren Planeten. Allerdings haben wir keine Ahnung, wann sich der »Urknall des Lebens« ereignete – und wie er ablief. Und wir haben auch nur eine verschwommene Vorstellung davon, wie sich das Leben in den Äonen seiner Frühzeit entwickelt hat. Anders als auf den schon vor Jahrmilliarden erstarrten Himmelskörpern wie Mond oder Mars ist die Erde veränderlich, auf ihr bleibt nichts, wie es war. Deshalb gibt es heute auch nur noch sehr wenige steinerne Zeugen aus der Zeit, als die Erde jung war. Und wie es der Zufall will, finden die Geologen sie in entlegenen Gegenden in Grönland, Australien, Afrika und Kanada. Also machen wir uns auch in diesem Buch auf eine Reise dorthin, ans Ende der Welt – oder besser gesagt an ihren Anfang. Wir wollen Isua vor dem grönländischen Inlandeis erkunden und die Jack Hills in Westaustralien. Die uralten Steine dort bergen den Schlüssel zu dieser längst untergegangenen Epoche, der »Kindheit« unserer Erde, und so arbeiten die Wissenschaftler fieberhaft daran, sie zu entschlüsseln – im Gelände ebenso wie in den Laboratorien.

Es zeigt sich, dass die Erde von Anfang an ein viel aufregenderer Ort war, als es in den kühnsten Geologenträumen möglich erschien. Ganz allmählich gewinnt die ferne, fremde Welt der jungen Erde erste Konturen. Wie sah unser Planet aus, als aus simpler organischer Chemie, die überall im Kosmos verbreitet ist, tatsächlich Biologie wurde? Könnte die Entstehung von Leben auch auf anderen Planeten funktioniert haben? Wie muss irgendein x-beliebiger Planet beschaffen sein, auf dem so etwas geschieht? Und wie, damit sich später intelligentes Leben auf ihm entwickeln kann?

Die Geschichte der Entstehung und der Entwicklung des Lebens auf der Erde ist faszinierend, vielschichtig und voller Rätsel. Wenn wir ihr nachspüren, wagen wir uns auf unbekanntes Terrain vor, denn die Reise geht nicht nur in die tiefste Vergangenheit unseres Planeten, sondern auch in die letzten Winkel, die wir gerade erst erforschen. Inzwischen wissen wir, dass das irdische Leben an geradezu unglaublichen Orten existiert, an den kochend heißen Quellen in der nachtschwarzen Tiefsee etwa, oder begraben unter kilometerdicken Sedimentpaketen, seit Jahrmillionen von der Sonne und unserer Welt abgeschlossen. Diese extravaganten Lebensräume beweisen, dass das Leben im Universum verbreiteter sein könnte, als wir es uns noch vor 50 Jahren hätten träumen lassen – primitives Leben allerdings.

Die Menschheit ist auf der Suche nach anderen Erden. Allerdings – falls eines Tages auf dem Jupitermond Europa Mikroben gefunden werden oder der chemische Fingerabdruck des Lebens in der Atmosphäre eines fernen Exoplaneten – wird die Menschheit wieder einmal ihr Weltbild ändern müssen. Dann verlöre sie erneut etwas von ihrem Status des Besonderen, wie so oft schon seit der Erkenntnis, dass die Erde nicht der Mittelpunkt des Weltalls ist. Durch die Entdeckungen der Exoplaneten um fremde Sonnen begannen wir zu ahnen, wie viele Planeten es allein in unserer Milchstraße gibt. Es werden immer mehr entdeckt – und wir kennen auch immer mehr Exoplaneten, die auf besonderen Bahnen um ihre Sonne fliegen: Sie halten sich in dem Abstand auf, der die Existenz von flüssigem Wasser möglich macht. Wasser aber ist für uns Menschen gleichbedeutend mit Leben – jedenfalls mit Leben nach Art der Erde. Deshalb erscheint es als durchaus möglich, dass auch anderswo der Urknall des Lebens gelungen ist. Aber wie ging es dann weiter? Sind wir von einem Universum umgeben, in dem außerhalb der Erde einzellige Wesen die höchste Lebensform sind? Das wäre enttäuschend, denn wonach wir wirklich suchen, sind nicht Bakterien, sondern höheres Leben, wenn möglich sogar intelligentes Leben. Allerdings braucht das einen besonderen Planeten. Der Mensch mit allen seinen Vorstufen läuft erst seit etwa sechs oder sieben Millionen Jahren über die Erde – aber das Leben gibt es ungefähr 540-mal so lang. Es geht also um ungeheuer lange Zeiträume, in denen viel passieren kann – und in denen auf der Erde auch viel passiert ist. Es gab sogar Katastrophen, die das Leben hier hätten vernichten können. Wir hatten Glück, dass das nie geschehen ist. Nur wenn ein Planet über Äonen die richtigen Bedigungen bereitstellt, kann die Evolution den Weg vom Einzeller zum intelligenten Lebewesen beschreiten. Die Entwicklung von Intelligenz könnte zwar prinzipiell etwas schneller ablaufen als auf unserem Planeten – aber so sehr viel schneller wird es wahrscheinlich nicht gehen.

Gibt es da draußen etwas oder gar jemanden? Dass wir uns vorerst nur auf die Erkenntnisse über unseren eigenen Planeten stützen können, birgt natürlich die Gefahr der »Betriebsblindheit«. Wir Menschen erklären uns die Welt aus unseren Erfahrungen heraus, nehmen uns als Maßstab. Unsere Konzepte sind der Spiegel unseres Wissens – und unserer Fantasien. Deshalb sehen die Marsmännchen in Science-Fiction-Filmen letztendlich aus wie winzige Menschen mit Antennen auf dem Kopf, und E.T. hätten wir nicht halb so nett gefunden, wenn er ein telepathisch kommunizierender Schleim gewesen wäre. Fremde Intelligenz bedeutet nicht unbedingt humanoide Intelligenz oder gar so etwas wie menschliche Zivilisationen. Selbst falls es sie irgendwo da draußen gibt, müssten sie nicht nach unserem Muster leben. Bleibt auch noch die Frage nach dem Kontakt: Wie wahrscheinlich ist es, dass wir mit unseren Radioteleskopen auf eine zweite technische Zivilisation wie die unsere just im Augenblick ihrer Blüte stoßen? Nun, selbst die größten Optimisten werden darauf keinesfalls wetten. Aber andererseits – wie wahrscheinlich war es, dass sich aus der ersten Mikrobe irgendwann eine zweibeinige Spezies entwickelte, die Handys und Computerbetriebssysteme für eine unwahrscheinlich tolle Erfindung hält?

1 | Was ist Leben?

> Wenn man aus der Schöpfung auf die Natur des Schöpfers schließen kann, hat Gott eine Vorliebe für Sterne und Käfer.
> *John Burdon Sanderson Haldane, Genetiker*

Widerwillig hebt die Tannenzapfenechse ihren Kopf, blinzelt in die Sonne. Sie fühlt sich ganz offensichtlich gestört. Doch da wir ihr nur lästig und keinesfalls gefährlich erscheinen, stemmt sie ihren Tonnenkörper hoch und setzt gelassen ihren Weg durch das Gras fort, den runden Schwanz hinter sich herziehend. Begegnungen mit dem bizarren Skink sind in Westaustralien häufig. Wir haben angehalten, um auf der Karte die Straßenabzweigung nach Lake Thetis zu suchen. Hinter den Hügeln glitzert bereits der Indische Ozean, es kann nicht mehr weit sein, denn der flache Salzsee liegt nur wenig landeinwärts, zwischen den Sanddünen verborgen. Während sich die Echse langsam davonmacht, entdecken wir, dass wir die Hansen Bay Road ein Stück zurückfahren müssen. An dem Bauhof, den wir vor ein paar Minuten passiert haben, müssen wir links abbiegen. Der Wegweiser ist klein und unter einer großen Reklametafel leicht zu übersehen, stellen wir fest, als wir ihn schließlich finden.

Uns hat es von Perth 250 Kilometer nordwärts zum Lake Thetis gezogen, weil wir dort einen schwachen Widerschein der Epoche erhaschen können, als das Leben auf der Erde noch jung war. Die Urahnen der mikroskopisch kleinen Wesen, die heute am Grund dieses Sees gedeihen, drängten sich schon vor Jahrmilliarden an Meeresufern, heißen Vulkanquellen, in Tümpeln und Seen. Damals waren sie die Speerspitze der Evolution, schließlich hatten sie das Leben in Gemeinschaft erfunden. Große Fortschritte, wenn man bedenkt, dass sich seinerzeit alle anderen Mikroben damit begnügten, einfach im Wasser vor sich hin zu treiben.

Abb. 1: Eine Tannenzapfenechse

Im salzigen Lake Thetis wachsen seit mindestens 3000 Jahren Kolonien dieser primitiven Schleimwesen, die aus einer anderen, fremden Zeit übrig geblieben sind. Da der Wasserspiegel des Sees mit dem Niederschlag steigt und fällt, gerät diese Urwelt in regenarmen Jahren immer wieder in Lebensgefahr. Am Parkplatz klären Schilder mit Zeichnungen von neckischen Einzellern die wenigen Touristen darüber auf, was sie nach einigen Schritten sehen werden: Stromatolithen, Kolonien aus Cyanobakterien.[1] Diese Lebewesen gehören zu den ältesten, mit denen wir uns den Globus teilen. Früher wurden sie für Algen gehalten, aber es sind »echte« Bakterien, die Photosynthese betreiben. Die meisten bilden Fäden und hauchdünne Biofilme, oder sie bevorzugen es, als Einzeller im Wasser zu schweben. So zarte Gebilde überliefern sich kaum in den Steinen, sodass sich ihre Wurzeln leicht in der Vergangenheit verlören, gäbe es da nicht die Stromatolithen. Ihre Lebensgemeinschaften existierten wohl bereits vor mehr als drei Milliarden Jahren, wie versteinerte Funde belegen, und damit zählen sie zu den ältesten Fossilien, die wir kennen.

Irgendwann in grauer Vorzeit waren einige Cyanobakterien auf einen Trick verfallen, um gemeinsam dem Sand zu entgehen, der Tag für Tag und Nacht für Nacht auf sie herabrieselte. Stets davon bedroht, zugedeckt und damit vom lebenswichtigen Sonnenlicht abgeschlossen zu werden, versuchten sie sich immer wieder aufs Neue zwischen den Körnchen durchzurecken. Für ein einzelnes Bakterium ist das mühsam, im Verband ist es einfacher. Und so gingen sie unter die Baumeister, eine für Bakterien wahrlich schwierige Aufgabe. Als Erstes sonderten sie klebrigen Schleim ab, der sie zu Matten verband, dann arbeiteten sie die Sandkörnchen ein und verfestigten das ganze Gebilde mit Kalk. So bekamen sie ein Gerüst aus Stein, das ihnen half, jeden Tag einfach ein Stückchen höher hinauszuwachsen. Weil jedes Cyanobakterium des Verbands seinen Anteil am Sonnenlicht haben wollte, entstanden seltsame Formen, die frappierend an Kohlköpfe erinnern. Im Inneren besteht ein Stromatolith aus hartem Kalk, während sich die äußeren, lebendigen Schichten schwammig anfühlen. Dort leben die Einzeller.

Vor 3,5 Milliarden Jahren waren Stromatolithen die Herrscher der Erde, die am höchsten entwickelte Lebensform. Sie bauten Riffe, lange bevor es Korallen oder Schwämme gab. Heute überleben sie nur dort, wo es ihren Fressfeinden zu ungemütlich ist und sie so den hungrigen Mäulern entgehen. Dieser leuchtend blaue See, zu dem wir über einen Sandpfad durch Salzgras und niedrige Büsche stapfen, ist eines ihrer letzten Refugien.

Dabei waren Cyanobakterien, wenn man so will, ganz große Erfinder, denn sie haben nicht nur »entdeckt«, dass sie als Gemeinschaft mehr erreichen können. Sie waren es wahrscheinlich auch, die auf die Idee gekommen sind, wie sich das reichlich um sie herum vorhandene Wasser als Energiequelle nutzen lässt: mittels Photosynthese. Mit Hilfe des Sonnenlichts gewannen sie aus Wasser und Kohlendioxid für sich den Energieträger Wasserstoff und gaben dann den »nutzlosen« Sauerstoff an die Umwelt ab. Damit stießen sie eine Umwälzung an, die die Erde grundlegend verändern sollte. Sie formten den Planeten stärker als jedes andere Lebewesen nach ihnen, inklusive des Menschen. Ihnen haben wir unsere besondere Luft zu verdanken. Während Venus und Mars vom Kohlendioxid beherrschte Atmosphären haben, enthält die irdische 21 Prozent Sauerstoff und 78 Prozent Stickstoff. Diese Mischung verdanken wir der Photosynthese, sie ist Produkt der unermüdlichen Arbeit zunächst von Cyanobakterien und später dann von Algen und höheren Pflanzen.

Ehe die Cyanobakterien damit begannen, freien Sauerstoff zu produzieren, gab es nur sehr genügsame Mikroben. Ihnen reichte die chemische Energie, die die Erde selbst lieferte. Je mehr Sauerstoff zur Verfügung stand, desto ausgefallener durften die Organismen werden und desto mehr Energie konnten sie verschwenden. Dieser Prozess zog sich über Tausende von Millionen Jahren hin, und er gipfelte im Auftauchen der Tiere. Die bedanken sich seitdem bei den Stromatolithen für die »Entwicklungshilfe«, indem sie sie abweiden. Es entbehrt nicht einer gewissen Ironie, dass die Baumeister mit der modernen Welt, die sie selbst erschaffen haben, nicht mehr zurechtkommen. Ohne ihre Arbeit gäbe es jedoch niemanden, der darüber nachdächte.

Unsere Erde war und ist ein Planet der Mikroben. Lange Zeit gab es nichts anderes als sie. Sie waberten im Wasser der Tümpel und Meere. Sie hatten gelernt, sich von den Mineralen der Steine zu ernähren, den Vulkanismus für sich zu nutzen, und auch die Sonne erschlossen sie als Energiequelle. Sie lebten, teilten sich, starben und waren es zufrieden. Ihre Schleimwelt währte fast die gesamte Erdgeschichte. Pulitzerpreisträger John McPhee hat dafür einen sehr schönen Vergleich gefunden: Wenn die ausgebreiteten Arme die Spanne des Erdalters darstellen und die Zeit von links nach rechts verläuft, formte sich die Erde an der Spitze des Mittelfingers der linken Hand. Kurz vor dem linken Ellenbogen entstand der Schleim – und er beherrschte die Welt für die restliche Länge des Arms, über die Schulter, den Körper, die andere Schulter und den rechten Ellenbogen hinweg bis hin zum rechten Handgelenk.[2] Dort schwimmen die ersten vielzelligen Organismen durch die Meere. Die Menschheit steckt in der Nagelspitze der rechten Hand. Es ist schon ein seltsamer Gedanke: Einmal Nägelschneiden würde ausreichen, um alle Lebewesen, die sich seit dem Tod der Saurier entwickelt haben, auszulöschen.

Während wir das kurze Stück zum Lake Thetis laufen, ist es ruhig, kein Auto ist zu hören, nur der Wind, der sanft über das Gras streicht, das leise Rauschen des Indischen Ozeans und ein paar Möwen, die hoch über unseren Köpfen schreien. Wir sind noch ein gutes Stück vom See entfernt, als wir vor weißlich zerbröselnden Steinringen stehen, die den feinen Sandboden aufgebrochen haben. Vor Jahrzehnten, als das Wasser höher stand, dehnte sich der Lebensraum der Stromatolithen bis hier oben hin aus. Der Wasserstand muss auch in den vergangenen Jahren gesunken sein, denn das Seeufer scheint an einigen Stellen wie von Miniaturvulkanen übersät. Diese Kolonien sind ebenfalls tot, das lebendige Dach, mit dem sie sich der Sonne entgegenwölbten, ist eingebrochen. Zurück blieb ein kleiner, mit einem schmalen Steinrand gesäumter Krater vom Durchmesser eines Fußballs. Erst aus dem flachen Wasser ragen die dunklen »Kohlköpfe« der lebendigen Stromatolithen.

Sie wachsen an einem exponierten Ort und werden von der schon lange andauernden Dürre in Westaustralien ernsthaft bedroht. Davon unbeeindruckt stochert zwischen ihnen ein Grünschenkel mit seinem langen Schnabel nach Nahrung. Wo das warme blaue Wasser tiefer wird, ist es noch sicher für sie. Dort dümpeln lose Matten aus anderen Cyanobakterien, und dazwischen schimmern schwarzgrün bis bräunlich die fest im Boden verankerten Stromatolithen. Obwohl der Vergleich angesichts ihrer Verdienste despektierlich wirkt: Aus dieser Perspektive haben sie eher etwas von einem Kuhfladen. Erst bei genauerem Hinsehen entdeckt man die knotigen Strukturen in der Mitte und die weichen Wölbungen am Rand, auf denen verzweigende Säulen und aufragende Finger aufsitzen. Es ist eine seltsame Begegnung, die über die Jahrmilliarden hinweg einen Bogen zwischen den Welten schlägt. Für jeden Geologen geht ein Traum in Erfüllung – eine persönliche Begegnung mit einer Erde, die noch nicht weit von den Anfängen des Lebens entfernt ist.

Heute tummeln sich auf unserem Planeten, je nach Erhebung, zweieinhalb, zehn, 30 oder gar 100 Millionen verschiedene Arten von Pilzen, Pflanzen und Tieren. Entdeckt und beschrieben ist nur ein Bruchteil dieser Vielfalt. In den wissenschaftlichen Katalogen sind die Informationen über rund 260 000 Pflanzen, 50 000 Wirbeltiere und 750 000 Insekten aufgeführt. Dazu kommen noch die Mikroben, die selbst die unwirtlichsten Zonen dieser Erde und sogar tiefes Gestein als Lebensraum erschlossen haben, solange es nur ein wenig Wasser gibt. Von den Tropen bis zu den Polen, vom Hochgebirge bis in die Tiefsee – die Erde platzt schier vor Leben in allen möglichen Spielarten.

Das erste irdische Leben war wahrscheinlich vollkommen anders als alles, was wir heute um uns sehen. Selbst der primitivste Einzeller ist chemisch gesehen sehr hoch entwickelt und viel zu komplex, als dass er noch eine Ahnung von den schlichten Anfängen vermitteln würde. Leider gibt es keine Spuren des Beginns mehr – oder wir kennen beziehungsweise erkennen sie nicht. Das erschwert die Lösung des Rätsels um die Entstehung des Lebens. Zumal die Wissenschaftler noch nicht einmal eindeutig definieren können, was das eigentlich ist – Leben.

Auf den ersten Blick erscheint die Erklärung so einfach, dass man ausrufen möchte: »Ich weiß es, wenn ich es sehe«.[3] Aber der Teufel steckt im Detail. Vor wenigen Jahren hat der emeritierte Wissenschaftler Noam Lahav von der Hebrew University in Jerusalem Forscher verschiedener Disziplinen nach ihrer Definition befragt. Die Antworten fielen sehr unterschiedlich aus.[4] Für den einen ist Leben »jede Gemeinschaft von Wesen, die die Fähigkeiten der Vermehrung, der Vererbung und der Veränderung besitzt«. Andere Experten schlugen vor, dass es »die Fähigkeit zur Kommunikation« sei, »ein Fluss von Energie, Materie und Information« oder »ein sich selbst erhaltendes chemisches System, das eine Entwicklung nach Darwin durchlaufen kann«, gemäß dem guten alten Motto »Der Bessere überlebt«.

Insgesamt gaben 48 Wissenschaftler 48 verschiedene Definitionen! Dabei waren keineswegs die Querulanten der Forschungszirkel gefragt worden. Noam Lahav hatte sich vielmehr an eine Auswahl der führenden Molekular- und Evolutionsbiologen gewandt, an Populationsgenetiker, Biochemiker, Biophysiker und wer sich sonst noch mit dieser Frage beschäftigt. Die allgemeine Dissonanz beruht zum Teil auf den unterschiedlichen Blickwinkeln der einzelnen Disziplinen. Deshalb hat Gerald Joyce vom Scripps Research Institute für die NASA eine Arbeitshypothese zur Definition des Lebens entwickelt, mit der inzwischen die meisten Wissenschaftler in der täglichen Forschung arbeiten. Danach ist Leben »ein sich selbst erhaltendes chemisches System, das eine Evolution durchlaufen kann«. Dahinter stecken drei Annahmen:

Erstens: *Leben beruht auf Chemie.*

Das wird die Freunde von Science-Fiction-Filmen ärgern, in denen Computer »lebendig« werden. Ein Chip bleibt ein Chip, Punktum!

Zweitens: *Leben wächst und erhält sich selbst, indem es Energie und Atome aus seiner Umwelt aufnimmt und für sich nutzt.*

Drittens: *Lebende Organismen können sich durch natürliche Selektion zu immer komplexeren Wesen fortentwickeln.*

Die Hypothese von Gerald Joyce scheint eindeutig zu sein, aber schon bei jedem Virus verwischen die Grenzen. Einerseits vermehrt es sich, überträgt seine Erbinformation auf die nächste Virengeneration und passt sich durch Evolution immer besser an den bedauernswerten Wirt an. Andererseits hat ein Virus keinen Stoffwechsel, und es kann sich nur fortpflanzen, weil es seine gekaperte Wirtszelle dazu zwingt, die Arbeit zu erledigen. Im Grunde sind Viren nichts anderes als ein Erbgutstrang, der die Information darüber enthält, wie er die Zelle, in der er sich eingenistet hat, zu seinen eigenen Gunsten steuert. Dabei sind Viren generell sehr sparsam mit den Genen: Während das simple Aquifex-Bakterium immerhin 1500 Gene hat, kommen die kleinsten Viren mit dreien aus. Das Pockenvirus ist mit 250 Genen schon groß. Außerhalb ihres »Schlaraffenlandes« sind fast alle Viren schnell so inaktiv wie ein Staubkorn. Leben sie also? Da gibt es durchaus unterschiedliche Meinungen.

Einzellige Organismen hingegen leben ganz eindeutig. Sie stehen zwar auf der Komplexitätsskala der »klassischen« Organismen weit unten, nahe an den Ursprüngen des Lebens sind sie deshalb nicht. Sie besitzen Membranen oder Zellwände, mit denen sie sich von der Umwelt abschließen, durch die sie aber Nährstoffe hinein- und Abfälle hinausschleusen. Ihr Inneres ist

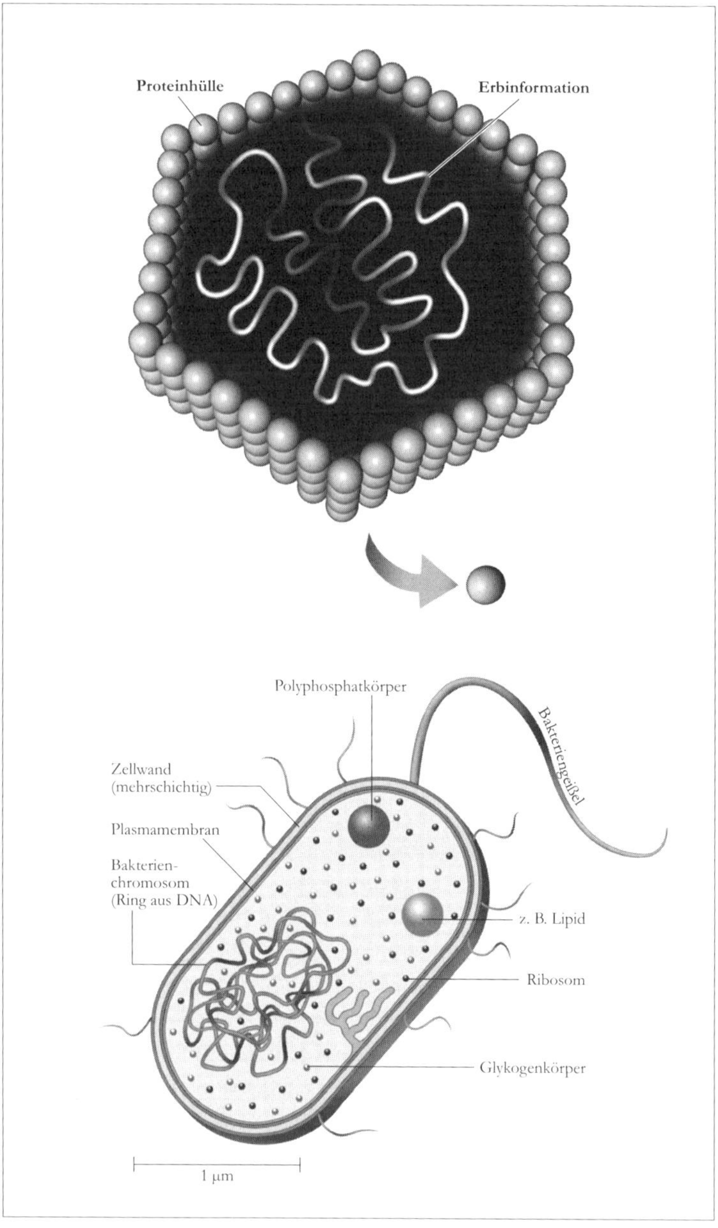

Abb. 2: Virion und Bakterium

voll gepackt mit Molekülen, die sich zu Stäbchen, Strängen, Bällen, Ringen oder Blättern formieren. Das alles schwimmt in einem salzigen Gel. Selbst im schlichtesten Zellsäckchen sorgen schon ein paar Tausend Proteine für die Lebensfunktionen. Wird ein solches Wesen im Labor analysiert, liegt das Ergebnis einer Milliarden Jahre währenden Evolution unter dem Mikroskop.

Jeder Organismus auf dieser Erde ist ein chemisches System, erklärt Joyce. Jedoch ist an den Molekülen, aus denen wir bestehen, nichts Extravagantes: Es sind ein paar kohlenstoffbasierte Verbindungen – Zucker –, dazu kommen beim Menschen 20 verschiedene Aminosäuren[5], Lipide und die eine oder andere simple Zutat. Diese Bausteine werden immer wieder zu Tausenden und Abertausenden kombiniert, um Kapseln oder lange Molekülketten zu bilden. Auch die grundlegenden chemischen Reaktionen, die in jedem Lebewesen ablaufen, sind vollkommen banal. In einer Mikrobe erledigt eine einzelne Zelle alle lebenswichtigen Funktionen.

In unserem Körper sorgen Myriaden von unterschiedlichen Zellen dafür, dass wir denken, atmen, essen, trinken, schlafen, arbeiten. Kein einziges der Atome oder Moleküle wird in uns geboren oder stirbt in uns. Moleküle sind nicht lebendig, auf dieser Ebene verdient nichts dieses Prädikat. Jedes einzelne Element ist bloß Materie, die sich zufällig in uns zusammengefunden hat. Erst wenn alle diese Atome und Moleküle als höchst komplexe Bausteine in genau der richtigen Struktur und Anordnung gemeinsam eine Zelle bauen, wird daraus ein Lebewesen. Deshalb schloss der große britische Genetiker (und Exzentriker) John Burdon Sanderson Haldane:[6] »Die Verbindung zwischen lebendiger und toter Materie liegt irgendwo zwischen einer Zelle und einem Atom.«

Diese Grenze ist schwer festzumachen. Schon viele Forschergenerationen haben sich daran versucht. Dem Wissenschaftler, der aus einfachen Elementen ein System kreiert, das den Übergang von toter Materie zum Leben vollzieht, wäre der Nobelpreis sicher. Aber davon sind wir noch sehr, sehr weit entfernt. Deshalb wird auf Konferenzen leidenschaftlich darüber debattiert, was denn nun zuerst da war, was den »Urknall« des Lebens auslöste. Hing alles von einer ersten Zellmembran ab, die einen Tropfen Ursuppe vom Rest der Welt isolierte? Fing das Leben mit einem irgendwie gearteten Stoffwechsel an? Oder gab es erst einmal eine Kopiermaschine, zum Beispiel den einfachen Molekülstrang der RNA, die heute als Arbeitspferd in allen lebendigen Zellen die grundlegenden Prozesse antreibt?

Die favorisierten Szenarien hängen davon ab, welcher wissenschaftlichen Disziplin ein Forscher angehört. Ozeanografen lieben die Idee, dass das Leben von heißen Tiefseequellen aus die Welt eroberte. An diesen so genannten Black Smokern wäre es geschützt vor den unwirtlichen Bedingungen an der Oberfläche und den zahllosen Meteoriteneinschlägen, die während der ersten 400, 500 Millionen Jahre die Erde trafen. Diese These reizt auch manche Geowissenschaftler, falls sie nicht die mineralischen Tone bevorzugen und diese im Zentrum des Geschehens sehen. Minerale, das räumen inzwischen auch Wissenschaftler anderer Fachgebiete ein, könnten als Katalysatoren oder Struktur gebende Elemente auf jeden Fall wichtig gewesen sein. Manche Tone erfüllen sogar durchaus die Bedingungen, um als lebendig bezeichnet zu werden. Tonminerale wachsen, entwickeln eine Art Stoffwechsel und sie vermehren sich, indem sie sich teilen und die Information über ihr Kristallgitter an die neuen Minerale weitergeben. Womit wir wieder beim Problem der Definition wären, denn selbst ein eingefleischter Mineraloge wird seine Forschungsobjekte wohl kaum als Lebewesen ansehen. In einem anderen Szenario, dem diesmal viele Astronomen anhängen, spielen die Kometen eine zentrale Rolle, weil sie vielleicht komplexe organische Moleküle »made in space« zugeliefert haben. Wenn wir schon beim Weltraum sind: Es gibt noch die Forscher mit einer Vorliebe für Science-Fiction. Für sie ist das Leben auf der Erde gesät worden, als interstellare Mikroben auf sie niedergingen. Neben all diesen Varianten sind es vor allem die »bodenständigen« Biochemiker, die es mehr mit dem warmen Gezeitentümpel halten. Den hatten in den fünfziger Jahren auch Stanley Miller und Harold Urey im Sinn, als sie mit ihrem berühmt gewordenen Ursuppen-Experiment den Anstoß zu allen modernen Laborversuchen (s. S. 87ff) gaben, in denen die Schöpfung simuliert wird.

Im Grunde stehen die beiden Chemiker jedoch in einer langen Tradition, denn der Frage, wie Leben entsteht, sind Wissenschaftler schon im 17. Jahrhundert experimentell nachgegangen. Damals galt, dass Gott für die Erschaffung aller höheren Lebewesen zuständig war. Aber was war mit den niederen Organismen wie Fliegen und Kröten, Schnecken und Würmern? Woher kamen die? Schließlich tauchen nach einem Regen plötzlich überall schleimige Nacktschnecken auf, in den Felsen stecken versteinerte Muscheln, und im toten Fleisch wimmelt es in Windeseile von Maden. Solcherart Gewürm, hieß es, forme sich spontan aus unbelebter Materie wie Schlamm, Regen oder auch faulendem Fleisch. Es waren sogar Rezepte im Umlauf, in denen der deutsche Jesuit und Universalgelehrte Athanasius Kircher genau beschrieb, zu welchen Teilen Kot und verschiedene Sorten von faulendem Fleisch gemischt werden müssten, damit Schmetterlinge, Schlangen oder Bienen daraus entsprängen.

Die etwas anrüchige Lehre von der Spontanzeugung war durchaus angesehen, denn schon Aristoteles hatte sie verfochten. Im Juli 1668 hätten wir in Florenz Zeugen eines ungewöhnlichen Versuchs werden können. Als die toskanische Sommersonne vom Himmel brannte, beschloss Francesco Redi, seines Zeichens Leibarzt des Großherzogs Ferdinand II., dass die Hitze gerade richtig sei, um die Theorie von der Spontanzeugung zu widerlegen, die er für ausgemachten Unsinn hielt. Redi füllte mehrere Flaschen mit Fleisch. Einige verschloss er mit einem Korken, andere nur mit Fliegendraht und wieder andere ließ er offen. Den Rest besorgte die Sonne. Das Fleisch in den verschlossenen Behältern zersetzte sich und verfaulte, aber es krochen keine Maden darin herum. Genauso war es in den durch Fliegendraht geschützten Flaschen. Nur in den offenen Gefäßen, zu denen die lästigen Insekten Zutritt hatten, krabbelten widerliche fette, weiße Maden. Der Versuch stank zwar grauenhaft, aber er hatte sich gelohnt: Redi konnte daraus schließen, dass sich Leben nicht spontan entwickelte, sondern dass die Maden aus den Eiern krochen, die die Fliegen zuvor gelegt hatten. Allem Anschein nach war das ekelhafte Substrat lediglich die Brutstätte des Ungeziefers, und weder dem faulenden Fleisch noch dem sich zersetzenden Ochsenkot, den er auch ausprobierte, wohnte die Fähigkeit inne, niederes Leben hervorzubringen.

Redis Versuche waren ein schwerer Schlag für die Anhänger der Spontanzeugung, doch so schnell gaben sie sich nicht geschlagen. Wenn es mit den Würmern nichts war, dann deshalb, weil sie schon viel zu komplex seien, als dass sie aus dem Nichts entstehen könnten. Aber da gab es ja noch diese seltsamen einzelligen Wesen, die man durch das gerade erfundene Mikroskop beobachten konnte. Was war mit ihnen? So etwas Primitives konnte doch wohl nur durch Spontanzeugung erschaffen worden sein, dachten sich die Befürworter. Also unternahm der britische Naturforscher und Theologe John Turberville Needham 1748 Versuche mit heißer Hammelfleischbouillon. Er brachte sie zum Kochen und füllte sie in eine Flasche, die er mit einem Korken verschloss. Die Wahl der Probensubstanz lässt Vermutungen über die Kochkunst seiner Frau oder Köchin zu, wichtiger aber ist, dass es in der Bouillon ein paar Tage später von Bakterien nur so wimmelte. Das Kochen töte die Mikroben ab, erklärte Needham, aber nach dem Abkühlen entstünden die Bakterien massenhaft wieder neu in der Bouillon. Damit sei die Existenz der Spontanzeugung nachgewiesen, denn schließlich könne ja nichts von außen in die verschlossene Flasche gelangen.

Mit dieser Interpretation war der italienische Wissenschaftler Lazzaro Spallanzani nicht einverstanden. Seiner Meinung nach wuchsen die Mikroorganismen nur deshalb, weil die Probe erst nach dem Kochen in die Behälter abgefüllt worden war. Dabei sei sie mit neuen Mikroben kontaminiert worden. 1768 füllte er selbst Flaschen mit Brühe und versiegelte sie. Einige von ihnen kochte er einige Stunden lang ab, die anderen ließ er einfach stehen. Das Ergebnis: Die gekochten Flaschen waren und blieben steril, während sich die Suppe in den lediglich versiegelten Flaschen schnell durch Bakterienwolken eintrübte. Spallanzani wies auch nach, dass kein einziger Mikroorganismus entstand, wenn die Luft aus den Flaschen abgepumpt worden war und die Bouillon anschließend gekocht wurde. Needham konterte: Die Kraft, Leben zu zeugen, müsse eine der Luft innewohnende Eigenschaft sein. Das Wasser besitze sie ganz offensichtlich nicht, wie es sein verehrter Kollege ja bewiesen habe. Deshalb erklärten die Befürworter der Spontanzeugung dann, dass das Erhitzen der Luft die Lebenskraft zerstöre.

Erst Louis Pasteur gelang es Mitte des 19. Jahrhunderts, die Idee von der Spontanzeugung endgültig aus den Lehrbüchern zu verbannen. Er erkannte, dass die Bakterien in verdorbenen Lebensmitteln denen in der Luft gleichen. Spallanzani hatte also Recht gehabt. Um den Einwand zu entkräften, dass das Abkochen die Lebenskraft abtöte und zur Spontanzeugung Frischluft notwendig sei, entwickelte er ein Experiment. 1864 konstruierte er einen speziellen Kolben mit einem Schwanenhals, der seitdem »Pasteurkolben« genannt wird. In den Kolbenbauch wurde Brühe gefüllt, dann abgekocht und sterilisiert. Über diesen Schwanenhals konnte beim Abkühlen Frischluft eindringen. Allerdings verhinderte ein Filter, dass mit der Luft auch Mikroben oder Staub hineingelangten. In der Brühe wuchs nichts, rein gar nichts. Die Mikroben hafteten also am Staub, und wenn der nicht von außen in die Flaschen gelangte, blieb alles steril. Die Spontanzeugung war widerlegt.

Pasteur wies außerdem nach, dass alle Bakterien jeweils von einer Elterngeneration abstammen, die ihnen gleicht. Allerdings wirft das zwangsläufig die Frage nach den »Ureltern« auf. In gewisser Weise kehrt damit sogar die Spontanzeugung in neuem Gewand zurück: Es geht allerdings nicht mehr um die plötzliche Entstehung von Würmern oder Bakterien oder anderer Lebewesen, sondern darum, wie durch eine lange Abfolge von zunehmend komplexer und organisierter werdenden chemischen Reaktionen von unbelebter Materie irgendwann die Grenze zum Leben überschritten wurde.

Wie auch immer die früheste Lebensform auf der Erde ausgesehen haben mag, sie muss im Zusammenspiel von Meer, Luft und Stein entstanden sein und so die Grenze von der Chemie zur Biologie überschritten haben. Wir kennen diese Grenze schon für das irdische Leben nicht, weshalb wir bei der Suche nach Leben auf anderen Planeten vor noch größeren Problemen stehen. Sehen wir einmal von der technischen Schwierigkeit ab, die potenziellen Kandidaten unter den Planeten zu erforschen: Falls außerirdisches Leben nicht überall »krabbelt« und den ganzen Planeten erkennbar formt, so wie es die Mikroben auf der Erde schon seit Urzeiten tun, würden wir es überhaupt erkennen? Was wäre, wenn es sich vollkommen anders entwickelt hätte, als wir es erwarten? Auf der Erde können die Biologen im Zweifelsfall zu einem DNA-Test greifen oder nach diagnostischen Proteinen suchen. Wie wäre das anderswo? Setzt fremdes Leben zwangsläufig dieselben Methoden ein wie irdisches, beispielsweise um sein Erbgut zu kodieren?

So oder so – alles Leben im Universum wird einmal sehr einfach und schlicht angefangen haben. Vielleicht stoßen wir auf extraterrestrische Urwesen, die nicht viel mehr sind als ein organischer Gesteinsüberzug, der sich von der chemischen Energie der Minerale ernährt und sich wie eine Flechte über einen Stein ausgebreitet hat. Wer weiß, vielleicht hat sich vor Urzeiten auf dem Mars oder dem Jupitermond Europa Leben entwickelt, aber es blieb auf einer Protostufe stehen. Bei unserem derzeitigen Kenntnisstand könnte uns marsianisches Protoleben durchaus verborgen bleiben, selbst wenn es uns auf dem Silbertablett serviert würde.

Auf der Erde sind aus der Zeit, als das Leben entstand, nur sehr wenige uralte Steine übrig geblieben, und wir lernen gerade erst, ihre Signale zu interpretieren, die von längst vergangenen Zeiten erzählen. Unter den frühen Zeugnissen befinden sich auch versteinerte Stromatolithen. Ihre Nachfahren im Lake Thetis geben nur noch einen schwachen Widerschein einer verlorenen Epoche. Sie haben ihre kleine Welt heute nicht mehr für sich allein. Winzige Salzkrebschen huschen durchs Wasser, Fliegenlarven, kleine Fische. Zum Glück hat keiner von ihnen Appetit auf versteinernde Bakterien, sonst gäbe es diese lebenden Fossilien hier bald nicht mehr. Ihnen droht das Schicksal unserer unbekannten fernen Ahnen, die in grauer Vorzeit die Grenze zwischen unbelebt und belebt überschritten haben. Das Protoleben wurde von der Evolution überrollt, von dem Motor, den es selbst in Gang gesetzt hat. Nachdem das Design des modernen irdischen Lebens geglückt war, gaben die primitiven Vorläufer nicht mehr als eine reiche Nahrungsquelle ab, die sich die Neuen einzuverleiben wussten. Und so verschwanden sie.

2 | Auf der Suche nach fremden Welten

Was wäre, wenn Charles Darwin nur Bären gekannt und von ihnen die Evolutionslehre abgeleitet hätte? Dann hätte er sich logischerweise vorgestellt, dass alle Kreaturen einen Pelz und große Zähne haben müssten.
Scott Tremaine, Astrophysiker

Geysire aus flüssigem Metall schießen in die Höhe, Eisendampf liegt in der Luft. Der Planet Bellerophon[7] kommt unserer Vorstellung von einer Hölle sehr nahe. Die riesige Feuerkugel seiner Sonne 51 Pegasi[8] bedeckt den ganzen Himmel, aus dem es immer wieder Metall regnet. Der Stern kocht Bellerophon, an seiner Oberfläche herrschen mehr als 1000 Grad. Der Planet leuchtet tiefrot. Wolken aus Silizium- und Eisengas jagen den Horizont entlang. In diesem Inferno gibt es keinen kühlen Ort. Gewaltige Stürme fegen die Glut selbst in die entferntesten Winkel. Ein Jahr auf Bellerophon ist kurz: In nur vier Erdentagen umrundet er seine Sonne. Dafür währen Tag und Nacht ewig, denn der fremde Gasgigant dreht sich nicht mehr. Längst haben ihn die Gezeitenkräfte von 51 Pegasi so abgebremst wie die Erde den Mond. Der Stern und sein Begleiter gehen nicht sanft miteinander um. Die Sonne grillt Bellerophon, zerrt an ihm, reißt Wasserstofffahnen heraus. Und er rächt sich, indem er aus ihr riesige Fackeln solarer Materie rupft, die wie Fontänen zurück auf die Sonnenoberfläche stürzen. Es ist eine bizarre Welt, deren Existenz die Schweizer Astronomen Michel Mayor und Didier Queloz von der Universität Genf am 6. Oktober 1995 auf einer Konferenz in Florenz verkündeten: Sie hatten den ersten Planeten gefunden, der um eine fremde Sonne kreist.[9]

Die Entdeckung dieses Exoplaneten[10] veränderte wieder einmal das Weltbild der Menschheit. Seit Nikolaus Kopernikus fällt unser Heimatplanet mehr und mehr dem kosmischen

Mittelmaß anheim. Kopernikus riss die Erde aus dem Zentrum des Universums. Sie war plötzlich nicht mehr der Mittelpunkt, um den sich alles dreht. Dann mussten die Menschen erfahren, dass die Fixsterne am Nachthimmel in Wirklichkeit fremde Sonnen sind und die Wandelsterne Planeten, eigene Welten, die zusammen mit der Erde um unsere Sonne kreisen. Die Astronomen erkannten, dass Merkur, Venus und Mars wie die Erde aus Stein bestehen. Sie lehrten, dass Jupiter der größte Planet in unserem Sonnensystem ist und dass es noch etwas anderes gibt als Steinplaneten: Jupiter ist der Prototyp einer eigenen Klasse, der iovianischen Planeten, der Riesenplaneten aus Gas. Dann erwies sich unsere Sonne lediglich als ein 4,6 Milliarden Jahre alter gelber Zwergstern, der gemeinsam mit zahllosen anderen Sonnen um das Zentrum unserer Galaxie kreist. Wir erfuhren, dass wir in einer nicht weiter erwähnenswerten Region der Milchstraße zu Hause sind, irgendwo draußen, zwischen dem Perseus- und dem Sagittariusarm. Die Menschen lernten, dass noch nicht einmal die Milchstraße sensationell ist, sondern nur eine Galaxie unter Milliarden anderer. Und dann bewies Bellerophon schließlich, dass andere Sterne ebenfalls Planeten und Planetensysteme haben. Mit jeder neuen Entdeckung scheint die Erde noch ein bisschen durchschnittlicher zu werden – gäbe es uns Lebewesen nicht. Allerdings stellt sich angesichts der fremden Sonnensysteme ernsthaft die Frage, wie lange sie diese Sonderstellung noch wird halten können und ob wir allein im Universum sind. Wenn es andere Planeten gibt, gibt es dann auch andere belebte Welten? Solche, auf denen sich nur grüner Schleim entwickelt hat, solche mit Pflanzen und Tieren, die jede Nische besiedeln? Vielleicht eine Welt mit intelligenten Wesen? Wie wahrscheinlich ist das?

An einem warmen Vorfrühlingstag im März spazieren wir durch das Wäldchen hinter dem Observatorium der Universität Genf. Auf den Bergen des Französischen Jura liegt Schnee. Aber hier unten, im weiten Tal des Genfer Sees, blüht der Huflattich, und die Vögel zwitschern. »Als wir 1995 die Entdeckung des Planeten 51 Peg b verkündeten, waren 150 Wissenschaftler im Saal – aber höchstens ein Dutzend von ihnen glaubte uns«, erinnert sich Didier Queloz. Trotzdem brandete nach dem Vortrag Applaus auf, etwas sehr Ungewöhnliches auf einer wissenschaftlichen Konferenz. Normalerweise werden die Ausführungen der Kollegen mit kurzem, höflichem Beifall kommentiert, selbst wenn das Gehörte tödlich langweilig oder reichlich unorthodox gewesen ist. Den beiden Schweizern war jedoch trotz der enthusiastischen Reaktion des Publikums klar, dass die meisten der Anwesenden im Grunde skeptisch blieben. Schon etliche Male hatten Forscher die Entdeckung des ersten Exoplaneten um eine fremde Sonne bekannt gegeben – aber leider hielt die Ankündigung nie einer Überprüfung stand.

Auf den ersten Blick klang das, was die Genfer Kollegen da verkündeten, auch wenig überzeugend: In 42 Lichtjahren Entfernung, also nach kosmischen Maßstäben ganz in der Nähe, rast ein Riesenplanet der Jupiterklasse um einen sieben Milliarden Jahre alten gelben Zwergstern. Bellerophon hält mit 7,5 Millionen Kilometern rund siebenmal weniger Abstand zu seiner Sonne als Merkur zu unserer.[11] Ein Gasplanet[12] so nah an einer Sonne, das erschien dem Publikum kaum glaublich. Es widersprach einfach allen bisherigen Erkenntnissen, die die Astronomen aus dem einzigen Sonnensystem gezogen hatten, das sie und wir bis dato kannten: dem unseren.

Noch wenige Monate zuvor hatte der renommierte Theoretiker Alan Boss von der Carnegie-Institution in Washington, D. C., mit seinen Modellrechnungen die klassische Sicht bestätigt, nach der Gasriesen wie Jupiter oder Saturn erst jenseits der »Schneegrenze« von -113 °C entstehen. Nur bei so niedrigen Temperaturen gefrieren Gase wie Ammoniak, Kohlendioxid, Kohlenmonoxid, Methan, sodass es genügend Material für einen wachsenden Riesenplaneten gibt. Bei einem Stern wie unserer jungen Sonne sind diese Bedingungen in einer Entfernung von 600 bis 700 Millionen Kilometern gegeben, das ist mindestens der vierfache Abstand Erde–Sonne. Dort draußen fängt ein Gasriese dann klein an, so besagt es die Theorie des Astrophysikers James B. Pollack.[13] Zunächst bildet sich sehr schnell ein massiver Kern aus Staub und Eis. Bringt der es erst einmal auf zehn bis 15 Erdmassen, geht es los: Dieser Kern zieht alles an Wasserstoff und Helium an sich, was er mit seiner Schwerkraft erwischen kann, und so verwandelt sich in nur 100 000

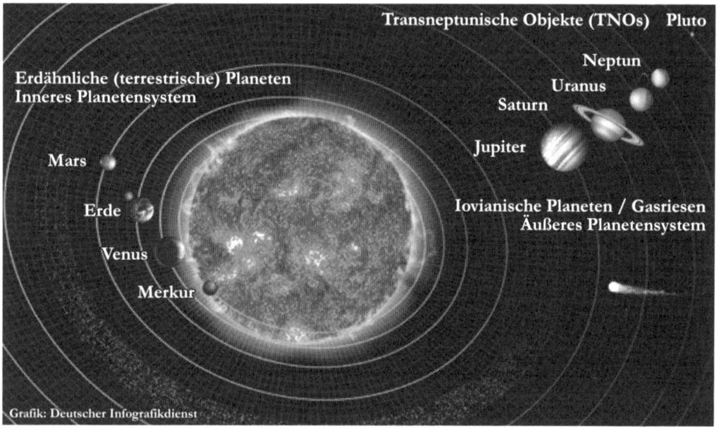

Abb. 3: Unser Sonnensystem ist gewaltig. Die beiden Voyager-Sonden, die im August und September 1977 gestartet sind, brauchten 28 Jahre, um den Punkt zu erreichen, an dem sich die Wissenschaftler fragten, ob sie denn nun endlich, nach 13,5 Milliarden Kilometern, die Grenze unseres Sonnensystems erreicht haben (Abbildung nicht maßstabsgetreu).

Jahren der schmutzige Eis- und Staubball in einen Gasgiganten wie Jupiter oder Saturn. Weil ein Riesenplanet für sein rasantes Wachstum Unmengen von Wasserstoff, Helium und gefrorenen Gasen braucht, kann er sich nur in den reichen Reservoirs weitab von seinem Stern zusammenballen. Aber 51 Peg b tanzt einen engen Tango mit seiner Sonne. Was in aller Welt macht er da?

Er kann unmöglich dort entstanden sein, so viel ist sicher, dafür wäre es viel zu heiß. Außerdem hätte er keine Chance gehabt, wenn er sich mit dem immens viel größeren und damit anziehungskräftigeren Stern auf einen Kampf um die Baumaterialien Wasserstoff und Helium eingelassen hätte. Kein Wunder also, dass das Publikum in Florenz nicht recht wusste, was es von der Entdeckung halten sollte. Und so brach in der Stadt des Galileo Galilei eine lebhafte Debatte los.

Das Problem bei der Entdeckung war die indirekte Beweisführung.[14] Exoplaneten lassen sich von der Erde aus nicht einfach mit Teleskopen beobachten wie Mond, Mars oder Venus, dazu sind sie viel zu lichtschwach. Im sichtbaren Bereich reflektieren sie lediglich das Licht, das sie von ihrem Zentralstern bekommen. Auch ihre Wärmestrahlung ist gering. Sie geben nur einen Bruchteil der Wärme einer glühenden Sonne ab und werden schlichtweg überstrahlt, weshalb man sie nur mit Hilfe von Tricks findet. Am einfachsten ist es, die Bewegung der fernen Sonne selbst zu überwachen, denn die Schwerkraft eines Planeten bringt den Zentralstern ein bisschen ins Schlingern. Auf der Erde erkennt der Astronom dieses Schlingern dann mit Hilfe des Dopplereffekts:[15] Wenn sich der Stern von uns entfernt, verschiebt sich sein Lichtspektrum ein klein wenig in Rötliche, fliegt er auf uns zu, verschiebt es sich ins Bläuliche. Allerdings ist der Einfluss wirklich lächerlich winzig. »Kein Wunder, denn die Masse eines Planeten ist tausendmal kleiner als die Masse des Sterns«, erklärt uns Michel Mayor, als wir uns nach dem Waldspaziergang in seinem Büro am Astronomischen Institut der Universität Genf treffen. Die Wände sind über und über mit Auszeichnungen, Plaketten von Weltraummissionen samt Danksagungen und Bildern von glücklich strahlenden Astronautencrews geschmückt. Die Erforschung des Alls ist anscheinend seine große Leidenschaft.

Michel Mayors Augen blitzen vergnügt hinter seinen Brillengläsern, als er von 51 Peg b erzählt, dem Planeten, den es eigentlich gar nicht geben dürfte. 1990 hatte er mit einem Team begonnen, an einem hochpräzisen Spektrometer namens Élodie zu tüfteln.[16] 1993 wurde dieses Gerät im Observatoire de Haute Provence eingebaut. Die Forscher setzten große Hoffnungen auf Élodie, denn dieses Spektrometer ist nicht nur höchst genau, sondern auch sehr schnell. Die speziell dafür entwickelte Computersoftware berechnet noch während der Messungen die Dopplerverschiebung und nicht erst nachträglich, wie die bisher für diese Messungen verwendeten Systeme. Man sieht also sofort, was los ist, und es war genau dieser Vorteil in der Messtechnik, der sich als entscheidend erweisen sollte.

Für die Planetenjagd hatte Michel Mayor 142 Sterne in der Nähe unseres Sonnensystems ausgesucht. Die Auserwählten glichen in Alter und Masse in etwa unserer Sonne. 142 Sterne sind eine große Stichprobe. Die Schweizer waren jedoch ursprünglich gar nicht auf der Suche nach Planeten, sondern nach Braunen Zwergen,[17] also mangels Masse »gescheiterten« Sonnen, in denen niemals das Fusionsfeuer gezündet hat. Was das Entdecken von Planeten anging, hegten sie kaum Hoffnung. Schließlich hatten in demselben Jahr erfahrene Profis, die Amerikaner Geoffrey Marcy und Paul Butler sowie die Kanadier Gordon Walker und Bruce Campbell, die traurigen Zwischenergebnisse ihrer jahrelangen Bemühungen veröffentlicht: nicht ein Planet. Deshalb erschien diese Jagd den meisten Astronomen als ein zu wenig Erfolg versprechendes Geschäft, um darauf viel kostbare Zeit zu verschwenden.

Im November 1994 arbeitete Didier Queloz allein mit Élodie. Michel Mayor war für sechs Monate an der Universität von Hawaii. Verbindung hielten die beiden via Telefon und E-Mail. Viel Beobachtungszeit hatten sie nicht, nur alle zwei Monate durften sie das Teleskop für jeweils eine Woche benutzen. Mehr brauchten sie in dieser Anfangsphase auch nicht, weil Élodie erst einmal kalibriert werden musste. Dazu gehörte es auch, regelmäßig zehn Referenzsterne zu untersuchen. Einer davon war 51 Pegasi, den Didier Queloz im September 1994 zum ersten Mal beobachtet hatte. Im November war es dann wieder so weit. Queloz stutzte – 51 Pegasi hatte sich verändert. Der Stern schien einfach nicht stillsitzen zu können. Die Computerberechnungen belegten eindeutig, dass er »zappelte«. Ein Instrumentenfehler? Aber dann hätten sich auch die anderen Referenzsterne verändern müssen, was sie nicht taten. Rüttelte da vielleicht ein Exoplanet an der fernen Sonne 51 Pegasi?

Während der Wintermonate setzte Didier Queloz seine Beobachtungen unter Hochdruck fort. In jeder Messnacht richtete er das 1,93-Meter-Teleskop des Observatoriums, das an Élodie gekoppelt war, auf 51 Peg aus. Anfang 1995 gab es schon genügend Messdaten für eine vorläufige Bahnberechnung. Doch das Ergebnis war eigenartig, etwas schien nicht zu stimmen. Die Masse zeigte, dass es sich um einen Riesenplaneten aus Gas handeln musste, so etwas wie unser Jupiter, aber das Objekt flog auf einem sehr engen Orbit, und das passte überhaupt nicht zu einem Gasriesen. Ärgerlicherweise hatte die Erde auf ihrer Bahn um die Sonne inzwischen den Punkt erreicht, an dem Pegasus kaum mehr über den Horizont stieg. Kontrollmessungen, die die Berechnungen bestätigten oder widerlegten, waren deshalb nicht möglich. Also hieß es: warten.

Wenig später kehrte Michel Mayor zurück. Immer wieder suchten die beiden Forscher in ihren Daten nach Fehlern, aber es schien alles in Ordnung zu sein. Dann kam der große Tag: »Am 6. Juli 1995 stand das Sternbild Pegasus wieder hoch genug am Himmel. Als es dunkel war, konnten wir endlich messen«, erzählt Michel Mayor und lächelt zufrieden bei der Erinnerung. Ein paar Minuten vergingen damals, dann spuckte der Computer das ersehnte Ergebnis aus: Der Exoplanet existiert!

Doch Mayor und Queloz blieben trotz der eindeutigen Daten skeptisch, die Anspannung wollte nicht ganz weichen. Zerrte wirklich ein Planet am Stern? Oder – und das war es, was den beiden selbst noch Wochen später auf der Tagung in Florenz Bauchschmerzen bereitete – pulsierte der Stern einfach nur? Pulsierende Sterne scheinen zu atmen. Sie dehnen sich aus und sinken wieder in sich zusammen. Selten sind sie keineswegs, so wird beispielsweise der Polarstern im Rhythmus von vier Tagen heller und wieder blasser. Wäre 51 Peg ein pulsierender Stern, hätten die Schweizer lediglich die Geschwindigkeit gemessen, mit der die Sternenoberfläche sich ausdehnt und wieder zusammenfällt. Allerdings müsste dann auch die Helligkeit entsprechend schwanken, aber genau das passierte bei 51 Pegasi nicht. Er strahlte immer gleich stark. Es sprach also einiges für Mayors und Queloz' Argumentation. Aber die beiden fürchteten, etwas übersehen zu haben und aus ihrem Traum gerissen zu werden.

Nach dem Vortrag vom 6. Oktober waren die Fachwelt und die Wissenschaftspresse in Aufruhr. Während ihre Kollegen jedoch ein Interview nach dem anderen gaben und öffentlich über die Entdeckung der beiden debattierten, mussten Michel Mayor und Didier Queloz schweigen, weil ihr wissenschaftlicher Aufsatz noch nicht erschienen war. Das verlangt das Magazin »Nature«, bei dem sie den Artikel eingereicht hatten, von allen Autoren. Schon für die Präsentation auf der Konferenz hatten sie eine Erlaubnis gebraucht, die Wissenschaftler übrigens nicht immer erhalten, was Tagungen sehr langweilig machen kann. Dann diskutieren die für viel Geld angereisten Forscher über Altbekanntes, und Neues bleibt unter Verschluss. In Florenz war das nicht so.

Hatten die Außenseiter wirklich das Rennen um die Entdeckung des ersten extrasolaren Planeten gewonnen? Ihre schärfsten Konkurrenten waren Geoffrey W. Marcy von der University of California in Berkeley und Paul Butler von der Carnegie Institution in Washington, D. C. Geoffrey Marcy überprüfte die Messungen der Schweizer, rechnete nach – und am 12. Oktober sandte er die erlösende Nachricht nach Genf: Es stimmt, die Existenz von 51 Pegasi b war bestätigt. »Wie wir uns dann gefühlt haben?« Didier Queloz muss lachen: »Es ist nicht so wie bei einer Preisübergabe, dass man einfach glücklich ist. Die Entdeckung eines Planeten und die Bestätigung, das dauert Monate. Man begreift nur langsam, was man geschafft hat.«

Falls Geoffrey Marcy und Paul Butler enttäuscht waren, so ließen sie es sich nicht anmerken. Sie waren auf jeden Fall faire Verlierer. Bei der Durchsicht ihrer eigenen, über viele Jahre angesammelten Messungen stellten sie fest, dass sie tatsächlich die Signale von Riesenplaneten, die in geringem Abstand um ihren Zentralstern rasen, schlichtweg übersehen hatten. Im Januar 1996 – zwei Monate, nachdem am 23. November 1995 der Aufsatz von Mayor und Queloz veröffentlicht worden war – konnten die beiden Amerikaner die Entdeckung von zwei weiteren Exoplaneten verkünden: 47 Ursae Majoris, eine Sonne im Sternbild des Großen Bären, hat einen Begleiter, der, auf unser Sonnensystem übertragen, immerhin knapp außerhalb der Marsbahn flöge (siehe Abb. 5, S. 38). Und auch um eine Sonne im Sternbild Jungfrau, 70 Virginis, kreist ein Riesenplanet auf enger Bahn.

Der Damm war gebrochen. Seitdem widmen sich Hunderte von Astronomen der Suche nach Planeten in fremden Sonnensystemen. Das alte Credo, nach dem ein Gasriese wie Jupiter nur weit entfernt von seiner Sonne existiert, ist überholt: Im Gegenteil, diese Planeten spürt man am leichtesten in unmittelbarer Nachbarschaft zu ihrem Stern auf, denn je näher sie ihm sind, desto stärker ziehen sie mit ihrer Schwerkraft an ihm und gehen so den Astronomen ins Netz. Die Entdeckungen folgten

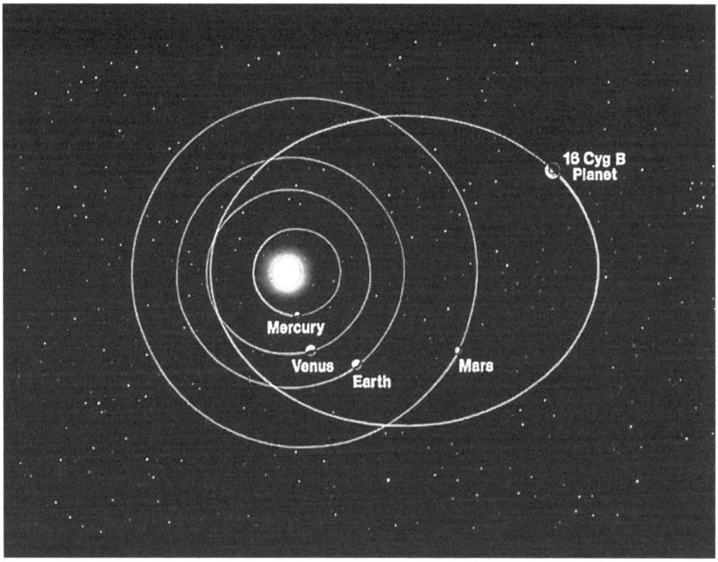

Abb. 4: Cygni B gehört zu den Sternen, die aussehen, als könnten sie nicht stillsitzen. Er schwankt hin und her, und aus diesen Schwankungen haben Geoffrey Marcy und Paul Butler berechnet, dass diese Sonne einen Begleiter hat, der sie auf einer stark elliptischen Bahn umfliegt.

Schlag auf Schlag, und die Liste der Exoplaneten wurde lang und länger. Da sind 55 rho Cancri A b, c, d und e, tau Bootes A b, Ypsilon Andromedae b, c, d, 16 Cygni B b, Gliese 876 b, c, d und viele andere mehr. Auch Bellerophon ist nicht allein im Orbit um 51 Pegasi, sondern wird von einem zweiten Gasgiganten begleitet.

Weil die Instrumente für die Planetenjagd noch nicht genauer arbeiten, lassen sich derzeit nur massereichere Planeten aufspüren. Trotzdem erweist sich der Planetenzoo schon jetzt als unerwartet bunt. Da gibt es die Gasriesen auf engster Bahn wie Bellerophon, der der erste Vertreter einer neuen Klasse wurde: die »Hot Jupiter« oder »Roaster«. Allerdings erweisen sie sich inzwischen als eher selten. Nur bei einem Zehntel der Exoplaneten dauert das Jahr weniger als fünf Tage. Noch rarer sind die »Super-Roaster«, die »Very Hot Jupiter«. Deren erster Vertreter wurde entdeckt, als er vor seiner Sonne OGLE-TR-56 vorbeizog und dabei ihr Licht verminderte. Er hat etwa die Masse von Jupiter, rast jedoch innerhalb von 1,2 Erdentagen um seine Sonne. Der Abstand zwischen beiden beträgt 6000 Kilometer, was etwa der Entfernung zwischen Europa und Nordamerika entspricht. Dieser Planet ist ein wirklich exotischer Begleiter. An seiner Oberfläche herrschen Temperaturen von 1600 °C. Ganz offensichtlich reicht seine Schwerkraft, um die brodelnde Materie an sich zu binden, sodass er nicht verdampft wie ein Tropfen Wasser auf einer heißen Kochplatte. Aber es grenzt an ein Wunder, dass ihn die Gezeitenkräfte seines Sterns nicht zerreißen.

Die meisten Exoplaneten geben nur ihre Bahndaten und ihre Masse preis, mehr nicht. Aber manchmal haben die Astronomen das enorme Glück, dass ein Hot Jupiter auf einer Bahn fliegt, die ihn, von uns aus betrachtet, immer wieder vor seinem Zentralstern vorbeiführt. Dann vermindert der Exoplanet das Sternenlicht. HD209458b ist so ein Glücksfall. Alle dreieinhalb Erdentage fliegt er vor seiner Sonne vorbei, die ihn dann von hinten durchleuchtet. Auf diese Weise konnten die Astronomen mit Hilfe von hochempfindlichen Spektrometern in der Atmosphäre von HD209458b Natrium nachweisen, aber auch viel Wasserstoff. Es gibt Wasserdampf, Kohlenmonoxid und Kohlendioxid – alles, was man bei einem Gasriesen erwartet, der einen engen Planetentango mit seiner Sonne tanzt. Seit fünf Milliarden Jahren kann sich dieser Planet seine Atmosphäre erhalten, trotz seiner extrem heißen Oberfläche und des ständigen Drucks durch den Strom geladener Teilchen, der von der Sonne ins All strömt. Aber HD209458b verliert permanent Wasserstoff, weshalb er einen Schweif wie ein Komet nach sich zieht – sicherlich ein spektakulärer Anblick.

Wie aber gerät ein Planet, der von seiner Masse her in die Jupiterklasse gehört, auf diese in unseren Augen so ungewöhnliche Bahn? »Bis zur Entdeckung von 51 Pegasi b waren wir uns sicher, dass wir die Prinzipien kennen, nach denen ein Planetensystem entsteht. Nun sind wir uns sicher, dass wir sie nicht kennen«, scherzt der Astrophysiker Willy Benz von der Universität Bern. Durch die Entdeckung der extrasolaren Planeten musste über einige astronomische Theorien neu nachgedacht werden. Die seltsamen Bahnen bereiteten den Astronomen zunächst schlaflose Nächte, aber die Erklärung dafür wurde unerwartet schnell gefunden: Die Planeten wandern. Und zwar zwingt sie dasselbe Gas dazu, dem die Riesen ihr galoppierendes Wachstum verdanken, weil es ihren Flug um den Zentralstern bremst. Sie werden zu langsam, können sich nicht mehr halten und driften entlang einer Spiralbahn in Richtung Sonne. »Dort machen sie aus uns unbekannten Gründen Halt und verharren anschließend über Jahrmilliarden auf einem engen Orbit um ihren Stern«, fasst Willy Benz zusammen. Vielleicht stoppt ein heißer Jupiter, weil der Stern schon alles aufgesogen hat und ihm einfach das Gas ausgeht, mutmaßt er. Aber das sei nur eine von mehreren Theorien.

Beobachtungen zeigen, dass den protoplanetaren Scheiben um junge Sonnen, in denen aus Gas und Staub die Planeten entstehen, nach maximal zehn Millionen Jahren das Gas ausgeht. Also müssen die Gasriesen bis dahin ihren langen Marsch hinter sich gebracht haben. Das heißt, ihnen bleibt kaum Zeit, sie müssen wirklich innerhalb von 100 000 Jahren »fertig« sein, so wie es James B. Pollack in seiner Theorie vorhergesagt hat. Vielleicht hat unser Jupiter seine Bahn deshalb nicht verlassen, weil das Gas aus unserer eigenen Scheibe verschwunden war, ehe er sich auf die Wanderschaft machen konnte. Das war unser Glück, denn wer weiß, wohin er die Erde katapultiert hätte. Riesenplaneten spielen gerne Billard mit ihren kleineren Nachbarn und schießen sie mit ihrer Schwerkraft in den interstellaren Raum hinaus oder in die Sonne hinein.

Alle Roaster sind zweifellos Aufsehen erregende Erscheinungen, aber für die Suche nach belebten Welten sind die »normalen« Exoplaneten sehr viel interessanter. Deshalb ist es wichtig, dass inzwischen immer mehr Gasriesen auf jupiterähnlichen Bahnen, weit weg vom Zentralstern, gefunden werden. Die Statistik der Exoplaneten verrät außerdem noch etwas anderes, betont Didier Queloz, nämlich die ungewöhnliche Geometrie vieler Umlaufbahnen: 85 bis 90 Prozent aller extrasolaren Planeten fliegen auf recht exzentrischen Bahnen, während sich in unserem Sonnensystem fast alle Planeten mehr oder weniger an

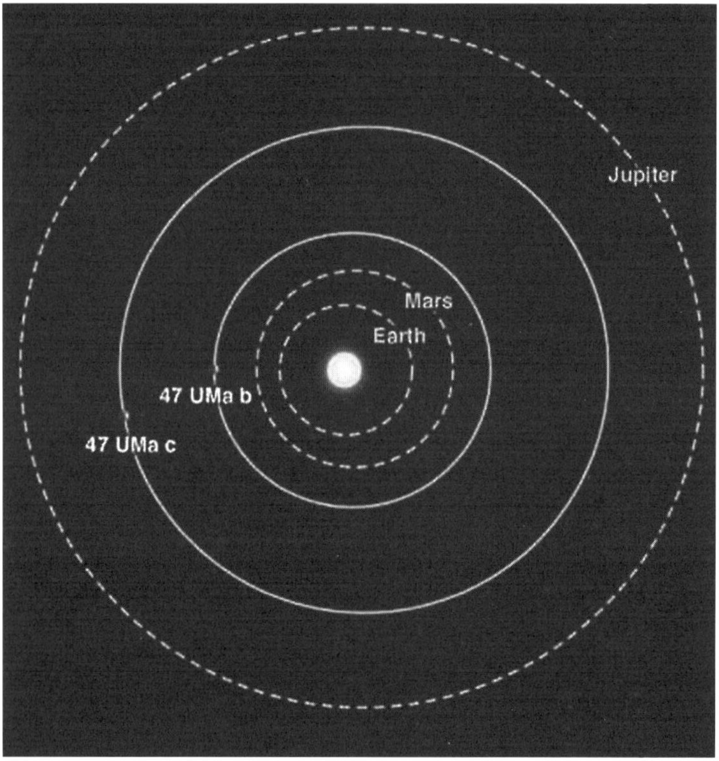

Abb. 5: Ein Vergleich zwischen dem System um 47 UMa und dem Sonnensystem.

eine Kreisbahn halten. Anscheinend sind runde Planetenbahnen anderswo nicht unbedingt die Regel.

Dieser exzentrische Bahntyp ist wahrscheinlich eine direkte Folge der Planetenevolution, des »Darwinismus«, der in einem System mit mehreren Gasriesen herrscht. Entstehen sie in zu großer Nähe zueinander oder driftet einer von ihnen auf seiner Wanderung auf den anderen zu, erklären sie einander den Krieg nach dem Motto »Dieses Sonnensystem ist zu klein für uns alle«. Und so beginnt der Kampf der Giganten, der etwas von mittelalterlichen Ritterspielen hat. Mit ihrer großen Schwerkraft stören sie sich so lange gegenseitig, bis der leichtere Planet in den Weltraum oder in den Stern geschleudert wird. Der Überlebende bleibt dann auf seinem gestörten, nun sehr lang gezogenen Orbit zurück.

Für die Frage nach der Existenz von anderen Erden ist die Umlaufbahn interessant. Sie muss annähernd kreisförmig sein, um mehr oder weniger gleichmäßige Bedingungen während des ganzen Jahres zu garantieren. Nur Steinplaneten kommen als Hort für Leben in Frage, jedenfalls für Leben, wie wir es kennen und erkennen. Brächten zufälligerweise die Muskelspiele der Gasriesen einen solchen Steinplaneten auf einen stark elliptischen Orbit, schwankten auf ihm anschließend Temperatur und Klima so stark, dass das zumindest für die Evolution hin zu höherem Leben sehr hinderlich wäre. Er könnte vielleicht ganz aus der Ökosphäre herausfallen, d. h. aus der Zone um eine Sonne, in der flüssiges Wasser an der Planetenoberfläche stabil ist. Es ist wie im wirklichen Leben: Ob die Lage eines Hauses gut ist, hängt stark von der Nachbarschaft ab.

Die Astronomen beginnen gerade erst, die Vielfalt der möglichen Sonnensysteme zu verstehen. »Planetensysteme sind anscheinend häufig, und wir entdecken gerade die Spitze des Eisbergs«, urteilt Geoff Marcy optimistisch. Die Eine-Million-

Anforderungen an ein Sonnensystem mit einer Ökosphäre

Planet	Sonne	Umlaufbahnen
• An der Oberfläche muss flüssiges Wasser stabil sein. • Der Planet darf nicht durch die Gezeitenkräfte der Sonne gestoppt werden. • Er braucht genügend Masse, um seine Atmosphäre und die Meere halten zu können.	• Die Lebenszeit muss reichen, damit Leben entstehen kann. • Die Sonne darf nicht zu viel UV-Licht ausstrahlen.	• Die Gasriesen dürfen kein Bahnchaos verursachen. • Die Planetenbahnen dürfen nicht zu exzentrisch sein.

Euro-Frage lautet jedoch: Wie verbreitet sind Sonnensysteme, in denen terrestrische Planeten in der Ökosphäre fliegen?

Es könnte solche Systeme mit einer Lebenszone durchaus geben, wie das Beispiel 47 Ursae Majoris (Großer Bär), kurz 47 UMa, nahe legt. Dieser Stern besitzt zwei Gasriesen, von denen der erste, 47 UMa b, auf unser System übertragen knapp außerhalb der Marsbahn flöge, und 47 UMa c (Abb. S. 38) befände sich mitten im Asteroidengürtel,[18] mehr zu Jupiter hin. Deshalb spekuliert Geoff Marcy, dass zwischen 47 UMa b und seinem Stern Platz wäre für einen Steinplaneten, auf dem sich Leben entwickeln könnte. Wenn es diesen terrestrischen Planeten gäbe, würde er sich genau in der Ökosphäre, auf Neudeutsch »habitable zone«, um diesen Stern bewegen. Aus rein physikalischer Sicht könnten also die Grundbedingungen für Leben erfüllt sein.

Derzeit ist dieser Planet jedoch reine Astrofantasie, denn noch reichen die Messverfahren nicht aus, um solche Begleiter zu entdecken. Doch weil wir Menschen nun einmal neugierig sind, soll eine neue Satellitengeneration aus dem Weltraum heraus gezielt nach Steinplaneten suchen. Bis es so weit ist, läuft erst einmal der heftige Wettbewerb zwischen den Forschergruppen diesseits und jenseits des Atlantiks auf dem Erdboden weiter. Um bei »Wer findet den kleinsten Planeten?« die Nase vorn zu haben, tüfteln Michel Mayor und Didier Queloz mit ihren Gruppen ebenso an der Verbesserung von Teleskopen, Detektoren und Rechenprogrammen wie Geoff Marcy und Paul Butler samt Teams – und auch andere Forscher mischen kräftig mit. Noch im Sommer 2004 hatte die Schweizer Gruppe stolz verkündet: Um den rund 50 Lichtjahre entfernten Zwergstern μ Arae kreist eine »Supererde« mit 14 Erdmassen. Im Sommer 2005 vermeldeten die Amerikaner die Entdeckung von Gliese 876 d[19] mit siebeneinhalb Erdmassen. Beide Planeten könnten aus Stein bestehen, doch das ist reine Spekulation. Der Abstand zwischen ihnen und ihren Sonnen ist auf jeden Fall so gering, dass ganz sicher noch nicht einmal die hitzeverliebtesten Bakterien auf ihnen eine Überlebenschance hätten.

Da passt OGLE-2005-BLG-390Lb schon eher in unsere Vorstellungen. Die Entdeckung dieses Exoplaneten um den Stern

OGLE-05–390L wurde im Januar 2006 bekannt gegeben. Er ist nur fünfmal schwerer als die Erde und damit masseärmer als Neptun. Dabei ist er dreimal weiter von seinem Stern entfernt als die Erde von der Sonne. Er flöge in unserem Sonnensystem also mitten durch den Asteroidengürtel. Seine Entdeckung gelang mit Hilfe des Gravitationslinseneffekts, weil Stern und Planet von der Erde aus gesehen genau vor einem weit im Hintergrund liegenden weiteren Stern entlanglaufen. Mit ihrer Schwerkraft bündeln sie gemeinsam das Licht der fernen Sonne wie eine Lupe, weshalb wir auf der Erde von ihm mal mehr, mal weniger Licht empfangen. Solche Entdeckungen sind mühsam. Sternwarten rund um den Globus arbeiten deshalb bei diesen Projekten zusammen – bei OGLE-2005-BLG-390Lb waren es zwölf Observatorien.

Die Astronomen glauben, dass dieser Planet eine Oberfläche aus Stein oder aus Eis und Stein hat. OGLE-2005-BLG-390Lb ist eine kalte Welt. An seiner Oberfläche herrschen Temperaturen von -220 °C. Das ist zu kalt für Leben nach unserem Gusto, aber seine Existenz beweist, dass es andere terrestrische Planeten gibt, sogar »superterrestrische« Planeten. Denn trotz des marketingträchtigen Ehrentitels »Supererde« ist die Sache mit der Erde etwas ganz anderes – denn Erde bedeutet auch Leben.

3 Und es ward Licht

> Am Anfang wurde das Universum erschaffen. Das machte viele Leute sehr wütend und wurde allenthalben als Schritt in die falsche Richtung angesehen.
> *Douglas Adams: »Das Restaurant am Ende des Universums«*

Das Alter unseres Universums wird derzeit auf 13,7 Milliarden Jahre geschätzt. Solche Datierungen sind notorisch schwierig und deshalb Gegenstand heftiger wissenschaftlicher Debatten. Jedenfalls begann alles irgendwann, so viel wissen wir. Zuvor gab es weder Zeit noch Raum noch Materie, und aus dem Niemals, Nirgendwo und Nichts wand sich eine Singularität. Das ist ein theoretischer Punkt, in dem unsere physikalischen Gesetze nicht gelten, was bedeutet, dass wir absolut keine Ahnung haben, worum es sich dabei eigentlich handelt, und dass jeder Erklärungsversuch zwangsläufig scheitern muss. Jedenfalls »beschließt« unsere Singularität aus uns vollkommen unbekannten Gründen heraus zu werden. Sie verwandelt das Niemals, Nirgendwo und Nichts in Zeit, Raum und Materie. Gemeinhin bekannt ist das unter dem Namen »Urknall« oder »Big Bang«.

Die erste Form dieser Theorie ist von dem katholischen Priester und Astronomen Georges-Henri Lemaître erdacht worden. Wie man es auch dreht und wendet, der Laie kann sich des Eindrucks nicht erwehren, dass sich beim Urknall Naturwissenschaft und Religion treffen. Zu viel ist unbekannt, zu viel spekulativ, und dann gelten auch noch die schwer verdaulichen und aus unserer alltäglichen Erfahrung heraus gänzlich unanschaulichen Gesetze der Quantenphysik. Aber beim wissenschaftlichen Fortschritt steht oftmals am Anfang eine umwälzende Idee, die erst im Nachhinein durch Berechnungen, Analysen, Beobachtungen und Versuche nachgewiesen wird.

Für den Belgier Lemaître, der später Präsident der Päpstlichen Akademie der Wissenschaften werden sollte, begann das Universum mit einem einzigen Teilchen, dem Uratom. Pius XII. war begeistert von dieser Idee. Am 22. November 1951 hielt der Papst persönlich vor der Akademie einen Vortrag über den Urknall. Er erklärte enthusiastisch:

Die moderne Wissenschaft scheint, indem sie Hunderte von Millionen Jahre zurückgeht, tatsächlich jenes erste »Es werde Licht« zu bezeugen, als mit der Materie ein Meer aus Strahlung und Licht aus dem Nichts hervorbrach, während sich die Teilchen der chemischen Elemente aufspalteten und sich zu Millionen von Galaxien wiedervereinigten.[20]

Der Abbé war nicht sehr angetan von der Rede seines Papstes. Was wäre, wenn er sich irrte, wenn seine Idee sich als Unsinn erwiese? Also riet er dem Pontifex zu etwas mehr Zurückhaltung, die dieser dann auch übte.

Anfangs hieß das Ganze noch recht sperrig »dynamisches Entwicklungsmodell«. Den publikumswirksamen Namen verlieh ihm unfreiwilligerweise einer seiner profiliertesten Gegner: Sir Fred Hoyle.[21] Hoyle war ein Exzentriker, der brillante astronomische Konzepte entwickelte, zum Beispiel darüber, wie Sterne Elemente erbrüten. 1983 wurde seinen Kollegen William Fowler und Subrahmanyan Chandrasekhar für Forschungen zur Elementsynthese und der Sternentwicklung der Nobelpreis verliehen, während Hoyle leer ausging – was vielleicht eine direkte Folge der unberechenbaren Seite seiner Persönlichkeit war. Denn Hoyle beschränkte sich leider nicht nur auf Gebiete, auf denen er über Expertenwissen verfügte. Seine Äußerungen in der Geologie und Biologie waren »dilettantisch« bis »ignorant«, so die noch freundlicheren Kommentare, die er von den Fachleuten erntete, wenn er sich wieder einmal über die Evolution ausließ. Er war ein streitbarer Mann, der »monumentale Beiträge zur Astrophysik und Kosmologie leistete«, aber »seinen Namen auch für viel Unsinn hergab und fast sein ganzes Leben lang in Streitigkeiten verwickelt war«, wie die Zeitschrift »Nature« 2001 in seinem Nachruf schrieb. Für Hoyle befand

Abb. 6: Geistesgegenwärtig hatte Gott damals vom Urknall ein Foto geschossen, welches er immer noch recht eindrucksvoll fand.

sich das Universum in einem »Zustand der Gleichförmigkeit«, in dem neue Materie entsteht, die die Expansion vorantreibt. Von einem explosiven Beginn hielt er gar nichts. In den fünfziger Jahren kreierte ausgerechnet er in der BBC-Radioserie »The Nature of Things«, die Natur der Dinge, den Begriff »Big Bang«. Der Spott geriet zur Taufe.

Heute ist die Theorie vom Urknall weitgehend akzeptiert, obwohl immer noch über sie debattiert wird, vor allem darüber, was genau wann und wie passiert sein kann. Denn der Big Bang erklärt zwar sehr viel von dem, was die Astronomen sehen, wenn sie in die Ferne und damit wunderbarerweise zurück in die Zeit schauen, aber bewiesen ist er keineswegs. Vielmehr ist das, was die Forscher »Kosmologie« nennen, nichts anderes als ein auf wissenschaftlichen Erkenntnissen fundiertes Spekulieren, das immer wieder an die Beobachtungen angepasst wird.

Für die meisten Kosmologen ist im Big Bang – oder besser: in dem Moment, als die Singularität wurde – die Grundlage dafür geschaffen worden, dass Milliarden Jahre später der dritte Planet eines nicht weiter aufregenden gelben Zwergsterns am Rand einer unauffälligen Galaxie Zweibeiner mit großem Kopf beherbergen wird, die über den Sinn von allem nachdenken. Hätten sich aus dieser Singularität die physikalischen Grundkräfte oder die kleinsten Bausteine der Materie nur ein wenig anders entwickelt, gäbe es uns nicht. Wir hatten also anscheinend ziemlich viel Glück mit dem Urknall.

Damals gebar die Singularität in einem unvorstellbar kurzen, grellen Lichtblitz den Kosmos. Dann war es erst einmal wieder finster. Dieses Embryonaluniversum war ungeheuer winzig, hundert Milliarden Mal kleiner als ein Proton, und dieses positiv geladene Elementarteilchen des Atomkerns bringt es lediglich auf einen Billiardstel Millimeter. Versuchen wir erst gar nicht, es uns vorzustellen, wir würden zwangsläufig scheitern. Aber seien wir ausgesprochen großzügig und nennen das Ganze einen »Punkt«. Zusammen mit diesem irrsinnig heißen Punkt entstand die Urkraft. Sie vereinte in sich die vier Grundkräfte der Physik, die heute das Verhalten der Materie bestimmen: die Gravitation und die elektromagnetische Wechselwirkung, die später einmal für fast alle Alltagsphänomene verantwortlich zeichnen wird, vom Licht über den Magnetismus bis hin zu chemischen Reaktionen. Dazu kommen zwei weitere Grundkräfte, die Nicht-Physiker selten zur Kenntnis nehmen: die starke Wechselwirkung, die für den Zusammenhalt der Atomkerne sorgt, und die schwache Wechselwirkung, die beim radioaktiven Zerfall eine Rolle spielt.

Aber noch war es nicht so weit. In diesem allerersten Moment unseres Universums galten die Gesetze der Physik nicht. Generationen von Kosmologen widmeten und widmen sich der Aufgabe, diese ebenso bizarre wie atemberaubende Zeit und ihre Folgen für unsere Welt zu enträtseln. Was am Anfang passierte, sprengt schlicht die Grenzen unseres Vorstellungsvermögens. Die Urkraft war instabil. Sie existierte nur unter den phantastisch hohen Temperaturen und Drücken beim Urknall. Schon 0,000.000.000.000.000.000.000.000.000.000.000.000.000.0001 Sekunden, also 10^{-43} Sekunden[22] später war unser unvorstellbar heißer Punkt so weit abgekühlt, dass sich die Schwerkraft abspaltete. Äußerst exotische Teilchen samt ihren Spiegelbildern, den Antiteilchen, tauchten auf. Für Materie, wie wir sie kennen, war es noch viel zu heiß. Aber auch diese Teilchen und Antiteilchen verwandelten sich sofort wieder in die Energie, aus der sie eben erst »kristallisiert« waren, um sich unmittelbar danach zu neuen Teilchen zu formieren. Es war ein schwindelerregender Wirbel. Als die Schwerkraft entstand, hätte unser Embryonaluniversum eigentlich sofort wieder unter seiner eigenen Dichte zu einer Singularität im Nichts, Nirgendwo und Niemals zusammenbrechen müssen. Vielleicht ist das auch davor unzählige Male passiert, ehe es gelang, wer kann das wissen? Vor 13,7 Milliarden Jahren jedenfalls kam es anders, und diesem Umstand verdanken wir unsere Existenz.

Seit die Singularität zu werden beschloss, ist erst eine unmessbar winzige Zeitspanne vergangen. Das Universum wird 10^{-35} Sekunden alt, als seine Temperatur auf 10^{27} Kelvin[23] gefallen ist. Das sind immer noch Milliarden Milliarden Milliarden Grad. Nur zum Vergleich: Die Temperatur im Kern unserer Sonne beträgt 15 Millionen Kelvin. Das wirkt dagegen geradezu sibirisch. Obwohl das Adjektiv »heiß« also hoffnungslos untertrieben ist, wird nun eine weitere Temperaturschranke unterschritten. Aus der zerfallenden Urkraft koppelt sich die zweite Kraft aus, die starke Wechselwirkung, die später die Atomkerne zusammenhalten wird. Das ist der Moment, in dem sich unser Punkt schlagartig in ein inflationäres Universum verwandelt. Dahinter versteckt sich eine Idee des amerikanischen Teilchenphysikers Alan H. Guth.[24] Für ihn begann alles mit einem Babyuniversum, das fortwährend seine Größe verdoppelt, ähnlich wie die Preise bei einer galoppierenden Inflation.

Alan Guth geht davon aus, dass für die Entstehung des Kosmos nur ein Milliardstel eines Billiardstel Kubikmillimeters einer bizarren Substanz ausreichend war, die er »falsches Vakuum« nennt. Die Existenz dieses besonderen Zustands ist von Teilchenphysikern für die extremen Bedingungen beim Urknall vorhergesagt worden. Wir befinden uns also weiterhin im Reich der fundierten Spekulation. Das falsche Vakuum gilt als ungeheuer empfindlich und unvorstellbar energiereich – und ihm wird eine äußerst interessante Eigenschaft nachgesagt: In ihm wirkt die Schwerkraft abstoßend statt anziehend. Das ist natürlich äußerst praktisch, wenn binnen kürzester Zeit aus einem winzigen Punkt ein Universum geschaffen werden soll. Das falsche Vakuum könnte den Raum aufblähen. Es wäre deshalb der beste denkbare Motor für die Inflation des Babykosmos, auch wenn dieser Motor nur für eine unmessbar kurze Zeitspanne läuft, denn als das Universum 10^{-32} Sekunden alt wird, ist diese Phase beendet. Mit wachsender Ausdehnung ist das junge Weltall für die Inflationen zu kühl geworden. In diesem Moment koppelt sich die elektromagnetische Kraft aus, und damit ist die Urkraft endgültig zerfallen. Das Universum hat nun die Größe einer Orange. Andere Theoretiker gehen von einem Durchmesser von einem Meter aus. Es wächst weiter, wenn auch langsamer. Unser Babykosmos ist eine »Blase«, die vor Energie birst und von einem brodelnden Ozean erfüllt ist, in dem sowohl die Bausteine der Materie als auch die der Antimaterie permanent entstehen und wieder vergehen.

Jetzt kommt der Augenblick der Vernichtung: Nachdem die Temperatur auf etwa 1000 Milliarden Grad abgesunken ist, zerstrahlen sich die Bausteine von Materie und Antimaterie paarweise zu bloßer Energie. Das wäre das Ende des Universums gewesen, wenn nicht seit Anbeginn aus bislang unbekannten Gründen ein Ungleichgewicht existiert hätte: Auf zehn Milliarden Materiebausteine kommt ein Antibaustein weniger. Nach dieser »Schlacht« war die Antimaterie vernichtet, während die Materie ein »Zehnmilliardenstel« durchbringen konnte – die Grundlage unserer Existenz. Ohne diese seltsame Asymmetrie wäre das Weltall ein absolut langweiliger, weil leerer Ort geworden. Eben noch »kroch« die Singularität aus dem Nichts, und dann, noch nicht einmal einen Lidschlag später, ist daraus ein Kosmos entstanden, gefüllt mit den Bausteinen unserer Materie.

Von diesem Moment an lässt es das Universum langsamer angehen. Es wächst, wird mit zunehmender Größe kühler, bis die Zeit schließlich reif ist für den nächsten Schritt. Zehn Sekunden sind seit dem Urknall vergangen, da verwandelt sich das All in einen Fusionsreaktor. Die ersten Atomkerne entstehen! Das Gros davon sind Wasserstoffkerne, die einfachsten und leichtesten aller Atomkerne. Dazu kommt noch eine schwere Variante des Wasserstoffs, das Deuterium.[25] Auch Helium entsteht, und eine Spur Lithium. Nach nur fünf Minuten ist der Fusionsrausch zu Ende.

Aber das ist gut so, denn jetzt gibt es vor allem Wasserstoffkerne, und Leben, wie wir es kennen, hängt nun einmal von Wasser ab. Ohne Wasserstoffkerne gibt es kein Wasser. Hätte sich direkt nach dem Urknall, bei $0+10^{-43}$ Sekunden, die Schwerkraft ein wenig stärker oder schwächer ausgebildet, hätte unser Universum eine vollkommen andere Entwicklung genommen, wäre vielleicht angefüllt mit dem Edelgas Helium, aus dem nicht viel entstehen kann. Die Weichen für das Leben wurden also ganz zu Beginn gestellt. Niemand hat die fehlgeschlagenen Versuche gezählt, betont Alan Guth. Deshalb gibt es auch keine statistische Aussage darüber, wie groß die Wahrscheinlichkeit für die Entstehung eines Kosmos ist, in dem sich Leben entwickelt. Vielleicht musste es allein aufgrund der großen Zahl von Versuchen zwangsläufig irgendwann passieren, so wie hin und wieder jemand zweimal in seinem Leben einen Sechser im Lotto hat. Vielleicht ist die Geburt des Universums etwas ganz Einmaliges. Wir wissen es nicht.

Die weitere Entwicklung verläuft erst einmal ruhiger. Nachdem die Atomkerne der drei Elemente entstanden sind, liegt das junge All da wie ein trüber Plasmabrei, breitet sich immer weiter aus und wartet darauf, dass die Temperatur weiter sinkt. Positiv geladene Atomkerne und negativ geladene Elektronen schwirren in ihm herum. Für die ersten richtigen Atome, also dafür, dass sich die positiv geladenen Kerne die negativ geladenen Elektronen in dieser Suppe schnappen, ist es noch zu heiß.

300 000 bis 400 000 Jahre dauert diese eintönige, gähnend langweilige Phase. Dann sinkt die Temperatur endlich auf rund 2700 °C, und die ersten stabilen Atome tauchen auf: Wasser-

stoff, Helium und Lithium. Das ist ein sehr beschränktes Repertoire, aus dem sich kein Stein bauen lässt, geschweige denn das einfachste Bakterium. Für so etwas braucht man wesentlich komplexere Baustoffe wie Kohlenstoff, Sauerstoff, Eisen, Silizium, Kalium, Calcium oder Kupfer. Von den weiteren 89 natürlichen Elementen gab es damals noch keine Spur – aber aus der einfachen Rezeptur 75 Prozent Wasserstoff, 25 Prozent Helium und einer Spur Lithium lässt sich eine erstklassige Elementfabrik bauen: Sterne.

Nach den ganzen theoretischen Betrachtungen bekommen wir jetzt erstmals ein wenig festen Boden unter die Füße. Für die Zeit, in der die Atome entstanden, haben wir einen Zeugen: die kosmische Hintergrundstrahlung, die wir bis heute messen können. Diese Mikrowellenstrahlung ist sozusagen das Babyfoto des Universums, eine Aufnahme des Moments, als in dem schäumenden Materiebrei die Atome zusammenfanden.[26] Bevor die Atomkerne ihre Elektronen einfingen, war das All undurchsichtig, so etwas wie ein glimmender Nebel, in dem man noch nicht einmal die sprichwörtliche Hand vor Augen sah. Die Photonen, die »Lichtteilchen«, konnten aus dem geladenen Plasmabrei nicht entweichen. Ständig wurden sie von der Materie absorbiert und zum Energieaustausch gezwungen, oder sie stießen mit den überall herumschwirrenden lästigen Elektronen zusammen. Als die Atome entstanden, war endlich der Weg für sie frei. Das Licht konnte sich ausbreiten, und das All wurde durchsichtig.

Die Hintergrundstrahlung ist jedoch nicht ganz gleichmäßig. Vielmehr lassen sich kaum wahrnehmbare Energieschwankungen erkennen, die noch im Moment des Big Bang wurzeln und die im jungen Kosmos große Folgen hatten. Diese Fluktuationen fegten die frisch entstandenen Atome zu ungeheuer feinen Rippeln zusammen, die eine Winzigkeit dichter waren als die ebenso um eine Winzigkeit ausgedünnten Regionen daneben. Als die Schwerkraft versuchte, diese dichteren Zonen zusammenzudrücken, leisteten die heißen Teilchen heftigen Widerstand, prallten zurück, begannen zu schwingen wie eine Glocke. Schallwellen entstanden, die der Hintergrundstrahlung ihr Muster aufprägten.

Der Astronom Mark Whittle von der University of Virginia hat daraus den »Geburtsschrei« des Universums rekonstruiert. Erst der Computer macht ihn hörbar: Während bei dem für uns gut wahrnehmbaren Kammerton A eine Stimmgabel 440-mal in der Sekunde schwingt, dauert jede Schwingung bei diesem kosmischen Klang 50 000 Jahre – ein wahrer »Basso profondo«. Als Whittle diesen Klang im Computer aufwendig bearbeitet hatte, ertönte aus den Boxen eine Art kosmische Kakophonie. Im Moment des Urknalls herrschte vollkommene Stille. Schließlich mussten erst einmal Zeit, Raum und Materie entstehen und wachsen, ehe sich eine erste Schallwelle bilden und fortpflanzen konnte. Als das geschehen war, entrang sich dem Kosmos ein Aufschrei, der immer lauter und gleichzeitig dumpfer und tiefer wurde.

Diese Rekonstruktion ist nicht nur Spielerei, vielmehr stecken in den Tönen Informationen über die Struktur des jungen Weltalls, denn ein Klang ist so etwas wie ein akustischer Fingerabdruck. Der Geburtsschrei des Alls wurde zunächst immer tiefer, was unter anderem damit zu tun hatte, dass das Universum schnell wuchs. Wir können dem All also gewissermaßen beim Wachsen zuhören.

Nach 400 000 Jahren eines tiefen, rauen Orgeltons setzte ein Zischen ein. Zunächst kaum wahrnehmbar, wurde es lauter und lauter, bis es alle anderen Klänge übertönte. Das Zischen begann in dem Moment, als die kosmische Mikrowellen-Hintergrundstrahlung entstand, als sich also die Atomkerne und Elektronen zusammenfanden und der Kosmos durchsichtig wurde. Der glimmende, undurchdringliche Plasmanebel hatte nicht nur das Licht gefangen gehalten, sondern auch die Schallwellen gedämpft. In dem neuen, durchsichtigen Universum bewegten sich sowohl die Photonen als auch die Atome der Materie nach Lust und Laune. Der Schall konnte sich plötzlich frei ausbreiten. Urwolken aus Wasserstoff, Helium und Lithium entstanden. Allerdings sollte jetzt die Schwerkraft eines verborgenen Mitspielers ins Spiel kommen: die der Dunklen Materie.[27]

Diese rätselhafte Substanz sendet kein Licht aus, ist unsichtbar, weshalb niemand weiß, ob sie wirklich existiert, und wenn ja, woraus sie besteht. Jedenfalls soll unser Universum lediglich zu rund 4 Prozent aus »gewöhnlicher Materie« bestehen und zu 0,3 Prozent aus Neutrinos, aber zu 23 Prozent aus Dunkler Materie und zu etwa 73 Prozent aus Dunkler Energie. Bei letzterer soll es sich um eine äußerst bizarre Form der Energie handeln, die weder Licht noch sonst eine elektromagnetische Strahlung abgibt und in der die Schwerkraft negativ ist, ähnlich wie damals im falschen Vakuum, auch wenn dieser Effekt in ihr sehr viel schwächer wirkt.

Nehmen wir jetzt einfach an, dass die Befürworter der Dunklen Materie Recht haben. Dann hatte es im jungen Universum ein Vielfaches mehr an Dunkler Materie gegeben als an sichtbarer, sodass zuerst die Dunkle Materie unter ihrer eigenen Schwerkraft zusammenbrach und dabei die »normalen« Atome nachzog. Das war die Phase, in der das Zischen lauter und lauter wurde, während immer mehr Gas auf die wachsenden »Klumpen« fiel. Dadurch wuchs die Schwerkraft weiter an, und die Gaswolken wurden immer dichter. In ihnen entstanden Kerne, in deren Innerem mit der wachsenden Masse auch Druck und Temperatur unaufhörlich stiegen. Schließlich überschritten sie eine kritische Grenze: Die Kernfusion lief an, und die ersten Sonnen erstrahlten im Universum. Es ward wieder Licht, zum zweiten Mal nach dem Aufblitzen der Singularität – nach vielleicht 100 oder 200 Millionen Jahren Dunkelheit. Als das Zeitalter der Sterne begann, wurde das Zischen in Whittles Rekonstruktion ohrenbetäubend laut, um später langsam abzuebben.

Die ersten Sterne dieser sagenhaften Population III,[28] die gerade gezündet hatte, sollen wahre Titanen gewesen sein und es auf 200, 300, vielleicht sogar 500 Sonnenmassen gebracht haben, jedenfalls vermuten das derzeit die meisten Theoretiker. Diese Supersterne brannten wie Zunder. Innerhalb von ein bis fünf Millionen Jahren verprassten sie ihren enormen Brennstoffvorrat wie in einem Rausch. Sie schmiedeten dabei aus Wasserstoff Helium, aus Helium Kohlenstoff, aus Kohlenstoff Sauerstoff, suchten verzweifelt nach neuen Energiequellen, begannen dann den Sauerstoff zu verschmelzen, um immer schwerere Elemente zu bilden, bis sie schließlich Mangan zu Eisen fusionierten. Dieses letzte Feuer flackerte nur noch ein paar Sekunden lang. Jetzt konnten sie aus der Kernfusion keine

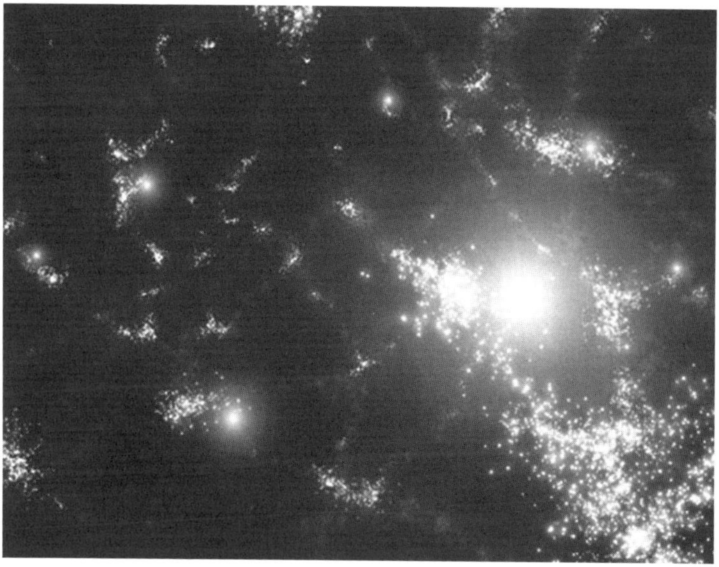

Abb. 7: Mit dem Spitzer-Weltraumobservatorium könnte es gelungen sein, das Licht der ersten Sterne einzufangen. Seit 13,5 Milliarden Jahren fliegt es durch den Weltraum. Einzelne Objekte lassen sich darin nicht mehr ausmachen, vielmehr gliche das Glühen dieser Sonnen dem Widerschein einer weit entfernten Stadt am Nachthimmel, erklären die Forscher.

Energie mehr gewinnen. Die ersten Sonnen explodierten als wahnwitzige Supernovae. In diesem Moment des Infernos entstanden die noch schwereren Elemente, die dann zusammen mit allen anderen Elementen in das interstellare Medium hinausgeschossen wurden.

Diese Giganten haben angeblich im Lauf ihres kurzen Lebens die Hälfte ihrer Masse in schwere Elemente umgewandelt. Computersimulationen zeigen, dass sie durch die unglaublich energiereichen Sternenexplosionen ihre Ernte über mehr als 3000 Lichtjahre verbreiten konnten. Das junge Universum war noch viel kleiner als heute und vollgestopft mit Protogalaxien wie eine überfüllte U-Bahn, sodass jede einzelne Supernova ein großes Stück All »düngte«. Die Schockwellen schufen dichtere heiße Blasen im interstellaren Raum, die die Geburt der nächsten Sternengeneration erleichterten.

Die Astronomen hoffen, dass es ihnen inzwischen gelungen ist, das Licht dieser allerersten Sterne mit dem Spitzer-Weltraumteleskop aufzufangen. Dieses Licht wäre seit 13,5 Milliarden Jahren durch das Universum geflogen und heute nur noch ein Glühen im Infrarotbereich, ein heller Widerschein von Millionen Sonnen, so wie der Widerschein der Lichter einer fernen Großstadt am Abendhimmel. Diese ersten Sterne veränderten den Kosmos von Grund auf. Bis dahin war er ein Ort der Ruhe, und nun wurde er schnell und drastisch mit Energie und schweren Elementen gefüllt.

Die ältesten Sonnen, die wir heute noch als Individuen sehen, gehören wahrscheinlich einer jüngeren Generation an, der Population II. Sie bringen es auf zwölf bis 13 Milliarden Jahre, und sie bewegen sich nicht zusammen mit der großen Masse der anderen Sterne in der Galaxienscheibe, sondern fliegen in einem riesigen, kugelförmigen Schwarm sehr alter Sterne um unsere Milchstraße herum, im so genannten Halo.

HE0107–5240 ist einer von diesen Greisensternen. Er befindet sich 36 000 Lichtjahre von uns entfernt im südlichen Sternbild Phoenix. Lediglich 4000 Lichtjahre weit weg ist HE1327–2326 im südlichen Sternbild Hydra. Die beiden sind Relikte aus der späteren Kindheit unseres Alls. Sterne haben keine Geburtsurkunde, aber ihr Alter lässt sich unter anderem aufgrund ihrer chemischen Zusammensetzung abschätzen. Danach gehören die beiden Sonnen eindeutig nicht zu den modernen Sonnen wie die unsere. »Etwas Primitiveres als HE0107–5240 und HE1327–2326 ist uns im Kosmos noch nie untergekommen«, erklärt ihr Entdecker Norbert Christlieb von der Hamburger Sternwarte.[29] »Es ist erstaunlich, dass sie überhaupt existieren.«

HE0107–5240 hat 200 000-mal weniger Eisen als unsere Sonne. Anders ausgedrückt: In unserer 4,6 Milliarden Jahre alten Sonne kommt auf 31 000 Wasserstoffatome ein Eisenatom. In dem vielleicht mehr als zwölf Milliarden Jahre alten HE0107–5240 beträgt das Verhältnis 6,2 Milliarden Wasserstoffatome zu einem Eisenatom. HE1327–2326 hat sogar 300 000-mal weniger Eisen als unsere Sonne. Als sie entstanden, muss das Universum sehr viel einfacher strukturiert gewesen sein als heute.

Zwar erlauben uns die beiden Methusalemsterne einen Blick zurück in eine ferne Vergangenheit, aber es ist gut für uns, dass nicht alle Sonnen so massearm waren. Solche Sterne gehen notorisch sparsam mit ihrem Brennstoff um und leben deshalb fast ewig. Hätten sie das Schicksal unseres Alls bestimmt, wäre es einschläfernd öde verlaufen. So aber ging im Lauf der Jahrmilliarden Stern um Stern ans Werk, erbrütete schwerere Elemente, die er nach dem Verglühen an das interstellare Medium zurückgab. Dadurch stieg der Metallgehalt in den Materiewolken mehr und mehr an. Aus der Asche der Vorgänger ballte sich irgendwann ein neuer Stern zusammen. Schließlich waren genug »astronomische Metalle«[30] da, um in den kosmischen Brutstätten moderne Sterne wie unsere Sonne zu bilden. Deren Plasma besteht zu knapp drei Vierteln aus Wasserstoff, dazu kommen knapp 25 Prozent Helium und Spuren von allen anderen Elementen, von Sauerstoff bis Schwefel, von Kohlenstoff bis Magnesium.

Irgendwann, viele hundert Millionen Jahre nachdem die ersten Sonnen verloschen waren, reichte in einem Solarnebel, in dem sich gerade ein Stern bildete, die Menge an festem Material für eine neue Erfindung aus: die terrestrischen Planeten, die Planeten aus Stein. Etliche Generationen von Sonnen haben als kosmische Alchemisten heftig an diesem Akt gearbeitet. Sieht man von Wasserstoff und Helium einmal ab, ist jedes einzelne Atom, das die Seite dieses Buches aufbaut, jedes einzelne Atom in unserem Daumennagel oder unserem Gehirn, jedes einzelne Atom auf dieser Welt einmal im Inneren eines Sterns erbrütet worden. Und es hat meist nicht nur eine, sondern wohl gleich mehrere Sonnen durchlaufen. »Wir sind alle Sternenstaub«, pflegen Astronomen zu diesem Thema weise lächelnd zu sagen. Und alles begann vor zirka 13,7 Milliarden Jahren aus dem Niemals, Nirgendwo und Nichts.

4 Kennen Sie Planetenbillard?

> Alle Planetenkeime waren gleich. Der liebe Gott hat nicht mit einem Finger auf so ein kleines Ding gezeigt und gesagt: He, du wirst die Erde. Vielmehr wachsen sie alle miteinander.
> *George Wetherill, Astronom*

Wir schreiben den 12. Februar 2001. Die Raumsonde NEAR-Shoemaker setzt erfolgreich auf Eros auf. Eine Premiere! Niemals zuvor ist eine Landung auf einem Asteroiden auch nur versucht worden – eine Landung auf einem Körper, der nur mit einem Tausendstel der irdischen Schwerkraft aufwarten kann und dazu noch um seine Achse taumelt. Das historische Rendezvous findet weit draußen im Sonnensystem statt: 316 Millionen Kilometer entfernt, irgendwo im Sternbild Wassermann. Auf der Erde, genauer gesagt in Laurel, Maryland, am Applied Physics Lab der Johns Hopkins University, verfolgen ein paar Hundert Wissenschaftler, Journalisten und geladene Gäste das Geschehen über die große Leinwand im Kossiakof-Zentrum. Ein paar Meter weiter, im Nachbargebäude, ist der Missionskontrollraum untergebracht. Die Crew dort kann nicht glauben, dass sie es geschafft hat. Ihre Gesichter verraten ungläubiges Staunen. Es hat funktioniert – und nicht nur das: NEAR sendet auch noch Signale zur Erde! Beifall brandet auf, im Kontrollzentrum wie im Hörsaal. Dabei hatte beim Start von NEAR vor fünf Jahren noch niemand an eine Landung auf dem kartoffelförmigen Asteroiden gedacht, NEAR-Shoemaker sollte ihn nur umkreisen und Daten sammeln, für mehr war die Sonde nicht gebaut worden.

»Ich bin glücklich, Ihnen mitteilen zu können, dass die Raumsonde NEAR auf der Oberfläche des Asteroiden Eros gelandet ist und immer noch Signale sendet!« Als sich Bob Farquhar vor die Fernsehkamera stellt, ist ihm die Anspannung der

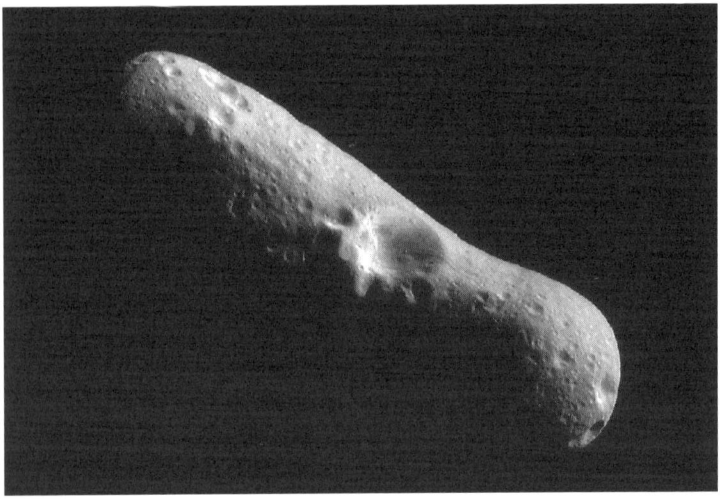

Abb. 8: Der Asteroid Eros

vergangenen drei Stunden deutlich ins Gesicht geschrieben. Der sonst so locker und selbstsicher wirkende Weltraumveteran war während der Wartezeit wahrscheinlich nervös wie ein Abiturient vor der Prüfung. »Das Ding ist in perfekter Verfassung und absolut glücklich.« Eine Dreiviertelstunde später auf dem Sektempfang hat der Raumfahrtingenieur seine gewohnt schnoddrige Art wiedergefunden: »Es hätte gar nicht schief gehen können, heute ist der 12. Februar, und zwölf ist meine Glückszahl.« Außerdem habe er am Morgen sein Horoskop in der »Washington Post« gelesen: »Unter ›Jungfrau‹ stand: Ihre Glückszahl ist fünf, und wir haben NEAR-Shoemaker mit fünf Zündungen der Triebwerke sicher aufsetzen lassen.« Bob Farquhar glaubt an Glückszahlen, er ist überhaupt ein Meister der Zahlen. Seit Jahrzehnten arbeitet er als Spezialist für die Kursberechnung von Raumsonden. Er lässt sie nach dem Start an Planeten und Monden vorbeifliegen, damit sie deren Schwerkraft nutzen, um Schwung zu holen. Dieser Trick hilft Treibstoff sparen, denn so brauchen die Triebwerke nicht so oft zu zünden, um in den Weiten des Alls mit dem richtigen Tempo das Ziel zu erreichen.

Die »Weltraum-Kartoffel« Eros ist ein Felsbrocken, so groß wie die Insel Sylt, der seit etwa 4,6 Milliarden Jahren um die Sonne fliegt. Er ist ein Zeuge aus der Zeit, als das Sonnensystem entstand. Deshalb hatte der berühmte Astronom Gene Shoemaker gerne erzählt, dass er zu diesem Asteroiden reisen, ihn mit dem Lasso einfangen und mit dem Geologenhammer bearbeiten wollte. Leider starb Shoemaker ein Jahr nach dem Start von NEAR bei einem Flugzeugabsturz, sodass er den Erfolg der posthum nach ihm benannten Sonde nicht mehr erleben konnte. Es hätte ihn sicherlich gefreut zu erfahren, dass Eros tatsächlich sehr ursprünglich und deshalb ein lohnendes Ziel für einen Geologen ist, der ihn untersucht. Schließlich entstanden aus Körpern wie Eros die Planeten – und die sind die Grundlage allen Lebens. Ohne Planeten hätten Bakterien, Pilze, Pflanzen und Tiere in diesem Universum keine Chance gehabt. Auf ein Lebewesen wirkt das All wenig einladend. Fast überall wäre es ihm zu kalt, zu dunkel und zu leer, falls ihm nicht gerade in der Nähe einer Sonne viel zu heiß würde. Allerdings reicht für die Entstehung von Leben nicht irgendein Planet, sondern er muss durchaus gehobene Ansprüche erfüllen.

Damit der Planet das einfachste Bakterium hervorbringen kann, braucht er biologische Schlüsselelemente wie Kohlenstoff, Wasserstoff, Sauerstoff, Stickstoff, Kalium, Eisen oder Phosphor. Er selbst muss natürlich aus Stein bestehen, also sind wiederum Sauerstoff und Eisen, aber auch Silizium, Magnesium, Calcium, Nickel und Aluminium unverzichtbar. Ein erdähnlicher Planet[31] benötigt Wasser und eine Atmosphäre, was erneut Wasserstoff und Sauerstoff bedeutet, ebenso Stickstoff oder Kohlenstoff. Weil ein von höheren Lebewesen bewohnter Planet mehr sein muss als ein runder Felsbrocken im All, sollte eine »Maschinerie« die Bedingungen an der Oberfläche steuern und in Balance halten. Das ist die Plattentektonik. Sie fördert permanent Wasser und Kohlendioxid aus dem Erdinneren hinauf, die sie durch die Vulkane in die Luft bläst. Ohne diesen steten Nachschub an Treibhausgasen läge die globale Durchschnittstemperatur nicht bei angenehmen plus 15 °C, sondern irgendwo bei frostigen – 18 °C. Die Erde flöge als kosmischer Schneeball um die Sonne, und von uns gäbe es keine Spur.

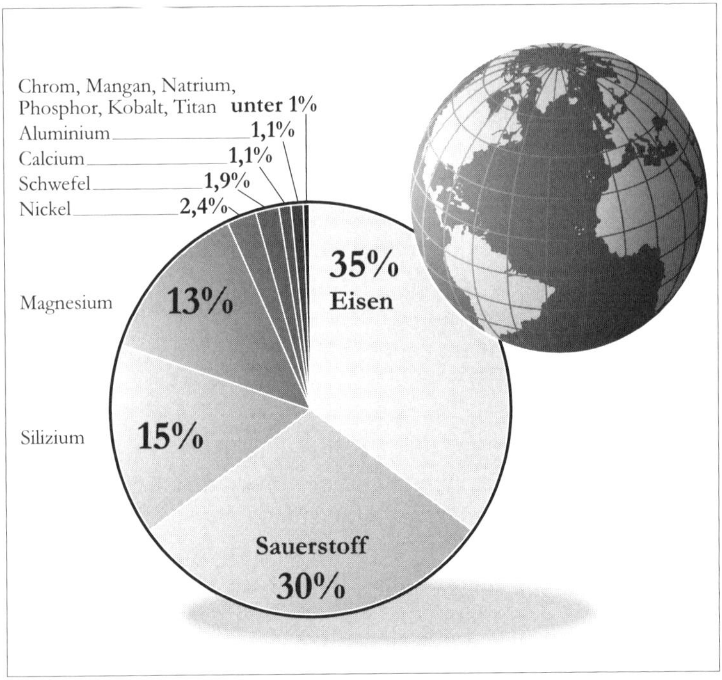

Abb. 9: Rund 90 Prozent der Erde bestehen aus vier Elementen: Eisen, Sauerstoff, Silizium und Magnesium.

Höchstens ein paar Mikroben, die von der Welt um sie herum nichts ahnen, waberten an warmen Quellen tief unten am Grund eines dick vereisten Ozeans. Wir wissen bisher nur von vergleichsweise wenigen Planeten und Exoplaneten, und zurzeit ist die Erde nicht nur der einzige belebte Himmelskörper, den wir kennen, sondern auch der einzige mit Plattentektonik. Das ist mehr als ein Zufall. Der Motor dieser globalen Maschine ist die Wärme des radioaktiven Zerfalls im Planeteninneren. Also steht auch ein ausreichender Vorrat an radioaktiven Ingredienzien wie Uran, Thorium oder Radiokalium auf dem Zutatenzettel für eine Welt, in der das Leben über Jahrmilliarden hinweg vielgestaltig alle Winkel erobert.

Zuerst allerdings musste der bunte Elemente-Cocktail für den Aufbau der Erde gemixt werden. Dafür haben längst erloschene Sterne mehr als neun Milliarden Jahre gebraucht. Das Ergebnis ihrer Arbeit lässt sich direkt an unserer Sonne ablesen. Sie besitzt ein Viertel mehr schwere Elemente als ihre 1000 nächsten Nachbarinnen. Der Metallgehalt eines Sterns sagt viel darüber aus, mit welcher Wahrscheinlichkeit er Begleiter hat. Sterne mit Planeten enthalten meist mehr Eisen, Nickel, Calcium, Silizium oder Sauerstoff als die ohne. Dieser hohe Metallgehalt ist ein Erbe der Gas- und Staubwolke, aus der der Stern und damit auch seine Planeten einst entstanden sind.[32]

Die derzeit beliebteste Theorie darüber, wie Erde, Venus, Mars oder Merkur geformt wurden, hat der amerikanische Physiker und Geowissenschaftler George Wetherill von der Carnegie Institution in Washington, D. C., nach einer Idee des russischen Theoretikers Viktor Safranov entwickelt. Danach scheint die Entstehung unseres Sonnensystems eine sehr staubige Angelegenheit gewesen zu sein. Es begann wohl alles vor rund 4,6 Milliarden Jahren in einer Wolke aus 99 Prozent Gas, das heißt Wasserstoff und Helium, mit ein wenig fein verteiltem Staub: Silizium und Aluminium, Stickstoff und Schwefel, Wasser- und Kohlenmonoxideis, dazu etliche organische Moleküle von Methan bis Aceton. Das war das Rohmaterial.

Der Staub hatte schon Ewigkeiten im interstellaren Medium überstanden. Aber jetzt war er in der gigantischen, sehr langsam kreisenden Molekülwolke gelandet, in der die Geburt eines Sonnensystems bevorstand. Unser Solarnebel war so weit abgekühlt, so dicht und schwer geworden, dass schon eine kleine Störung ausreichte, das Zentrum langsam unter der eigenen Schwerkraft zusammensinken zu lassen. Die Ursache dieser Störung ist unbekannt, vielleicht war es eine nahe Supernova, oder die Wolke flog gerade durch eine Zone der Milchstraße, in der ihr ein paar Moleküle zu viel Widerstand leisteten. Auf jeden Fall schrumpfte unser Nebel, und die Materie begann mehr und mehr um das Zentrum zu rotieren, wurde von innen nach außen immer flacher. Im Zentrum der protoplanetaren Scheibe saugte die wachsende Protosonne Unmengen von Wasserstoff und Helium an. Die Gase stürzten in Spiralbahnen in sie hinein. Sie konzentrierte immer mehr Masse auf sich und begann, sich durch die wachsende Schwerkraft zusammenzuziehen. Je kleiner sie wurde, desto schneller rotierte sie, wie eine Eisläuferin, die bei einer Pirouette die Arme anlegt.

In diesem Stadium könnte ein Nachbarstern eingegriffen und bei den Planeten Geburtshilfe geleistet haben. Er könnte der jungen Sonne in ihrer Staubscheibe so nahe gekommen sein, dass seine Anziehungskraft den Staubgürtel regelrecht durcheinander wirbelte. Verklumpungen entstanden, die unter ihrer eigenen Schwere zusammenfielen und riesige Wirbel bildeten. In diesen Wirbeln sammelte sich der Staub, wie sich beim Umrühren Teekrümel in der Mitte der Tasse sammeln, und das wären die Keimzellen der Planeten gewesen, so eine Idee von Astronomen des Argelander Instituts der Universität Bonn.

Die Protosonne war anfangs noch zu kalt, der Druck in ihr zu niedrig, um das Fusionsfeuer zu zünden. Aber sie sog immer mehr Material an, und durch die Reibung stieg die Temperatur in diesem dichten, rotierenden Ball stetig an, näherte sich der kritischen Grenze. Gleichzeitig heizten außerhalb der Protosonne Stoßwellen die kollabierende Wolke auf mehr als 1800 °C auf. Weiter draußen, wo die Materiescheibe dünner wurde, blieb es kühler. Im Inneren der Scheibe verdampfte ein großer Teil des Staubs, nur extrem widerstandsfähige Staubkörnchen wie Siliziumkarbid, Korund,[33] Diamant oder Graphit überstanden die heiße Phase. Diese »präsolaren Körner«, die Astronomen heute in manchen Meteoriten entdecken, stammen aus einer Supernova, aus der Explosion eines massereichen Vorläufersterns. Dabei waren Temperaturen bis zu einer Milliarde Grad Celsius erreicht worden. Im Vergleich dazu hatte das aufgeheizte Gas eines kollabierenden Solarnebels nicht viel mehr als Zimmertemperatur.

Nach 100 000 bis 400 000 Jahren war aus unserer großen, dunklen Materiewolke aus Gasen und Staub so etwas wie eine Pizza mit einem hübsch gewölbten Ei in der Mitte geworden, dem Protostern. Noch war die junge Sonne nicht im Gleichgewicht; mit heftigen Ausbrüchen schleuderte sie immer wieder Materie von sich. Jetströme schossen mit einer Geschwindigkeit von einigen Hundert Kilometern pro Sekunde aus ihr heraus. Astronomen des Max-Planck-Instituts für Radioastronomie in Bonn beobachten den Stern MWC 297, der an unsere eigene junge Sonne erinnert. Sie haben dort einen intensiven Sonnenwind[34] aus Wasserstoffkernen ausgemacht, der weit ins All hinausfegt. MWC 297 stößt das Gas, das in Spiralbahnen aus der Scheibe auf ihn fällt und das er nicht mehr verdauen kann, in alle Richtungen fort. Damals hat unsere Sonne irgendwann in diesem Stadium das Fusionsfeuer gezündet und zu leuchten begonnen. Zunächst lief die Fusion in ihr noch stotternd. Ein paar Millionen Jahre später, als die Planeten herangewachsen waren, ging sie in ein ruhigeres »Wasserstoffbrennen« über. Zuvor fegte sie jedoch mit heftigem Sonnenwind die letzten, nicht verbrauchten Reste von Gas und Staub aus ihrem System hinaus.

Noch aber war es nicht so weit. Während unsere Sonne entstand, kühlte die protoplanetare Scheibe anfangs an den Rändern und dann auch nach innen hin ab. Die Stunde null unseres Sonnensystems schlug, als die Temperatur in der Scheibe unter 1800 °C fiel und erst einmal schwer schmelzbare Komponenten kondensierten. Erste Minerale aus Calcium und Aluminium schwammen im Gasstrom. Sie blieben als helle Einschlüsse in seltenen, besonders primitiven Steinmeteoriten erhalten, den »kohligen Chondriten«.[35] Mit ihrer Hilfe haben Geochemiker das Alter unseres Sonnensystems bestimmt: 4,567 Milliarden Jahre.

Je kühler es wurde, desto mehr Minerale kondensierten, wie Wasserdampf, der sich an einer kalten Fensterscheibe niederschlägt. Der Countdown der Planetenentstehung lief. Das meiste Gas floss zur Sonne, der Staub konzentrierte sich in der Scheibe. Alles drehte sich um das Zentrum, den wachsenden Stern, eine Bewegung, die wir heute noch aus den Planetenorbits ablesen können. Dabei kreuzten sich die Bahnen der Staubteilchen immer wieder, sie kollidierten. Geschah das mit der richtigen Geschwindigkeit, blieben sie aneinander haften, wurden zu Sandkörnern, die mit anderen Sandkörnern zusammenstießen und zu Steinchen verklebten, zu Steinen, zu Felsbrocken. Wieder und wieder rasten sie ineinander. Waren sie zu schnell, zerbrachen sie, und der Schutt bekam mit anderen Zufallsbruchstücken eine neue Chance. Waren zwei Kontrahenten zu langsam, spielten sie kosmisches Billard, und der

Abb. 10: Eine chaotische Zeit: Planeten entstehen in einer protoplanetaren Scheibe.

Leichtere wurde vom Gewichtigeren auf neue Bahnen geschubst, wo er dann wieder auf andere Brocken traf und dabei für eine gewisse Durchmischung der protoplanetaren Scheibe sorgte.

So wuchsen aus Felsbrocken Planetenkeime, so genannte Planetesimale, heran, die einen Durchmesser von mehreren Kilometern hatten. Zunächst waren sie noch unregelmäßig geformt. Doch die Wucht der andauernden Einschläge ließ ihr Inneres schmelzen, ebenso die große Menge an kurzlebigen radioaktiven Elementen in ihnen, deren Zerfall sie aufheizte. Die Schwerkraft tat dann ein Übriges: Aus unregelmäßig geformten Planetesimalen wurden runde Protoplaneten. Je mehr sie heranwuchsen, desto größer wurde ihre Anziehungskraft. Jetzt gingen sie »gezielt« auf die Jagd nach kleineren Planetenkeimen, zogen sie an. Dem Modell von George Wetherill zufolge wachsen Planeten wie die Erde vor allem dadurch, dass sie große Brocken »verschlingen«. Junge Planeten sind Kannibalen. Und das waren sie nicht nur in ferner Vergangenheit. Gerade in diesem Moment bilden sich im südlichen Sternbild Zentaur Planeten um eine Sonne. Auch um den 220 Lichtjahre entfernten Stern HR4796 A zeigt sich im Infrarotlicht ein verräterisches Glühen. Das ist die durch den Kollaps und die zahllosen Kollisionen aufgeheizte innere Zone der protoplanetaren Scheibe. Ein leerer Ring darin lässt ahnen, dass mindestens ein Planet bereits »aufgeräumt« hat.

Unser eigenes Sonnensystem wird einmal genauso ausgesehen haben wie die Umgebung von HR4796 A, nur dass hier gleich mehrere Planeten als »Staubsauger« wirkten. Vor etwas mehr als 4,53 Milliarden Jahren war der Körper der heranwachsenden Protoerde weich, vielleicht sogar teilweise geschmolzen. Leichte Elemente wie Magnesium und Calcium schwammen auf, bildeten die erste Kruste, die immer wieder durch kosmische Bomben zerfetzt wurde. Gleichzeitig sickerten schwere Elemente wie Eisen und Nickel durch den steinernen Erdmantel nach unten, der flüssige, metallische Erdkern bildete sich. Während dieser letzten Phase in der Fertigstellung der Planeten setzte die Sparringrunde der Superschwergewichte ein, denn schließlich kann es in jedem der »Speisegebiete« nur einen geben. Wo immer zwei Protoplaneten ihre Bahnen zu nah beieinander zogen, kam es zum Showdown. Auch die Erde soll einen Zwilling gehabt haben, die marsgroße Theia.[36] Nach Modellrechnungen von Edward Belbruno und J. Richard Gott von der Princeton University entstand Theia an einem ganz besonderen Punkt im Einzugsgebiet der Erde, nämlich dort, wo sich die Gravitationskräfte zwischen beiden Planeten und der Sonne quasi aufheben.[37]

Die Protoerde und Theia wuchsen lange Zeit in konstantem Abstand zueinander heran. Dieses Gleichgewicht war jedoch labil. Die zahllosen Kollisionen mit anderen kosmischen Projektilen sowie die Tatsache, dass die Protoerde schneller größer wurde als Theia, verschoben das Kräfteverhältnis. Theia wurde von der irdischen Schwerkraft gepackt und in einen chaotischen Orbit gezwungen. Schließlich rasten die beiden mit 39 000 Stundenkilometern ineinander. Die Wucht des Einschlags zerschmetterte Theia, zerrüttete aber auch die Erde zutiefst. Gestein verdampfte. Magma spritzte in feurigen Fontänen bis in den Weltraum hinauf, Aschen und Staub wurden hoch geschleudert. Ein Ring aus Trümmern entstand um die Erde, die damals ausgesehen haben muss wie heute Saturn.

Während über die Erde Wogen aus glühendem Magma rollten, bildete sich der Mond nach dem bewährten Kollisionsprinzip aus dem Schuttring, diesmal jedoch in unmittelbarer Nähe zur Erde, in vielleicht 18 000 oder 25 000 Kilometern Entfernung. Auf enger, kleiner Bahn rasten die Trümmer permanent ineinander und verschmolzen innerhalb kürzester Zeit. Einer Modellrechnung zufolge dauerte es ein bis höchstens 100 Jahre, dann flog der junge Mond als geschmolzene Feuerkugel um die Erde. Er sammelte noch ein Weilchen den restlichen Schutt und kühlte dann allmählich ab, wobei sich im Magmaozean die ersten Kristalle formten. Schwere Minerale sanken ins Mondinnere und bauten den Mondmantel auf. Myriaden von kleinen hellen Feldspäten schwammen auf und bildeten die fast weiße Mondkruste. Der Mond war nach weniger als 20 Millionen Jahren komplett erstarrt und leuchtete schneeweiß im Sonnenlicht. Die Relikte dieser hellen Anorthositkruste können wir heute noch bewundern. Die dunklen Flecken, die den »Mann im Mond« zeichnen, sind jünger. Es sind Krater, die entstanden, als mit Asteroiden und Kometen der letzte Grobschutt der Planetenentstehung auftraf und die weiße Kruste durchbrach. Dabei öffneten die Einschläge Wege, über die dunkler Basalt aus den tieferen Zonen des Mondes an der Oberfläche ausfloss.

Die Kollision zwischen Theia und der Urerde gilt nicht nur als Geburt des Mondes, sondern auch als die der Erde, die erst durch diese Kollision zu dem wurde, was sie heute ist. Sie verleibte sich lediglich einen Teil Theias ein, das meiste ging an den Mond, an den auch unsere Erde etwas von sich abgab. Jetzt war sie fertig. Isotopenspezialisten[38] pirschen sich in ihren Laboratorien an den Zeitpunkt der Kollision zwischen Theia und der Urerde heran, der im Fachjargon »Giant Impact« heißt. Auch ihre Arbeiten stehen in einer langen Tradition, allerdings spielte der Mond bei den früheren Datierungsversuchen keine Rolle.

Schon seit Jahrhunderten versuchen sich Wissenschaftler daran, das Alter der Erde zu bestimmen. Ein Beispiel ist der Renaissance-Gelehrte James Ussher. Er war Erzbischof von Armagh, Primas von Irland, Vizekanzler des Trinity Colleges in Dublin – ein hoch geachteter Kirchenmann und Lehrer. Er wollte ergründen, wie alt die Erde ist, und im Jahr 1650 verkündete er, dass Gott »am Abend vor dem 23. Oktober des Jahres 4004 vor Christus, um sechs Uhr« das Chaos geschaffen hatte – damit begann die Genesis. Usshers Berechnungen basierten auf den Angaben des Alten Testaments. Seit Adam und Eva seien 21 Generationen vergangen, so Ussher. »Um die Zeit, die verstrichen ist, zu berechnen, brauchte ich das Todesalter dieser Generationen. In der Genesis steht, dass Adam 930 Jahre alt wurde, und sein Nachfahre Methusalem erlebte 969 Jahre. Ich musste auch wissen, wann die Kinder geboren wurden. Adam war bei der Geburt seines ersten Sohns Seth 130 Jahre alt.« So kamen die Jahre zusammen. Das Datum ergab sich, weil im Paradies gerade die Äpfel reif waren und weil es ein besonderer Tag sein musste, der der Tag-und-Nacht-Gleiche, also der 23. Oktober, jedenfalls nach dem Julianischen Kalender. Dass alles dann noch sechs Stunden früher begann, also am 22. Oktober um 18 Uhr, lag daran, dass ja vor der Ordnung erst einmal das Chaos geschaffen werden musste. Adam und Eva wurden am Montag, dem 10. November 4004 vor Christus, aus dem Paradies vertrieben. Die Arche Noah landete am 5. Mai 2348 vor Christus auf dem Berg Ararat, an einem Mittwoch.

Es war der dänische Gelehrte Nicolaus Steno, der es im 17. Jahrhundert wagte, öffentlich zu erklären, dass die Welt viel älter sei, als es die Bibel nahe lege. Er hatte auf seinen langen Wanderungen durch die Toskana entdeckt, dass selbst auf den höchsten Bergen und fernab vom Meer Muscheln, Schnecken und Austern in den Steinen stecken. Die Sache mit der Spontanzeugung überzeugte ihn genauso wenig wie seinen Zeitgenossen Francesco Redi. Vielmehr erkannte Steno, dass die Erde veränderlich war, dass sich der Ozeangrund gehoben haben musste und zum Gebirge geworden war: »Eine Muschel am Meeresgrund stirbt, wird von Sediment begraben und versteinert darin. Das Meer zieht sich zurück, die Sedimente werden trockenes Land. Wind und Wetter lassen sie wieder zerfallen – und legen die Muschel wieder frei, die wir dann finden.«

In der Folgezeit gab es viele Versuche, das Alter der Erde zu bestimmen, aber leider fehlte die erforderliche Technik, sodass es immer auf die »fundierten Vermutungen« hinauslief. Erst die Entdeckung der Radioaktivität im Jahr 1896 durch Antoine Henri Becquerel eröffnete die Möglichkeit, sich durch Messungen dem Erdalter zu nähern. 1911 entwickelte der 23-jährige Doktorand Arthur Holmes am Imperial College in London eine erste Methode, um das Phänomen des radioaktiven Zerfalls für die Altersbestimmung von Gesteinen zu nutzen. Holmes hatte kaum Geld, und seine Geräte waren sehr, sehr einfach. Trotzdem gelang es ihm 1913, das Alter der Erde auf ca. 1,6 Milliarden Jahre abzuschätzen – das ist zwar deutlich jünger, als heutige Messungen ergeben, aber wesentlich älter, als Holmes' Kollegen für möglich hielten. Dementsprechend heftig wurde er von ihnen attackiert. Im Jahr 1915, auf der Tagung der Britischen Geologischen Gesellschaft in London, bestanden die anderen Wissenschaftler darauf, dass die Erde unmöglich älter als 100 Millionen Jahre sein könne. Holmes hatte einen sehr schweren Stand als Forscher, weshalb er nach seiner Promotion im Jahr 1917 resigniert einen Job bei einer Ölfirma suchte und nach Burma ging. Doch zum Glück für die Wissenschaft ging das Unternehmen Pleite, und er kehrte nach Großbritannien zurück, um Geologie zu lehren. Durch die Weiterentwicklung der Messgeräte kam Holmes 1946 zu dem Schluss, dass die Erde mindestens drei Milliarden Jahre alt sein müsse, wahrscheinlich aber noch älter sei. 1956 kam ihm leider Clair Patterson vom California Institute of Technology mit der Veröffentlichung des wahren Erdalters von 4,5 Milliarden Jahren zuvor. Schade für Holmes, dem Erfinder der radiometrischen Datierung.[39]

4,5 Milliarden Jahre sind zwar schon gut, aber für den Geschmack der Wissenschaftler längst nicht genau genug. Derzeit laufen am Mineralogischen Institut der Universität Münster die genauesten Bestimmungen des Erdalters. Der Chef der Arbeitsgruppe, Klaus Mezger, begrüßt uns an einem sonnigen Herbsttag vor seinem Labor im zweiten Stock des Instituts. Bevor wir den Raum betreten, müssen wir die Straßenschuhe ausziehen, denn bei Präzisionsmessungen an Mondgesteinen ist irdischer Staub unerwünscht. Das Massenspektrometer steht in einem großen, fensterlosen Labor, in dem permanent Pumpen brummen. Sinn und Zweck dieses mehrere Meter langen Geräts ist es, mit großem technischen Aufwand verschiedenen Isotope, also Spielarten, von meist exotisch klingenden Elementen aufzuspalten und zu messen, wie viel davon haargenau in einer Probe ist.

Um den »wahren« Geburtstag von Erde und Mond zu bestimmen, analysierte Klaus Mezger kostbare Proben von schlichtem, schwarzem Mondbasalt. Diese Proben, die so aussehen, als stammten sie vom Bordstein an der Straßenecke, haben Neil Armstrong und seine Kollegen vor mehr als drei Jahrzehnten mit den Apollo-Missionen zur Erde gebracht. Die Analyse der Steine ergab, dass der Giant Impact vor 4,527 Milliarden Jahren geschah – plus minus zehn Millionen Jahre.[40] Auf den ersten Blick erscheint diese Abweichung gewaltig. Aber wenn wir den gesamten Zeitraum seit der Kollision in ein einziges Jahr zusammenpressten, betrüge die Abweichung nur 19 Stunden und 21 Minuten. Das ist unglaublich genau. Als Theia in die Protoerde raste, war die Planetenentstehung weitgehend abgeschlossen, der Erdkern hatte sich bereits gebildet – und so war die Kollision das feurig-furiose Finale. Die Tabellen mit den Analyseergebnissen in der Hand, rechnet Klaus Mezger vor: »Zwischen der ersten festen Materie, die aus dem kollabierenden Solarnebel kondensiert ist, und den fertigen terrestrischen Planeten sind gerade einmal 30 Millionen Jahre vergangen.« Planetenentstehung ist also eine sehr schnelle Angelegenheit.

Dass die Erde und Theia kollidierten, verwundert nicht weiter, schließlich herrschten damals raue Sitten. Ungewöhnlich aber ist, dass Theia genau im richtigen Winkel und mit der richtigen Geschwindigkeit auftraf, sodass ein großer Mond herausgeschlagen wurde. Das dürfte im Universum nicht allzu häufig passiert sein. Nehmen wir das Beispiel Venus. Sie läuft sehr langsam rückwärts, auf ihr geht also die Sonne im Westen auf und im Osten unter. »Geboren« wurde sie wahrscheinlich nicht mit dieser Drehrichtung, vielmehr hat sie eher, wie alle Planetengeschwister, ihren Drehimpuls von der Materiewolke mitbekommen, und der war überall gleich. Wahrscheinlich hat sie vor langer Zeit ein Protoplanet getroffen und aus dem Takt gebracht. Die Zerstörungen auf der Venus werden gewaltig gewesen sein, aber einen Mond hat sie nicht bekommen.

Wer nun meint, dass unser Mond bloß eine stimmungsvolle Zugabe für romantische Sommerabende ist, der irrt. Ein großer Mond ist für einen terrestrischen Planeten, auf dem höhere Lebewesen ihr Auskommen finden, äußerst wichtig. Für intelligentes Leben auf der Erde und auf anderen Planeten sei er sogar unverzichtbar, glaubt James Kasting von der Penn State University: »Der Mond stabilisiert die Rotationsachse der Erde. Wenn unsere Berechnungen stimmen, könnte die Achse ohne ihn um bis zu 85 Grad kippen.« Die Erde würde dann im Lauf der Jahrmillionen wie betrunken hin und her schwanken, ganz so, wie es dem Mars ergeht. Wenn aber die Rotationsachse eines Planeten mal in der Äquatorebene liegt, mal an den Polen und mal irgendwo dazwischen, wird das Klima instabil – zu instabil, als dass sich intelligentes Leben entwickeln könnte, vermutet Kasting.

Der Mond hat aber nicht nur aus diesem Grund einen Einfluss auf unser Klima. Er hat mit seinen Gezeitenkräften die Erde abgebremst, und er bremst sie noch. Ursprünglich dauerte ein Erdentag vielleicht sieben Stunden. Im Lauf der Jahrmilliarden hätte die Sonne alleine die Erdrotation auf einen Zehn-Stunden-Tag verlangsamt. Die restlichen 14 Stunden haben wir jedoch unserem Mond zu verdanken. Ohne ihn wäre das irdische Wettergeschehen höchst ungemütlich: Wie sich Hoch- und Tiefdruckgebiete in der Atmosphäre bewegen, wird zum großen Teil davon bestimmt, wie schnell oder langsam sich ein Planet dreht. Ist er langsam, wird eine Seite sehr viel stärker erwärmt als die andere, die Luftmassen geraten ins Fließen, und starke Stürme toben. Dreht er sich zu schnell, reißt er die Luft mit, und die Folgen sind ebenfalls stürmisch. Fortwährend fegen dann Tornados und Hurrikane über den Planeten hinweg, die Meere sind ständig aufgewühlt. In einer solchen Welt hätten wohl nur Mikroben eine echte Chance.

Ob es auf einem Planeten überhaupt einmal Leben geben kann, hängt jedoch zunächst ganz entscheidend von seiner Position in der protoplanetaren Scheibe ab, erstens wegen des Baumaterials und zweitens wegen der Wärmeversorgung durch die Sonne. Die Erde ballte sich in der Ökosphäre zusammen. Leben nach Art der Erde braucht flüssiges Wasser. Aber wie kam die Erde dazu?

Insgesamt betrachtet, sind Wassermoleküle in einer protoplanetaren Scheibe sehr häufig, sie stehen immerhin auf Platz drei hinter dem Wasserstoff und dem Kohlenmonoxid. Wasser, sei es als Dampf oder als Eis, kommt in immensen Massen vor, es wird von den Staubkörnern regelrecht aufgesogen und gehört so zum Rohmaterial der Planeten. Nahe der Sonne gibt es in einer protoplanetaren Scheibe allerdings fast nur Oxide von Eisen, Silizium, Magnesium, Aluminium und zahllosen anderen Metallen. Weiter draußen wird es dann kühler, und dort sammeln sich die leicht verdampfenden Komponenten wie Wasser oder Kohlenmonoxid an. Wasser oder Wassereis könnte also durchaus schon Teil des lokalen Baustoffs der Erde gewesen sein. Aber das Gros an Wasser und leicht flüchtigen Elementen dürfte von »Querschlägern« angeliefert worden sein, durch Planetenkeime aus dem Asteroidengürtel. Diese Planetesimale waren reich an Wasser, Stickstoff- und Kohlenstoffverbindungen. Es war die Schwerkraft der früh entstandenen Gasriesen, die sie beim Planetenbillard ins innere Sonnensystem schoss, wo die heranwachsenden Steinplaneten ihre Chance nutzten und sich die Lieferungen direkt einverleibten. Durch ihre Anziehungskraft beschleunigten sie die anfliegenden Planetesimale so stark, dass sie bei ihrem Aufprall ganz oder zumindest zum größten Teil verdampften. »Die Planetenkeime, die während der gesamten Entstehungsphase aus dem Asteroidengürtel hier eingetrudelt sind, haben nicht nur Wasser angeschleppt, sondern auch Methan und andere einfache organische Verbindungen«, erklärt James Kasting, einer der führenden Fachleute für die frühe Erdatmosphäre. »Aber beim Einschlag auf der Erde vaporisierten sie regelrecht, und dabei wurde alles in Wasserdampf und Kohlendioxid verwandelt.«

Die großen Protoplaneten konnten den Dampf an sich »fesseln«, der später wieder kondensierte, und so bekamen sie das Material für die Atmosphäre und die Ozeane quasi frei Haus geliefert. »Atmosphäre und Wasser gehören zu einem heranwachsenden terrestrischen Planeten einfach dazu. Sie sind zusammen mit dem Planeten entstanden«, glaubt Kasting. Dass Wasser zu einem terrestrischen Planeten gehört, bedeute aber nicht, dass auf ihnen gleich Meere brandeten.

So klar es sich bei James Kasting anhören mag, dass Erde, Wasser und Luft eins sind, die Frage, woher das irdische Wasser stammt, ist Gegenstand von langen und manchmal heftigen wissenschaftlichen Disputen. Es gibt neben dem lokalen Anteil und den Asteroiden aus der Nähe Jupiters noch eine zweite mögliche Quelle: die Kometen. Das innere Sonnensystem (und damit auch die Erde) wurde vor 3,9 oder 3,8 Milliarden Jahren vom »Großen Kosmischen Bombardement« getroffen. Dabei handelte es sich um eine Art Großreinemachen im Sonnensystem, bei dem der Schutt, der sich weit draußen angesammelt hatte, beiseite geschafft wurde. Damals schlugen Kometen, die auf langen Bahnen um die Sonne flogen, auf Mars, Erde, Mond, Venus, Merkur und Sonne ein. Auf den anderen Planeten erkennt man die Krater bis heute, nur bei uns gibt es sie nicht mehr. Weil aber Kometen im Grunde nichts anderes sind als schmutzige Schneebälle, wären sie der ideale »Wasserträger« für die Erde gewesen, der auch noch diverse organische Verbindungen als Bausteine für die Entstehung des Lebens mitgebracht haben könnte. Dummerweise geben alle Kometen, die bisher untersucht worden sind, keine guten Fürsprecher für diese Theorie ab.

Was die frühe Geschichte der Erde angeht, sind die Forscher auf die Aussagekraft von Isotopen angewiesen. Die einzelnen Varianten ein und desselben Elements reagieren unter unterschiedlichen chemischen Bedingungen nicht immer gleich. Mal reichert sich die eine Art an, mal die andere, und aus diesen feinsten Verschiebungen lässt sich dann die Umwelt einer fernen Vergangenheit rekonstruieren. Die Geochemiker haben deshalb gelernt, Verschiebungen in den Isotopen für diagnostische Zwecke zu nutzen, genau wie ein Arzt die Blutwerte. So haben die Kometen, die sehr weit draußen im Sonnensystem entstehen, wo die Sonne den Weltraum so gut wie nicht mehr wärmt, eine andere Zusammensetzung bei den Wasserstoffisotopen als die Asteroiden, die zwischen Mars und Jupiter fliegen. Vergleicht man nun die Zusammensetzung der Wassermoleküle in den Weltmeeren mit denen der Kometen Hale-Bopp, Hyakutake oder Halley, scheint keiner dieser drei zu passen. Kometen und damit das Große Kosmische Bombardement haben danach als Wasserträger eine eher untergeordnete Rolle gespielt, höchstens zehn Prozent des irdischen Wassers stammen von ihnen, schätzen die Isotopenchemiker.

Wenn man die Erde mit ihren wahrscheinlichen Lieferanten, den Asteroiden, zwischen Mars und Jupiter vergleicht, scheint sie auf den ersten Blick ziemlich schlecht weggekommen zu sein, was Wasser oder leicht flüchtige Substanzen wie Kohlenstoff oder Stickstoff angeht. Die Asteroide bestehen bis zu einem Fünftel aus Wasser, das in ihre Minerale eingebaut ist. Sie besitzen auch mit bis zu vier Prozent reichlich Kohlenstoff. Auf der Erde macht der gerade einmal Bruchteile eines Prozents der Masse aus. Dieser scheinbare Mangel erweist sich jedoch als unser Glück. Es spricht viel dafür, dass eine aus dem Material des Asteroidengürtels produzierte Erde ein Wasserplanet wäre, mit einem Hunderte von Kilometern tiefen Ozean. Auch die Luft wäre aufgrund des hohen Kohlendioxidgehalts unangenehm dick und langfristig wegen des Treibhauseffekts ziemlich heiß. So etwas endet böse. In Wasserwelten kann das Kohlendioxid nicht mit Hilfe der Verwitterung gebunden werden. Dieses Ventil funktioniert nur, wenn es Inseln und vor allem Kontinente auf einem Planeten gibt. Sie bieten die Angriffsfläche, wenn sich das Kohlendioxid im Regenwasser löst und dann als saurer Regen die Steine zersetzt. Was dabei an löslichen Produkten entsteht, landet letztendlich übers Grundwasser, über Bäche und Flüsse im Meer, wo es als Kalk wieder auskristallisiert. In ihm wird das Treibhausgas gewissermaßen »endgelagert«.

Bevor es Leben gab, waren die Kalkkristalle der einzige Weg, mit dem die Erde das Kohlendioxid dauerhaft aus der Luft verbannen konnte. Aber inzwischen bauen seit Urzeiten auch Organismen wie die einzelligen Foraminiferen aus diesen Verwitterungsprodukten ihre Kalkschalen auf. Nach dem Absterben sinken sie zum Meeresboden, und wenn sie sich auf dem Weg in die Tiefsee nicht auflösen, enden sie im Sediment. Damit begräbt dann jede Einzelne von ihnen ein klein wenig Kohlendioxid aus der Luft am Meeresgrund.

In einer Wasserwelt ohne Steine, ohne Inseln und Kontinente fehlt die Verwitterung und damit der Gegenspieler des Kohlendioxids. Ein galoppierender Treibhauseffekt wäre die Folge, durch den vielleicht sogar ein weltumspannender Ozean allmählich verdampfen würde. Ohne Verwitterung fehlen auch die Nährstoffe, sodass eine Wasserwelt auf jeden Fall eine arme Welt wäre, die höchstens Mikroben eine Heimat böte. Die Erde hatte das Glück, genau die richtige Menge an Wasser mitzubekommen. Anfangs besaß sie noch eine dichte Kohlendioxidatmosphäre, genau wie die Venus, heute ist das Kohlendioxid hier nur noch ein Spurengas. Das meiste ist seit Hunderten von Millionen Jahren für immer in mächtigen marinen Kalksteinablagerungen gefangen.

Nach seinem Rendezvous mit NEAR-Shoemaker fliegt Eros nicht mehr allein durchs Sonnensystem. Die Sonde wird noch sehr, sehr lange Zeit auf dem Asteroiden bleiben, es sei denn, ein neuer Einschlag fegt sie von seiner Oberfläche, aber das ist in unserem »gereiften« Sonnensystem nicht sehr wahrscheinlich. Das wollte der erfinderische Geschäftsmann Gregory W. Nemitz von der Firma OrbDev ausnutzen. Er berief sich auf das »Homestead Principle«, ein US-amerikanisches Gesetz, nach dem man sich durch Benutzen oder Investitionen in den Besitz von Dingen bringen kann, die niemandem gehören. Nemitz beanspruchte Eros für sich und verlangte von der NASA pro Jahr 20 Cent Parkgebühren für den ausgedienten Orbiter. Das hätte teuer werden können. Die amerikanischen Gerichte wiesen die Klage jedoch ab.

5 | Die Welt aus dem Zirkon

Am Anfang war die Erde öd. Finsternis und Stille lagen über ihr. Nichts regte sich. In einer tiefen Höhle schlief seit Urzeiten die Sonne. Der mächtige Allvater weckte sie sanft. »Steig hinauf und erwecke die Welt zum Leben«, gebot er ihr. Die Sonne schlug ihre Augen auf – und in diesem Augenblick verschwand alle Finsternis. Sie holte tief Atem, und in der Luft, die seit jeher unbeweglich über der Ödnis geschwebt hatte, regte sich ein leichter Wind. Sanft strich er über das tote Land. Die Sonne erhob sich zu einer langen Wanderung kreuz und quer über die Erde. Wohin sie sich wandte, sprangen die Gräser, Blumen, Büsche und Bäume aus dem Boden. Schließlich war das ganze Land mit einem grünen Polster bedeckt.
Aus dem Schöpfungsmythos der Aborigines

Am Fenster des Landrovers fliegt die Landschaft vorbei. Während sich in Europa die Bäume langsam bunt färben, herrscht in Westaustralien Frühling. Rechts und links des schnurgeraden Highways blühen in der flachen, weiten Halbwüste Büsche in exotischer Farbenpracht: Eukalyptus leuchtet mit tiefroten, fedrigen Blüten, gelbe, rote und rosafarbene Kerzen ragen aus dem silbrig-grauen Laub der Banksien, wie überdimensionale Rasierpinsel stechen dazwischen die Grasbäume mit ihren schwarz verkohlten Stämmen und sattgrünen Schöpfen hervor. Über allem wölbt sich ein tiefblauer Himmel. Am Horizont steigt ein hoher Wolkenturm aus dickem, schwarzem Rauch auf. Ein Waldbrand. »Wahrscheinlich hat jemand beim Grillen nicht aufgepasst«, meint Simon Wilde gelassen. Seit vielen Jahren ist der Brite Professor für Geologie an der Curtin University in Perth. Für ihn sind solche Brände nichts Ungewöhnliches mehr.

Wir fahren nach Mileura, eine entlegene Schaffarm im Outback, die eine Tagesreise von Perth entfernt ist. In den Jack Hills, die zu Mileura gehören, hat Simon Wilde Zirkone[41] von wahrhaft biblischem Alter gefunden. Diese winzigen Kristalle, kaum größer als ein halber Stecknadelkopf, öffnen eines der äußerst raren Fenster in die tiefste Vergangenheit der Erde, in das »Hadaikum«, benannt nach Hades, dem Totenreich der griechischen Mythologie.

Das Hadaikum war eine wilde Epoche. Sie begann vor viereinhalb Milliarden Jahren mit dem Einschlag Theias, der die Erde wohl in einen Magmaozean verwandelte, und sie endete mit dem Großen Kosmischen Bombardement vor 3,8 Milliarden Jahren. Bis vor kurzem stand in den Lehrbüchern, dass die Erde damals vom Feuer regiert wurde, aufgeheizt durch die andauernden schweren Meteoriteneinschläge und den intensiven radioaktiven Zerfall in ihrem Inneren. Eine dünne Haut aus Stein kristallisierte aus dem Magma aus, aber Lavaströme und die Einschläge aus dem All zerfetzten sie immer wieder. Dann schwammen zerbrochene Platten wie Flöße auf dem glutflüssigen Erdkörper. Der kochende Planet kühlte nur sehr langsam ab. Es soll 500 bis 700 Millionen Jahre gedauert haben, ehe sich endlich eine dauerhafte feste Kruste gebildet hatte und sich die ersten Meere formen konnten. Untermauert wurde diese These unter anderem durch die Tatsache, dass es aus dem Hadaikum so gut wie keine steinernen Relikte gibt, mit Ausnahme des 4,04 Milliarden Jahre alten Acasta-Gneis im Nordwesten Kanadas. Dieser Gneis ist jedoch tief im Untergrund entstanden und dabei so stark aufgeheizt und chemisch verändert worden, dass er keine Auskunft darüber gibt, wie es an der Oberfläche ausgesehen haben mag. Anders als auf den starren, »eingefrorenen« Himmelskörpern wie Mond oder Mars, auf denen die erste Kruste heute noch existiert, hat die Plattentektonik längst alle Spuren der Kindheit unseres Planeten verwischt.

Im Januar 2001 erschienen zwei wissenschaftliche Aufsätze von verschiedenen Forschergruppen in der Zeitschrift »Nature«, die die Theorie von der Hunderte Millionen Jahre alten Gluthölle erschütterten. Gegenstand der Aufregung waren ein paar Zirkonkristalle, jedes höchstens so groß wie der Punkt am Ende dieses Satzes. Unter Tausenden von Zirkonen aus den Jack Hills hatte Simon Wilde, der die eine Gruppe leitete, nach endlosen Messreihen den derzeitigen Methusalem unter den irdischen Kristallen gefunden. Dieser winzige Kristallsplitter mit dem nüchternen Namen W74/2–36 bringt es auf 4,405 Milliarden Jahre. Als er entstand, war die Erde 150 Millionen Jahre jung. Setzt man das Erdalter von 4,527 Milliarden Jahren mit 24 Stunden gleich, waren erst 47 Minuten und 43 Sekunden vergangen, als tief in der Erde das Herz dieses Zirkons erstarrte. Der Rekordhalter des zweiten Forscherteams um Mark Harrison von der Australian National University in Canberra war immerhin 4,3 Milliarden Jahre alt. Noch sensationeller als das Alter war jedoch die Interpretation der Forscher, dass diese Zirkone den isotopenchemischen Fingerabdruck von Wasser in sich tragen, dass sie also auf einer frühen Erde erstarrten, auf der es schon flüssiges Wasser gab, vielleicht sogar schon erste kleine Meere. Diese Theorie widersprach der gängigen Auffassung.

Simon Wilde ließ das Alter der Kristalle mit einer riesigen Ionensonde ermitteln, die den appetitanregenden Namen »SHRIMP« trägt.[42] Sie steht im Keller des Geologischen Instituts an der Curtin Universität. Der 15 Tonnen schwere und fast acht Meter lange Koloss nimmt den gesamten Raum ein und wäre nur mit einem Weitwinkelobjektiv auf ein Foto zu bannen. Das entspricht ganz der goldenen Regel der Naturwissenschaften, die da lautet: Je winziger die Untersuchungsobjekte, desto größer die Maschinen, die man zu ihrer Analyse braucht. Dieses Wunderwerk aus Stahl und jeder Menge Hightech analysiert Isotopenverhältnisse, mit denen die Geochemiker auf die Jagd nach Informationen gehen, um daraus das Alter der untersuchten Minerale zu rekonstruieren. »Das Besondere an SHRIMP ist, dass sie punktgenau arbeitet. Sie hat einen Messbereich von wenigen Tausendstel Millimeter«, schwärmt der Laborleiter Allen Kennedy. Mit seinem begeisterten Gesichtsausdruck erinnert der Wissenschaftler durchaus an ein Kind, das seine elektrische Eisenbahn vorführen darf.

Zirkone, berichtet er, wachsen in Schüben über Jahrmillionen hinweg. Wachstumszonen entstehen, die dann die Geschichte des Kristalls erzählen, ganz ähnlich wie Baumringe. Damit die Resultate zuverlässig sind, müssen die einzelnen Zonen Dutzende Male analysiert werden. Jede Messung dauert knapp 15 Minuten, sodass die Untersuchung eines einzigen Zirkons mehrere Stunden in Anspruch nimmt. Eine Arbeit für Geduldige also, dem stimmt Allen Kennedy vorbehaltlos zu. Gerade wechselt die Maschine wieder vollautomatisch eine Probe. Bis zu drei warten in der Vakuumkammer auf ihre Datierung. »Schauen Sie, hier über diesen Bildschirm stellen wir das Zielgebiet auf dem Zirkon ein«, erklärt Allen. Auf dem sehr stark vergrößerten Bild scheint es einfach, einen Strahl aus elektrisch geladenen Ionen auf den richtigen Punkt zu fokussieren. In Wirklichkeit klappt das nur mit ausgefeilter Technik. Der Ionenstrahl schlägt dann Uran- und Blei-Ionen aus dem Zirkon heraus, die beschleunigt, durch ein starkes Magnetfeld sortiert und am Ende gezählt werden. Das Verhältnis zwischen den diversen Uran- und Blei-Isotopen verrät das Alter, und wenn die Forscher Glück haben, ist ihr Zirkon ein Methusalem.

»Diese Zirkone sind unsere erste echte Spur zurück in die tiefste Vergangenheit der Erde«, erklärt Simon Wilde. Bevor wir in Richtung Mileura weiterfahren, wirft Simon einen prüfenden Blick auf den Geländewagen der Universität, denn wir verlassen den Great Northern Highway. Es geht auf einer gelblich-roten Sandpiste weiter, die den Wagen mit ihren regelmäßigen Waschbrettwellen kräftig durchrüttelt. Wer hier draußen lebt, darf weder Angst vor Autopannen noch vor der Einsamkeit haben. Der nächste Mensch wohnt 100 Kilometer weit entfernt – dazwischen erstreckt sich eine weite, wunderbare Ebene, über der die Luft in der Hitze flirrt. Die ältesten Zeugnisse der jungen Erde scheinen Orte zu schätzen, an denen sich Fuchs und Hase Gute Nacht sagen. So liegt auch der kanadische Acasta-Gneis in einer höchst entlegenen Gegend, von den uralten Sedimenten und Vulkangesteinen in Grönland ganz zu schweigen.

Die Nacht bricht schnell und fast übergangslos herein. Hin und wieder taucht das Scheinwerferlicht ein paar Kängurus in gleißendes Licht. Sie fliehen verschreckt ins Dunkel. Dann will ein Emu in vollem Lauf die Straße überqueren. Er kann gerade noch seinen vorgereckten Hals zurückbiegen, sodass der erwartete dumpfe Schlag ausbleibt. Der Vogel hat es geschafft – anders als das Känguru, das nach ihm auftaucht und urplötzlich seine Fluchtrichtung ändert, um mit einem gewaltigen Satz direkt in den Fänger am Wagen hineinzuspringen. Ein Zusammenstoß. »Keine Chance«, Simon Wilde zuckt mit den Schultern. Das Tier hat nicht überlebt. Solche Verkehrsopfer sind häufig in Australien. Alle paar hundert Meter verrottet ein Kadaver am Straßenrand, denn anders als in Europa beseitigt kein Straßenwärter die Überreste. Das erledigen hier Füchse und streunende Hunde.

Als wir schließlich in Mileura ankommen, steht der Mond hoch am Himmel. Hier draußen leben vier Menschen, 10 000 Schafe, 1700 Kühe, ein paar Pferde und ungezählte Kängurus, Emus, Wildziegen, Zebrafinken, Papageien, Warane, Eidechsen, Schlangen und räudig aussehende Füchse. Trotz der geringen menschlichen Bevölkerungsdichte hatte ich die Station schon zu Hause im Atlas entdeckt. »Irgendein Name muss ja auf einer Karte Westaustraliens stehen«, scherzt unsere Gastgeberin Mary Walsh, als wir erschöpft auf ihrer abendlich kühlen Veranda sitzen und den Garten bewundern. In der Trockenheit des Outback wirkt er wie eine Oase, mit saftigem Gras, üppig blühenden Hibiskusbüschen und alten, großen Gummibäumen.

Die Familie lebt seit 1885 in Mileura. Für Westaustralien ist das eine sehr lange Tradition. Die anhaltende Dürre und die ins Bodenlose gefallenen Wollpreise machen es den Viehzüchtern jedoch schwer, hier draußen zu überleben. Match Walsh, der Hausherr, erzählt lieber von den vielen Forschern, die es nach Mileura zieht. Seit 40 Jahren kommt die wissenschaftliche Welt zu ihnen. Und Mary merkt stolz an: »Bei uns liefen Forschungsprojekte über Emus und Fledermäuse, Vögel, Heuschrecken, Frösche, Termiten – und natürlich kommen jetzt auch die Geologen.« Wegen der Zirkone in den Jack Hills.

Am nächsten Morgen brechen wir früh dorthin auf. Die Hügelkette liegt an der Grenze zwischen den Schaffarmen Mileura und Berringarra. Es geht durch eine archaische Landschaft: ziegelroter Boden, der feurig in der Sonne leuchtet, staubbedeckte

Abb. 11: Die Jack Hills, Fundstätte der ältesten Zirkone der Welt

Sträucher, struppige Bäume und Felsrippen, die die weite, flache Szenerie gliedern. Zwischendurch halten wir an und steigen auf eine dieser niedrigen Rippen. Weit hinten am Horizont, im blauen Dunst, erheben sich die Jack Hills. Als wir zum Jeep zurückklettern, zeigt Simon auf ein paar Kreise, Pfeilspitzen und Dreiecke, die sich schwach auf den rundlich verwitterten Granitblöcken abzeichnen. Vor Jahrtausenden haben Aborigines diese Muster eingeritzt. Es ist ein untergehendes Heiligtum: Die Temperaturunterschiede zwischen Tag und Nacht sprengen fingerdicke Schalen von den Blöcken, die wie steinerne Schüsseln auf den Boden kippen. Mit der Felshaut verschwinden auch die Zeichnungen.

Eine Viertelstunde später biegen wir von der Sandpiste ab und rumpeln über einen Bush-Track. Der Pfad im hohen, trockenen Gras ist mit roten Bändern markiert, die jemand an Bäume und Büsche geknüpft hat. Vorsichtig steuert Simon Wilde durch tiefe Rinnen, die während der seltenen, aber umso heftigeren Regenfälle ausgewaschen worden sind. Diese Rinnen sind selbst für die Achsen eines Geländewagens mörderisch. Die Fahrt ist ein wilder Ritt durch Schlaglöcher, über Stock und

Stein. Hin und wieder müssen wir aussteigen, auf den Wagen klettern und die nächste Markierung suchen.

Gerade ist der Weg etwas weniger holprig, da erwischt uns der Ast einer Mulga. Diese immergrünen Akazien werden nicht sehr alt. Wenn sie abgestorben sind, zerfällt ihr Holz in messerscharfe Dolche, die nur darauf warten, sich hinterhältig in einen Reifen zu bohren. Feldgeologen in Australien haben viel Erfahrung im Reifenwechseln, und sie packen immer reichlich Ersatzräder ein. Obwohl wir nur wenige Tage bleiben werden, liegen sicherheitshalber gleich mehrere auf der Ladefläche bereit. Ein paar Minuten später ist die Panne behoben, und es geht weiter.

Jack Hills. Endlich angekommen. Die Hügelkette ist die einzige Erhebung weit und breit. Etwas mehr als 300 Meter steigt sie aus der Ebene auf. Wir stapfen durch hohes Gestrüpp und verkrüppelte Bäumchen hangaufwärts, klettern über große Blöcke aus Verwitterungsschutt bis knapp unterhalb der Kuppe. Dort, wo eine alte Mulga einen spärlichen Schatten wirft, ist die Fundstelle der ältesten Zirkonkristalle der Welt. Die Steine, in denen man sie findet, sehen unscheinbar aus: grobkörnige, weißliche Sandsteine mit ovalen Quarzkörnern darin. In ihnen steckt ein breites Spektrum von Zirkonen. Es ist eine Sisyphusarbeit, die ältesten unter diesen Kristallen zu finden: Hunderte von Kilogramm Gestein wurden abgeschlagen, verpackt, in die Labors geschleppt, vorsichtig in Mörsern gebrochen. Dann wurden die hellen, durchsichtigen Zirkone aussortiert, die für die Messungen taugen. Sie landeten in der riesigen SHRIMP. Unter 5000 untersuchten Zirkonen fand Simon sechs, die älter sind als vier Milliarden Jahre. Die Ausbeute der zweiten Forschergruppe, die an der Australian National University in Canberra arbeitet, ist nicht ganz so groß.

Der Sandstein, auf dem wir uns jetzt niedergelassen haben, ist erheblich jünger als die Zirkone, er entstand vor »nur« 3,3 Milliarden Jahren. Damals sah die Erde vollkommen anders aus. Es gab Berge, und ein weit verzweigtes Flussnetz trug den Verwitterungsgrus heraus. Im fahlen, orangefarbenen Licht einer Luft aus Kohlendioxid und Methan hätten wir auf eine Welt aus Stein geblickt. Nichts Grünes war damals zu sehen, kein Vogel flog über den Himmel, das Land war öd und leer. Schwer lastete die Luft auf dem Fels, kein Wind regte sich. Es war schwül, und selbst im tiefsten Schlagschatten eines Felsens war es unerträgliche 70 °C heiß. Die Hitze wechselte sich mit saurem Regen ab. In dem sehr warmen, feuchten Klima verwitterten die höchsten Berge zu feinem Grus. Nur Quarz blieb zurück und unsere damals schon uralten Zirkone, weil ihnen die Verwitterung nichts ausmachte. Alles zusammen wurde am Fuß der Berge bis ins Meer geschwemmt.

»Auch wenn Shirley Bassey singt, dass Diamanten ewig sind, in Wirklichkeit sind die Zirkone für die Ewigkeit gemacht«, witzelt Simon Wilde, der wegen der blendenden Sonne seinen Hut etwas tiefer ins Gesicht zieht. Zirkone haben ein absolutes chemisches Gedächtnis, in dem der Moment ihres Entstehens eingefroren ist. Es gibt nur sehr wenige Prozesse tief im Erdinneren, die einen Zirkon wieder vernichten können. An der Erdoberfläche ist er unzerstörbar. Von Wind und Wasser kann er problemlos über große Distanzen transportiert und in neue Sedimente eingebettet werden, ohne auch nur ein Jota an Information zu verlieren. Das macht dieses knappe Dutzend winziger Kristalle zu Zeugen des Geschehens vor Äonen.

Als unsere Zirkone vor 3,3 Milliarden Jahren in die Schuttfächer gerieten, aus denen einmal dieser Hügel hier werden sollte, waren sie schon mehr als eine Milliarde Jahre alt. Wo sie herkamen, weiß niemand. Sie müssen an ganz verschiedenen Orten der Welt entstanden sein, denn zwischen dem ältesten und dem jüngsten Kristall liegen 400 Millionen Jahre. In dieser gewaltigen Zeitspanne kann sehr viel passieren. Auf unserer Welt heute reichte sie aus, um Kontinente über den halben Globus zu schieben, Meere zu öffnen oder zu schließen, hohe Gebirge sich auffalten und wieder vergehen zu lassen. Von den Gesteinen, in denen sie kristallisierten, blieb keine Spur – außer den Zirkonen selbst. Der Zufall hat sie vor einer Ewigkeit hier zusammengespült, und jetzt sind sie ebenso zufällig von Geologen analysiert worden. Auf solche Zufälle ist die Wissenschaft angewiesen.

Zirkone entstehen heute vor allem in Graniten, dem Baumaterial der Kontinente. Zunächst gab es aber weder Granite noch

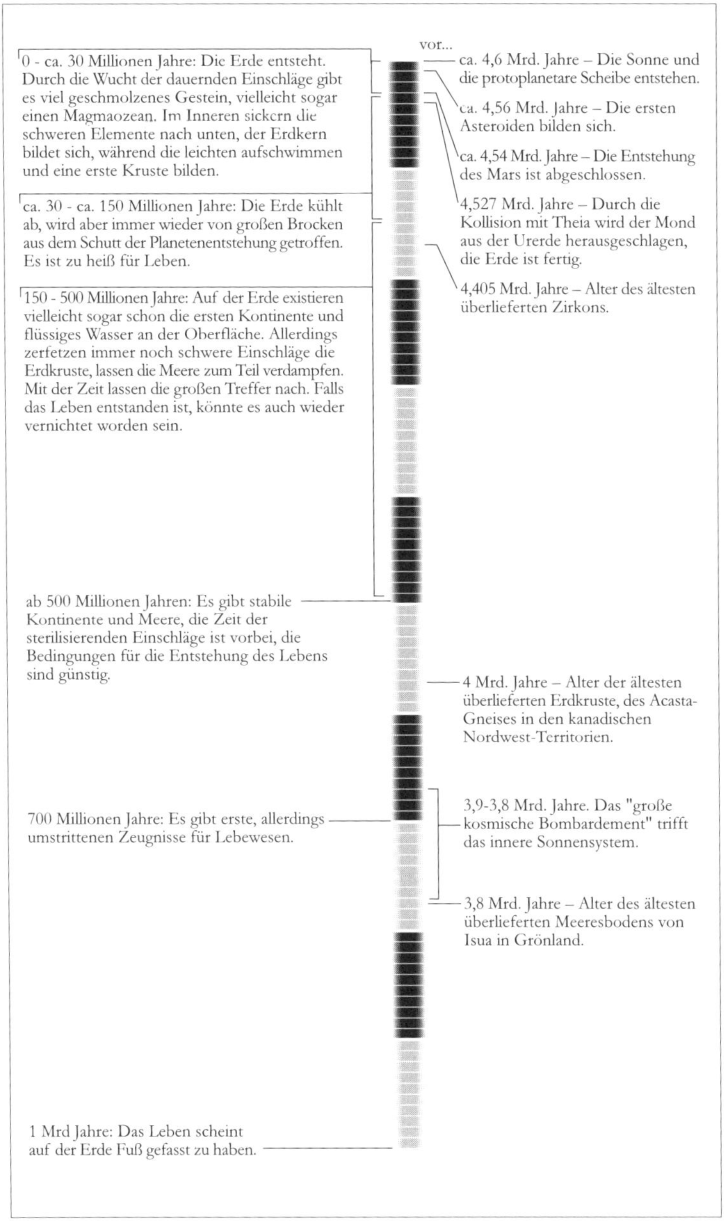

Abb. 12: Ablauf der frühen Erdgeschichte

Kontinente, für beides musste die Erde erst einmal »reifen«. Hat die knappe Zeit seit der Kollision mit Theia dafür gereicht? Aber das ist nicht das einzig Sonderbare: »Bislang haben wir geglaubt, dass die Erde nur sehr langsam abkühlte und 600, 700 Millionen Jahre lang zu heiß für flüssiges Wasser gewesen ist«, sagt Simon.[43] »Unsere winzigen Kristalle hingegen erzählen, dass sie sehr schnell abkühlte: Innerhalb von 150 Millionen Jahren gab es flüssiges Wasser auf ihr.« Die Zirkone tragen den »Isotopen-Fingerabdruck« des Wassers, der an dem Verhältnis zweier stabiler Sauerstoffisotope abgelesen wird. Auch Sauerstoff gibt es in einer seltenen schwereren und einer häufigen leichteren Version. Reagieren Steine bei niedrigen Temperaturen mit flüssigem Wasser, wird die schwerere Spielart verstärkt eingebaut, denn die leichtere verdunstet ein klein wenig schneller. Genau diesen Fingerabdruck tragen die uralten Zirkone.

Dass Zirkone hier und heute entstehen und den Isotopenabdruck des Wassers tragen, ist nichts Besonderes – aber damals? Wenn Wilde Recht hat, gab es sehr viel früher Wasser auf der Erde, als es die Lehrbücher zugestehen. Weil zudem mehrere Zirkone aus verschiedenen Zeiten alle die gleiche Geschichte erzählen, müsste Wasser an der Oberfläche der irdische »Normalzustand« gewesen sein.[44] Selbst große Einschläge dürften also das System Erde nur für kurze Zeit gestört haben. Aber was hieß damals »normal«? Durch ihre dicke, wasserdampfgesättigte Kohlendioxidatmosphäre herrschten auf der jungen Erde Verhältnisse wie in einem Dampfdruckkochtopf, und das Wasser hätte wegen des hohen Umgebungsdrucks selbst bei 150 °C oder 200 °C nicht gekocht. Wie interpretiert Simon Wilde also die Informationen, die die Zirkone ihm geben? »Da kann man doch wunderbar spekulieren«, erklärt er. »Ich halte Ozeane durchaus für möglich, warum nicht?« Heute sei die Erde ja auch nicht hier dampfend heiß und dort kühl genug für flüssiges Wasser. Warum sollte es damals anders gewesen sein?

Zunächst quittierten Wildes Kollegen seine Hypothese auf Geologen-Konferenzen mit ungläubigem Kopfschütteln, aber viele ließen sich anstecken und suchten nach neuen Hinweisen. Und sie fanden sie. Ein paar Jahre später, es war 2007, schien die Idee auf der Goldschmidt-Tagung der Geochemiker in Köln akzeptiert zu sein, als Münsteraner Mineralogen unter Anerkennung des Publikums ihre Ergebnisse vorstellten. Sie hatten in 45 uralten Zirkonen aus den Jack Hills Mikrodiamanten ausgemacht und sie analysiert. Danach sieht es so aus, als ob es auf der 300 Millionen Jahre alten Erde schon so etwas Ähnliches wie Plattentektonik gegeben haben könnte. Der Grund: Die Mikrodiamanten zeigen Symptome, nach denen sie unter extrem hohen Drücken und Temperaturen entstanden sind – unter Bedingungen, wie wir sie heute aus den Kollisionszonen zweier Erdkrustenplatten kennen, in denen sich Gebirge auftürmen –, aber dieser Prozess funktioniert nur mit dem Schmiermittel Wasser. »Vielleicht gab es damals sogar schon erstes Leben«, sinnierte Simon Wilde, als wir uns auf der Tagung wieder trafen. Aber zurück nach Mileura.

Am späten Nachmittag machen wir uns zurück zur Station auf. Unterwegs halten wir an einer Wasserstelle an. »Igah« – Abbruch – heißt sie in der Sprache der Aborigines. Ein Schwarm grauer Spitzschopftauben mit ihren hohen Federhauben lässt sich gurrend auf einem halb abgestorbenen Baum nieder, um etwas später an einem flachen Uferstreifen zu trinken. Über dem Horizont taucht blass der Mond auf.

Wie könnte die Welt ausgesehen haben, in der die ältesten Zirkone entstanden sind? Damals hat ein Mondaufgang sicher bedrohlich gewirkt, denn noch war unser Trabant der Erde ganz nah. Er würde sich erst im Lauf von Jahrmillionen immer weiter von ihr entfernen. Noch zerrten Erde und Mond so gewaltig aneinander, dass Ebbe und Flut sie beide bis tief in ihr Inneres verformten. Stieg der Mond am Horizont auf, hob sich der Erdboden, und er senkte sich, wenn der Trabant wieder verschwand.

Noch bevor der Mond erschien, kündigte ihn das tiefe Grollen eines Erdbebens an. Er füllte den ganzen Himmel, ließ die schwache Sonne unbedeutend und fern erscheinen. Zwar borgte er sich sein Licht nur von ihr, aber er degradierte sie zur Statistin. Nach der Kollision mit Theia hatte die Erde bald eine dicke, wärmeisolierende Kruste bekommen, die die Oberfläche vor ihrem heißen Inneren schützte. Der Wasserdampf aus den verdampfenden Einschlagskörpern und den unzähligen Vulkanen, der sich im Lauf der Zeit in der Atmosphäre angesammelt hatte, kondensierte zu ungeheuren Regenfällen. Jahrtausendelang fielen sie in Sturzbächen vom Himmel. Pfützen sammelten sich, Seen, Ozeane. Das Wasser war durch die aus dem Boden gelösten Minerale und die Vulkanausdünstungen salzig. Die Erde war übersät mit Vulkanen, mit denen sie ihre große Hitze loswerden konnte. Das Wasser stieg, und schließlich ragten nur noch die höchsten Vulkane als Inseln über das Meer. Sie förderten immerfort noch mehr Kohlendioxid und Wasserdampf. In der Wärme lief die Verwitterung auf Hochtouren, und das gelöste Kohlendioxid im Meer fiel als Kalk wieder aus, der in Kristallrasen den Boden bedeckte.

Während die einen Vulkane Opfer der Verwitterung wurden, wuchsen an anderer Stelle neue empor. Die neuen Feuerberge pressten mit ihrem Gewicht die Erdkruste zusammen. In den Falten sammelten sich der Verwitterungsschutt und die Lavaströme. Eines Tages wurde dieser Stapel in einer Senke einfach zu schwer. Die Kruste beulte sich nach unten in den heißen Erdmantel aus und schmolz in diesem Glutofen. Doch das Wasser und die Sedimente hatten die Gesteine und damit deren Chemie verändert. Die neue Schmelze stieg auf, erstarrte aber noch in der Erdkruste – ein Granit war entstanden, das Material der Kontinente. Das Recycling wiederholte sich, die Granitkeime verschmolzen, bildeten immer größere Platten, die leichter waren als die basaltische Urkruste. Irgendwann, nach Millionen von Jahren, war ihr Auftrieb so groß geworden, dass sie auf der Erdkruste wie Korken auf dem Wasser schwammen – und es entstanden erstmals Inseln aus Granit. Ein solcher Granitkeim könnte die ferne Heimat des ältesten Zirkons der Jack Hills gewesen sein.

6 | Der Käfer aus dem Rundkolben

Alles Leben entsteht aus einem Ei.
Francesco Redi, 1626–1698

Am 15. Mai 1953 erschien in »Science« ein Aufsatz des Chemikers Stanley Miller, damals Student an der Universität Chicago. Der trockene Titel: »Die Erzeugung von Aminosäuren unter den möglichen Bedingungen auf einer primitiven Erde«. Anderthalb Jahre zuvor hatte Miller an einem Seminar des Nobelpreisträgers Harold Urey teilgenommen. Urey legte dar, wie er sich die ideale Urwelt vorstellte, in der die Bausteine des Lebens künstlich erzeugt werden könnten.[45] Stanley Miller war begeistert, dieses Experiment wollte er unbedingt durchführen. Zuerst versuchte Urey, ihm die Sache auszureden, schließlich könne es Jahre dauern, ehe sich irgendeine Reaktion festmachen ließe, falls überhaupt. Aber Miller blieb hartnäckig – und so durfte er beginnen, allerdings unter der strikten Vorgabe, sich ein anderes Thema für seine Doktorarbeit zu suchen, falls innerhalb eines Jahres kein Fortschritt auszumachen sei.

Die Idee von der Wiege des Lebens war von Charles Darwin inspiriert, der 1871 in einem Brief an seinen Freund Joseph Hooker geschrieben hatte:

Wenn wir uns einen kleinen, sonnenerwärmten Tümpel vorstellen könnten, mit allen möglichen Ammoniak- und Phosphorsalzen, mit Licht und Hitze und Elektrizität, dann könnte darin auf chemischem Wege ein Protein entstehen, das dann noch verschiedene komplexe Veränderungen durchlaufen müsste.[46]

Das war ein erstes chemisches Modell für die Entstehung des Lebens, mit Sonne und Wasser als Schlüsselfaktoren. Wasser ist zentral, denn ob Bakterie, Hai, Dinosaurier oder Maus – »selbst der Erzbischof von Canterbury besteht zu 65 Prozent aus Wasser«. Dieses Zitat stammt allerdings nicht von Darwin, sondern von John Burdon Sanderson Haldane.

Dem Briten Haldane und dem sowjetischen Biochemiker Alexander Oparin erschien die Idee vom warmen Tümpel viel versprechend, und sie entwickelten sie in den zwanziger Jahren des letzten Jahrhunderts unabhängig voneinander weiter. Zunächst verlegten sie den Ort des Geschehens ins Meer. Weil gerade in der Atmosphäre des Jupiter Methan entdeckt worden war, gab sie das Vorbild für die Gashülle der frühen Erde ab: Neben Methan sollten Kohlenmonoxid und Ammoniak, Wasserdampf und Spuren des übel riechenden Schwefelwasserstoffs vorhanden sein, aber auf keinen Fall freier Sauerstoff. In einer solchen Lufthülle wäre Eisen niemals verrostet, und auch die empfindlichen organischen Verbindungen wären stabil geblieben. Alles war optimal eingestellt für die chemischen Reaktionen, die ablaufen sollten. Dieses Modell einer in unseren Augen wenig anheimelnden Umwelt übernahm auch Harold Urey. Er ging ganz selbstverständlich für die Urerde von einer wasserstoffreichen Lufthülle aus, denn nichts kommt im Universum häufiger vor als Wasserstoff. Auch Jupiter und Saturn haben heute noch Atmosphären aus Wasserstoff, Methan, Ammoniak und Wasser.

Nachdem er seinen Professor überzeugt hatte, ging Stanley Miller mit Feuereifer ans Werk und baute nach Ureys Vorgaben die Urerde im Laborformat auf. In einem Rundkolben befand sich ein Kaffeebecher voll destilliertem Wasser, der Urozean. Die Luft darüber saugte Miller ab, brachte dann das Wasser zum Kochen. Dampf stieg auf, floss durch die Verbindungsschläuche in den zweiten Rundkolben mit der Atmosphäre aus Methan, Ammoniak und Wasserstoff, um dann wieder in die Flasche mit dem Ozean zurückgeleitet zu werden. Eine Woche lang sprangen in dieser Urwelt kontinuierlich elektrische Funken über, die als Ersatz für Blitze dienten. Schon am Abend des ersten Tages hatte sich der Urozean leicht verfärbt, er wurde gelblich, und an den Elektroden entstand ein schwarzer Niederschlag.

In den frühen fünfziger Jahren war es alles andere als einfach, eine bunte Mischung organischer Substanzen schnell und sauber zu analysieren. Aber es gelang, und Miller entdeckte als Erstes Glycin, die einfachste der 23 Aminosäuren, die das irdische Leben verwendet. Aus Wasser und ein paar einfachen Gasen plus Energie war einer der wichtigsten Bausteine des Lebens geworden. Miller wiederholte das Experiment, und nach einer Woche war der Modellozean tiefrot und trüb. In dem Kolben schwappte eine kräftige Ursuppe aus diversen Aminosäuren, den Bausteinen der Proteine. Sie sind die zentralen Einheiten der Zellen, der Grundeinheiten des Lebens.

Urey drängte seinen Doktoranden, die Resultate schnell für eine Veröffentlichung zusammenzutragen. Mitte Februar 1953 ging der Aufsatz beim amerikanischen Wissenschaftsmagazin »Science« ein. Nobelpreisträger Urey zog seinen Namen zurück, damit sein Student und nicht er den Löwenanteil des Ruhms einstreichen konnte, eine noble Geste, die nicht allzu häufig ist im Wissenschaftsbetrieb.

Kurz darauf, am 28. Februar 1953, brachte das britische Wissenschaftsmagazin »Nature« eine andere grundlegende Veröffentlichung heraus. In ihr wurde die Struktur der DNA bekannt gegeben, des Makromoleküls, das die Erbinformation trägt. Francis Crick und James Watson war zusammen mit Rosalind Franklin das Kunststück gelungen, den Bauplan der Natur zu entschlüsseln. Die DNA ist eine Doppelhelix, d. h. zwei Spiralen, die sich umeinander winden. Fünf simple chemische Elemente bauen sie auf: Kohlenstoff, Wasserstoff, Sauerstoff, Phosphor und Stickstoff. Die beiden Holme der berühmten Doppelhelix bestehen aus Hunderttausenden von Phosphat- und Zuckerbausteinen, der Desoxyribose. Vier Basen bilden die Sprossen dieser Leiter. Jeweils zwei von ihnen sind miteinander verknüpft: Adenin und Thymin gehören zusammen sowie Guanin und Cytosin. Auf der Erde verwenden alle Mikroben, Pflanzen und Tiere diesen Code, was als starkes Indiz dafür gilt, dass sie alle aus einer einzigen Wurzel stammen. In der DNA sind Basen die Träger der Informationen.

Man hatte also den Bauplan – und jetzt auch die Bausteine. Die Reaktionen der Presse auf Millers Experiment waren euphorisch: Jedermann schien zu erwarten, dass schon bald aus irgendeinem Rundkolben ein Käfer krabbeln würde. Es müsste doch gelingen, mit Wasser und etwas Energie hinter das Geheimnis des Lebens zu kommen.

Die Versuche wurden von zahllosen Wissenschaftlern in etlichen Variationen durchgeführt. Setzte man heiße konzentrierte Blausäure ein, entstanden in den Laboren DNA-Bausteine und ein paar Biomoleküle, die im Stoffwechsel eine wichtige Rolle spielen. Auch mit Formaldehyd lief die organische Chemie wie am Schnürchen: Verschiedene Zuckermoleküle formierten sich, darunter auch in geringsten Mengen Ribose, der Baustein der Ribonukleinsäure RNA, die in den Zellen die genetische Information der Erbsubstanz DNA kopiert und in Proteine übersetzt. Das klingt zwar aufregend, aber wie hätten sich auf dem jungen Planeten konzentrierte Blausäureteiche bilden können oder Pfützen aus Formaldehyd? Auch diese Chemikalien müssen erst einmal auf natürlichem Weg entstehen.

Die Miller'sche Urwelt war maßgeschneidert für die Bedürfnisse der organischen Chemie, das machte sie so verlockend. Die Verbindungen, die sich in dieser Umwelt zusammenfügen, bleiben erhalten. Ob in einer flachen Ozeanbucht, in einem See oder im Morast, die Bausteine entstünden überall. Dem Modell zufolge konzentrierten sie sich dann immer weiter, bis sich irgendwie der nächste Entwicklungsschritt ergäbe. Wobei die Betonung auf »irgendwie« liegt. Aber dann wurde dieses aus dem Blickwinkel eines organischen Moleküls paradiesische Modell Schritt für Schritt demontiert. Schon in den sechziger Jahren tauchten Zweifel auf, ob die Uratmosphäre wirklich so passgenau zusammengesetzt gewesen war. Denn auf Mars und Venus gibt das Kohlendioxid den Ton an. Könnte es auf der jungen Erde genauso gewesen sein?

Im Lauf ihrer Geschichte ist die Erdatmosphäre mehrmals umgekrempelt worden. Die erste Lufthülle bildete sich durch die zahllosen Kollisionen der Planetenkeime und bestand vermutlich aus verdampftem Gestein, Wasserdampf, Wasserstoff, Kohlendioxid und Helium. Die ständigen Einschläge und die Erosion durch den intensiven Sonnenwind sorgten jedoch dafür, dass diese Hülle dünn blieb. Der Crash mit Theia blies sie davon. Nach der Kollision entstand sehr schnell eine zweite

Atmosphäre. Zum einen trafen immer noch verspätete Planetenkeime ein, zum anderen quollen durch den Vulkanismus sehr große Mengen an Wasserdampf und Gas aus dem Erdinneren.

Als Urey und Miller ihre Experimente durchführten, waren die Geologen noch davon überzeugt, dass die Vulkane in der Frühzeit der Erde Methan und Ammoniak gefördert hätten.[47] Inzwischen steht fest, dass sie schon immer zu mehr als der Hälfte Wasserdampf plus ein Viertel Kohlendioxid ausgestoßen haben, dazu kommen noch Stickstoff und Schwefel sowie Spuren von anderen Gasen. Auch die Analysen der ältesten Sedimentgesteine sprechen dafür, dass die Erde vor der Entstehung des Lebens eine dichte Atmosphäre aus Kohlendioxid, dem chemisch trägen Stickstoff und Wasserdampf hatte. »Nennenswerte Methanmengen in der Luft gab es erst, als die Mikroben damit begonnen hatten, Kohlendioxid und Wasserstoff in Methan umzuwandeln«, erklärt James Kasting. Vorher kam Methan höchstens als Spurengas vor.

Wiederholt man jedoch Millers Versuche unter den neuen Umweltbedingungen mit den verschwindend geringen Konzentrationen von Methan und Ammoniak, ist die Ausbeute an organischen Stoffen recht klein, und das, was entsteht, hat leider die Tendenz, wieder zu zerfallen. Obwohl Urey gerne mit dem Ausspruch zitiert wird: »Wenn Gott es nicht so gemacht hat, hat er sich eine gute Methode entgehen lassen«, sind inzwischen die meisten Geochemiker davon überzeugt, dass sich das Leben in einer relativ unwirtlichen Umwelt entwickelt hat und nicht im »Rundkolbenparadies«.

Das Leben auf der Erde ruht auf zwei biochemischen Pfeilern: erstens auf der DNA, die die Erbinformation und die Montageanweisung von unzähligen Proteinen trägt, und zweitens auf den Proteinen, die wiederum dafür sorgen, dass die Zellen funktionieren, die die DNA bauen und erhalten. Ohne die Information der DNA gibt es keine neuen Proteine – und ohne Proteine kann die DNA nichts ausrichten, ja, es gäbe sie noch nicht einmal. Falls hier der Ausgangspunkt liegt, so wie es Stanley Miller annimmt, stehen wir vor einem Dilemma: War zuerst das Ei da oder die Henne, DNA oder Protein? Beide können unmöglich spontan aus dem Nichts entstanden sein, dafür sind sie viel zu kompliziert – und sie hängen beide untrennbar voneinander ab. Wir brauchen Proteine, um die Moleküle zu bauen, deren Aufgabe es ist, Proteine zu montieren.

In allen künstlichen Urerden, die jemals in einem Labor erdacht worden sind, entstehen bislang immer nur sehr einfache organische Verbindungen. Aminosäuren oder Zucker sind kleine Moleküle aus wenigen Atomen, nicht mehr. Und ein Haufen Aminosäuren ist ebenso wenig ein Protein, wie ein Berg Ziegelsteine ein Haus ist. Die organische Chemie ist Lichtjahre weit von Biologie, von Leben entfernt. Wie in aller Welt soll sich in einer noch so konzentrierten Ursuppe mit beliebig vielen Blitzen die komplizierte Struktur eines Proteins zusammenfügen? Zuerst müssten sich sehr viele Bausteine in einer ganz bestimmten Abfolge aneinander fügen, und anschließend müsste sich das Ganze auch noch in genau der richtigen Art und Weise zu einer dreidimensionalen Struktur falten. »Die Wahrscheinlichkeit, dass auch nur ein einziges funktionierendes Protein durch eine zufällige Kombination von Aminosäuren entsteht, ist genauso groß wie die, dass ein ganzes Sonnensystem voll Blinder gleichzeitig die Lösung für Rubiks Zauberwürfel findet«, stellte der Astronom Fred Hoyle trocken fest. Sein Einwand stimmt: Aus reinem Zufall entsteht so etwas nicht, in keiner Ursuppe fügt sich spontan ein Elefant zusammen – und auch keine Mikrobe. Aber Hoyle übersah, dass das auch niemand verlangt hatte, sein Einwand läuft ins Leere.

Bei der Suche nach dem Ursprung stehen die Wissenschaftler vor drei grundsätzlichen Problemen: Erstens hat sich das Leben im Lauf von Jahrmilliarden so weit von seinen Anfängen entfernt, dass in den modernen Organismen nur noch sehr wenige Indizien dafür aufzuspüren sind. Zweitens gibt es kaum Steine, in denen sich Zeugnisse der entscheidenden Epoche erhalten haben, in denen also Zeugnisse ihrer Entdeckung harren könnten. Und drittens hat das Leben unsere Erde so grundlegend umgekrempelt, dass es sehr schwierig ist, die richtigen Parameter zu finden, mit deren Hilfe sich das Rad der Geschichte im Labormaßstab zurückdrehen ließe.

Stellen wir uns diese Urwelt einmal vor. Die Sonne war damals noch jung und strahlte um 30, vielleicht sogar 40 Prozent schwächer als heute. Das ist bei Sonnen so, ihr Fusionsfeuer brennt erst mit der Zeit immer heißer. Anfangs reichte die Kraft unserer Sonne gerade aus, dass selbst 90 Prozent Kohlendioxid in der Luft die Erde nur auf 80 oder 90 °C aufgeheizt hätten. Es war eine bizarre Welt. Über die Hänge der Vulkane zogen Schwefelsäuredämpfe wie Nebel hinweg. Weil es in der Luft noch keinen freien Sauerstoff gab, existierte auch keine schützende Ozonschicht,[48] das harte UV-Licht drang bis zum Boden durch und auch in die obersten Wasserschichten ein. Selbst wenn es Methan in der Luft gegeben hätte, die UV-Strahlen hätten es zerstört. Sie sprengten auch in der obersten Atmosphäre die Moleküle des Wasserdampfs. Freier Wasserstoff entstand. Vielleicht hat die Sonne damit bei der Entstehung des Lebens geholfen, denn freier Wasserstoff erleichtert selbst in einer Kohlendioxidatmosphäre die organischen Reaktionen im Miller'schen Tümpel – falls dieser Wasserstoff nicht einfach in den Weltraum entschwindet, was heute unweigerlich passieren würde. Aber wie war es damals?

7 | Von untermeerischen Quellen und fernen Monden

> Wir sind es, die in einer extremen Umwelt leben!
> *Thomas Gold, Astrophysiker*

Regen stürzt aus einem pechschwarzen Himmel, das Mittelmeer schlägt wütend gegen die Mauern der Uferbefestigung, Kaskaden von Blitzen zucken, und der Donner grollt fast unablässig. Der berühmte Park von Miramare auf der anderen Seite der kleinen Bucht scheint wie von der Dunkelheit verschluckt zu sein – über Triest tobt ein Unwetter. Während der Kaffeepause auf der Terrasse hat ein Gewitter gedroht, und während des ersten Vortrags bricht es mit Urgewalt über uns herein. Die Welt scheint unterzugehen. Das Unwetter passt zum Thema des Treffens. Wir sind auf einer Tagung über die Entstehung des Lebens, und die frühe Erde war bestimmt ein Ort, an dem sich die Urgewalten austobten.

Jack Corliss von der Central European University in Budapest lässt sich von dem Inferno draußen nicht stören. Er erzählt weiter vom vielleicht größten Tag in seinem Leben. Es war der 17. Februar 1977, und er befand sich an Bord des US-Forschungsschiffs Knarr vor den Galapagos-Inseln. Zwei Tage zuvor war ein mit Sensoren bestücktes Kamerasystem herabgelassen worden, das den Meeresboden fotografieren sollte. Die Galapagos-Inseln sind Teil eines weltumspannenden Netzes von Mittelozeanischen Rücken, an denen Meereskruste entsteht. Dort ziehen die Kräfte der Plattentektonik die Meereskruste auseinander. Im Zentrum dieses Gebirges reißt die Kruste auf, Basaltlava fließt aus den großen Magmenkammern, neuer Meeresboden entsteht. Das wollte man näher untersuchen. Gegen Mitternacht hatten die Sensoren am Kamerasystem etwa drei Minuten lang einen Anstieg der Temperatur verzeichnet. Die Wissenschaftler notierten den genauen Zeitpunkt der Anomalie und ließen das System die ganze Nacht über weiterarbeiten, denn die Bilder wurden noch nicht direkt übertragen, die Geologen waren sozusagen blind für den Meeresboden, sie hatten nur ihre Messwerte.

Die Kamera war wie geplant nach zwölf Stunden wieder an Bord geholt worden, und die Filme wurden direkt entwickelt – 3000 Farbbilder waren die Ausbeute dieses Tauchgangs. Auf den meisten war nur nackter Fels zu sehen, eine Unterwasserwüste. Dann wirkten die Felsen plötzlich wie zerfetzt, mit eingeschnittenen schmalen Canyons und steil aufragenden Wänden. Schließlich nahmen sich die Geologen die Bilder vor, die während des Temperaturanstiegs aufgenommen worden waren. Auf der ersten Aufnahme war Lava, die sehr frisch aussah – und dann folgten 13 Fotos, auf denen Hunderte von weißen Muscheln zu sehen waren und dazu unzählige braune Schalen. Die Geologen waren wie elektrisiert. Eine so dichte Anhäufung von Lebewesen in der Tiefsee und eine so bizarre Umgebung hatte niemand zuvor erblickt.

Wenige Stunden nach dieser Entdeckung traf ein zweites Forschungsschiff ein, die Lulu, mit »Alvin« an Bord, dem wohl berühmtesten bemannten Tiefsee-U-Boot. Die Techniker bereiteten Alvin für den Tauchgang vor. Als die Sonne aufging, wurde das U-Boot losgeschickt. Jack Corliss war einer der beiden Wissenschaftler, die mit hinunter durften.[49] »Wir tauchten mit Alvin auf rund 2400 Meter Tiefe ab und wandten uns nach Norden. Plötzlich entdeckten wir draußen vor dem Fenster eine Krabbe. Der Pilot sagte: ›He, da sind noch mehr‹«, erzählt Corliss, »dann wurde das Wasser milchig, und meine Temperaturanzeige begann zu piepen. Sie gab Alarm, als es wärmer wurde. Nach einer Stunde Tauchgang hatten wir die erste heiße Quelle am Meeresgrund gefunden.«

Alvin schob sich langsam durch milchige Wolken aus Mikroben – Milliarden und Abermilliarden von Mikroorganismen schwebten im Wasser. Braune Matten aus Bakterien wucherten über den Boden. Zwischen den runden Basaltblöcken lagen Muscheln, 20, 30 Zentimeter groß. Daneben gab es Rasen von Röhrenwürmern, die wie Plastikschläuche aussahen und feuerrote »Federn« an ihrem Kopf hatten. Plötzlich tauchte im

Scheinwerferlicht Alvins ein hoher, dunkler Schlot auf, aus dem schwarzer Rauch zu quellen schien. Weiter hinten war schemenhaft ein weiterer Kamin zu erkennen. Überall war Leben, die biologische Produktivität ungeheuer groß. Aber wovon ernährten sich diese Wesen in der ewigen Finsternis der Tiefsee?

Schon die ersten Wasserproben gaben den entscheidenden Hinweis: Als die Chemiker die Behälter öffneten, roch es penetrant nach faulen Eiern, und die Crew beeilte sich, alle Luken zu öffnen. Das Wasser war voller Schwefelwasserstoff und stank ganz erbärmlich. Anscheinend vermischte sich dort unten das normale Meereswasser mit vulkanischen Lösungen. Und es gibt Mikroben, die Schwefel liebend gerne »verdauen«. »Wir hatten etwas ganz Besonderes gefunden, das war klar«, erinnert sich Jack Corliss, »wir hüpften vor Freude, fühlten uns wie Astronauten auf dem Mond.«

Weil die Thermometer an Bord von Alvin anfangs nicht ausreichten, um die Wassertemperaturen zu messen, wurden vor dem nächsten Tauchgang bessere Geräte montiert. Mehr als 350 °C war das Wasser heiß, das aus den Kaminen quoll – damit hatte niemand gerechnet. Nur der hohe Druck der Tiefsee verhinderte, dass dieses überhitzte Wasser aufwallte. Mit den Greifarmen, die außen an Alvin angebracht waren, brachen die Wissenschaftler ein paar Stücke aus den Kaminen, bugsierten sie draußen in die Probenbehälter und brachten sie nach oben. Die Steine bestanden aus schwarzen Schwefelmineralen. Die Forscher hatten durch Zufall die Lebenswelt der Black Smoker, der Schwarzen Raucher, entdeckt, in der sehr heiße Thermalquellen aus dem Meeresboden sprudeln und eine bizarre Landschaft formen. In der ewigen Finsternis der Tiefsee trifft das heiße Wasser auf das eiskalte Wasser. Sofort flocken die Schwefelminerale als schwarzer Rauch aus. Ein Teil lässt die meterhohen Schlote noch höher wachsen, der Rest wirbelt wie Dampf aus einem Kamin. In diesem Hexenkessel wimmelt es geradezu von Leben.

Mit dieser Entdeckung machte die Wissenschaft einen gewaltigen Satz nach vorne. Bis dahin galt: Das irdische Leben hängt von der Sonne ab, direkt oder indirekt, über die durch die Photosynthese erschaffene Biomasse. Das ist das System, mit

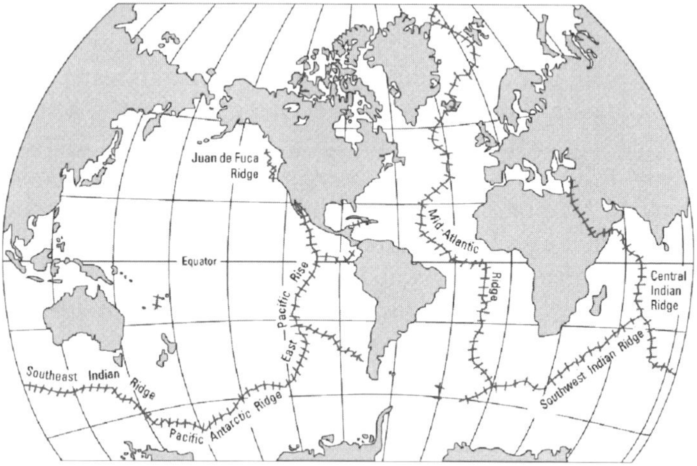

Abb. 13: Das Netz der Mittelozeanischen Rücken

dem wir Menschen tagtäglich Kontakt haben, damit kennen wir uns aus. Auf dem Tiefseegrund gilt es nichts mehr. Was hier unten lebt, hat seine Wurzeln in der Chemie. Kilometer unter der lichterfüllten Oberfläche der Meere gibt es Oasen, denen das Sonnenlicht gleichgültig ist, die ganz von der Energie abhängen, die der Vulkanismus zur Verfügung stellt – und damit die Erde selbst.

Unmittelbar an den Kaminen und vor allem um die Schlote herum, wo es etwas kühler wird, leben Myriaden von Mikroben. Sie haben die Rolle der Pflanzen unserer Welt als Basis der Nahrungspyramide übernommen, indem sie Metallsulfide zu Biomasse verarbeiten. Aber es gibt auch höher entwickelte Tiere. Da sind die blinden Schlotgarnelen, die diese Mikroben fressen. Andere, wie die Muscheln, beherbergen die Mikroorganismen wie Nutztiere direkt in den Kiemen. Im Gegenzug dafür, dass sie ihnen permanent sulfidhaltiges Wasser zustrudeln, bekommen sie Nährstoffe geliefert. Eine Symbiose also. Noch einen Schritt weiter sind die Borstenwürmer gegangen, die weder Mund noch Darm haben, sich dafür aber Bakterien halten, von denen sie im Austausch gegen Sulfide Nährstoffe zurückbekommen.

Der Druck dort unten ist so hoch, dass er selbst kräftige Oberflächenorganismen, würden sie hinab versetzt wie ein zartschaliges Wachtelei zerdrücken würde. Dieser ungeheure Druck, die extreme Hitze der Quellen, die unmittelbar auf die Kälte des Tiefseewassers trifft, die ewige Dunkelheit und das mit giftigen Chemikalien beladene Wasser – die Welt der Black Smoker gehört zum Ungewöhnlichsten, was diese Erde zu bieten hat. Jedenfalls aus unserer Sicht, ein Tiefsee-Borstenwurm würde wohl genau das Gegenteil behaupten, und seine Welt dürfte den Anfängen der Erde näher sein als unsere.

Die junge Erde war vom Meer bedeckt. Nur Vulkane ragten über das Wasser hinaus. Der Meeresboden war durchzogen von Rissen, Lava floss heraus, die zu Kissen erstarrte, sobald das Wasser sie berührte. Genau wie heute drang auch damals das Meerwasser an den Klüften dieser rauen Basaltfelsen in den Boden ein, wurde vom Magma tief unter den Spalten aufgeheizt. Später sprudelte es – beladen mit Gasen und Mineralen, mit Stickstoff, Phosphor, Schwefel – an heißen Quellen wieder heraus. Aus diesen bizarren Schloten quoll es als ätzende, heiße Flüssigkeit, und in dieser Umgebung liefen unentwegt chemische Prozesse in konzentrierter Form und auf kleinstem Raum ab. Die hydrothermalen Quellen am Meeresgrund waren – und sind – natürliche Reaktoren, und sie könnten bei der Entstehung des Lebens eine Rolle gespielt haben. Die Entdecker der Black Smoker kamen schnell auf diese Idee, aber es dauerte eine Weile, ehe sie sie veröffentlichen konnten. Zu radikal war der Szenenwechsel.

Ereignete sich der biologische Urknall wirklich in den lichten Zonen des Meeres, wie Stanley Miller annimmt? Könnte es nicht sein, dass auf einer jungen Erde, die immer wieder von schweren Einschlägen getroffen wird, die Black Smoker in der Tiefsee eine weitaus geschütztere und zuverlässigere Umgebung für das entstehende Leben geboten hätten? Dieser Gedanke wurde umso interessanter, als seit 1987 immer mehr Ökosysteme im »Keller« der Erde bekannt wurden. Ob Granit, Basalt oder Sediment – Hunderte von Metern unter der Oberfläche

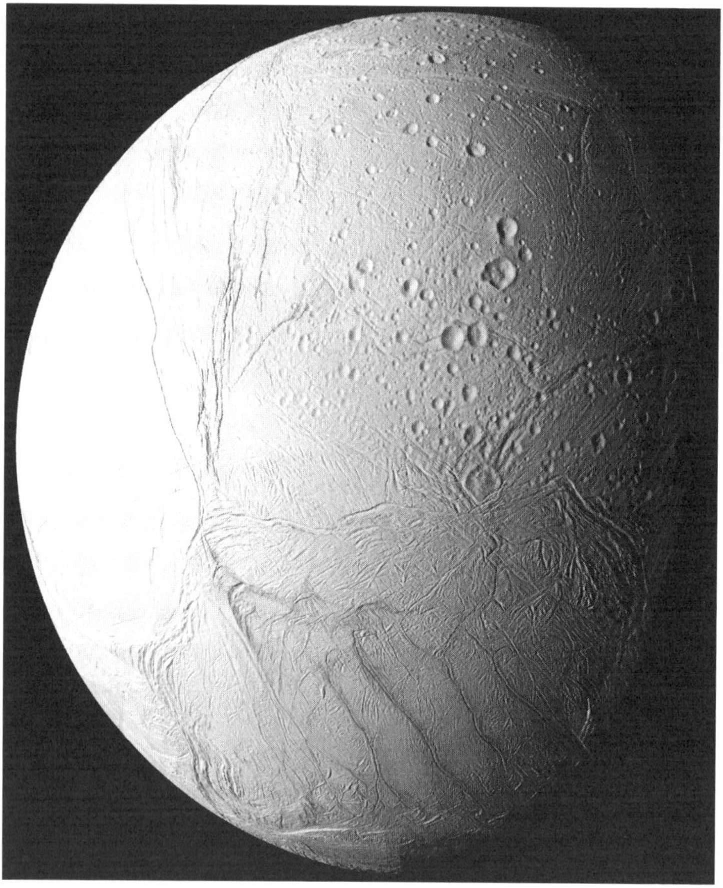

Abb. 14: Saturnmond Enceladus mit seinen »Tigerstreifen« in der Nähe des Südpols

werden Mikroben gefunden, die niemals Tageslicht »gesehen« haben. Es scheint Mikroben keine Schwierigkeiten zu bereiten, sich an die Bedingungen dieser exotischen Lebensräume anzupassen. Selbst Jules Verne hätte sich die Biosphäre im Planeteninneren nicht besser ausdenken können.

Eine Wiege am Meeresgrund hätte noch einen anderen Reiz: Hinge die Entstehung des Lebens von Darwins warmen Tümpeln ab, kämen in unserem eigenen Sonnensystem neben der

Erde höchstens noch Mars oder Venus als Planeten in Frage, auf denen sich ehemals für eine kurze Zeit Leben hätte entwickeln können. Jupitermond Europa, der bei Astrobiologen derzeit ganz hoch im Kurs steht, fiele sofort wieder aus der Liste heraus. An ihn bräuchte man keinen einzigen Gedanken zu verschwenden, denn das flüssige Wasser, das auf Europa in Form eines Meeres vermutet wird, ist wahrscheinlich von einem zehn Kilometer dicken Eispanzer bedeckt. Außerdem ist dieser Mond so weit von der Sonne entfernt, dass sie im Vergleich zum nahen Jupiter lediglich ein unbedeutendes Fleckchen am Himmel abgibt. An einen Tümpel ist da gar nicht zu denken. Falls es auf Europa Leben gibt, könnte es nur an hydrothermalen Quellen entstanden sein, und das könnte für viele andere Himmelskörper im Universum gelten – etwa für die Saturnmonde Titan oder selbst Enceladus.

Der kleine, glänzend gefrorene Eisball, der gerade einmal ein Siebtel des Durchmessers unseres Mondes hat, erschien allen ziemlich uninteressant, bis die NASA-Sonde Cassini seine sehr, sehr dünne Atmosphäre aus gefrorenem Wasserdampf mit etwas Methan und Kohlendioxid entdeckte. Dieser Schleier stammt wahrscheinlich aus seltsamen »Tigerstreifen« in der Nähe des Südpols. Das sind Gletscherspalten, deren Inneres etwas wärmer ist als die ungeschützte Oberfläche, sodass große Mengen an Wassereis verdunsten. Die Streifen sind grünlich gefärbt, was sie wohl organischen Verbindungen zu verdanken haben. Ganz in ihrer Nähe gibt es einen ungewöhnlich warmen Flecken, wobei »warm« nicht viel besagt: Statt auf durchschnittlich –170 °C bringt es die Enceladus-Oberfläche dort auf kühle –120 °C. Das klingt nicht weiter aufregend, aber genau in dieser Region brechen Geysire aus, schießen Wasserfontänen fast 500 Kilometer hoch hinauf. Unter diesem relativ warmen Punkt im Eispanzer soll sich flüssiges Wasser verbergen. Was bringt das Eis zum Schmelzen? Vulkanismus? Aber was treibt ihn an? Jedenfalls gilt Enceladus als derzeit kleinster geologisch aktiver Himmelskörper im Sonnensystem – und weil er auch die notwendigen organischen Bausteine zu besitzen scheint, hat er »biologisches Potenzial«. Er könnte sehr einfaches Leben beherbergen, das sich mit wenig Energie zufrieden gibt. Das ist zwar rein spekulativ, Enceladus zeigt jedoch, dass wir keine Ahnung haben, welche Überraschungen sich da draußen noch verbergen.

Obwohl wir Menschen glauben, so viel über unseren eigenen Planeten zu wissen, sorgt auch die Erde selbst immer wieder für Überraschungen, die für die Erforschung der Ursprünge wichtige Mosaiksteinchen bedeuten können. So haben Wissenschaftler im Dezember 2001 ein neues fremdartiges Tiefseesystem entdeckt, das eine weitere interessante Bühne für den Anfang von allem abgibt: Lost City, ebenfalls eine von der Sonne autarke Lebensgemeinschaft. Sie befindet sich in der Nähe von Atlantis, einem untermeerischen Bergmassiv am Mittelatlantischen Rücken, nicht allzu weit von den Bermudas entfernt. Hier liefert nicht der Vulkanismus die notwendige Energie, sondern eine chemische Gesteinsumwandlung, die unter dem Meeresboden abläuft.

Wieder einmal verdanken die Forscher die Entdeckung einem Kamerasystem, das während der Expedition hinter dem Schiff hergeschleppt wurde, um vollautomatisch den Meeresboden aufzunehmen. Aber die Technik ist inzwischen weiter gekommen und die Wissenschaftler können live verfolgen, was ihre unbemannten Gefährte in der Tiefsee aufnehmen. Genau wie bei den Black Smokern kam den Forschern der Zufall zu Hilfe. Ihre Expedition zum Atlantis-Massiv war fast beendet, als das Kamerasystem nachts die Bilder einer bizzaren Landschaft aus Kalk in den Kontrollraum lieferte. Das hatte noch kein Mensch je gesehen! Als sich die Aufregung an Bord etwas gelegt hatte, plante das gesamte Team den einzigen Tauchgang, der vor dem Ende der Fahrt noch möglich war: fünf Stunden, in denen die besten Proben genommen und möglichst viele Bilder gemacht werden sollten. Der nächste Arbeitstag verlief normal, wenn auch unter Hochspannung – und am übernächsten Tag war es dann so weit. Zwei Wissenschaftler tauchten mit Alvin hinab: »Diese riesigen, absolut gigantischen weißen Türme – wir fühlten uns, als führen wir durch einen Sequoia-Wald mit kirchturmhohen Bäumen«, erinnert sich Deborah Kelley von der University of Washington in Seattle: »Wir sind ganz still geworden. Es war so vollkommen anders als alles, was wir je erlebt hatten – fast schon spirituell.«

Schneeweiße Kamine erhoben sich bis zu 60 Meter über den Felsen. Fragile Turmspitzen ragen hoch auf. In sanft gewellten Ebenen öffnen sich spektakuläre Höhlen, dazwischen schießen überall weiße »Pilze« aus dem Boden. Wo warmes Wasser aus den Säulen sprudelt, bilden sich zierliche Kalkkristalle, die die Türme und Wellen wie filigrane Spitzen verzieren. Um ein nahes Kliff drapieren sich Kristallvorhänge. Lost City wirkt fremd, wie die Metropole einer untergegangenen Zivilisation. Erste Messungen ergaben damals, dass das Wasser, das dort aus dem Untergrund fließt, mit Methan und Wasserstoff beladen ist. Diese Stadt wirkte auf den ersten Blick verlassen. Nur dichte, lange Bakterienfäden wogten im Wasser wie durchsichtiger Seetang, und ein einsamer Wrackbarsch hielt Wache und schaute missmutig in Alvins Scheinwerferlicht. Auf späteren Expeditionen entdeckten die Biologen, dass sich in den Hohlräumen und Spalten der aktiven Kamine Tiere verstecken. Hier leben Schnecken, Flohkrebse, Ringel- und Fadenwürmer, Muschelkrebse und Muscheln. Die Artenvielfalt ist riesig – aber leicht zu übersehen, denn die Tiere werden höchstens so groß wie ein Daumennagel und sind auch noch durchsichtig. Auffällige Stars wie die Röhrenwürmer an der schwarz rauchenden Konkurrenz gibt es in Lost City nicht. Dafür leben hier, wie es sich für eine Großstadt gehört, Individualisten, von denen die meisten nur hier vorkommen. Lost City ist das ungewöhnlichste Ökosystem, das bislang entdeckt worden ist.

Es ist durch geologische Prozesse entstanden, darin gleicht es den Black Smokern. Die weißen Kamine von Lost City wachsen aus dem Atlantis-Massiv heraus – einem Berg fast so hoch wie der Eiger, ein Viertausender in der Tiefsee. Er erhebt sich an einer großen Störungszone, weil dort Gesteine aus einem tieferen Stockwerk der Erde – dem Erdmantel – nach oben gezerrt werden, wie ein Teppich, den man unter einem Möbelstück hervorzieht. Diese Steine, die unter den hohen Drücken und Temperaturen in acht Kilometern Tiefe gebildet worden waren, sind am Ozeanboden nicht stabil. Sobald sie mit dem kalten Meerwasser in Berührung kommen, läuft eine Kaskade chemischer Reaktionen ab. Die Minerale nehmen Wasser auf und verwandeln sich so in Serpetinit, einen grünlichen Schmuckstein, der gerne für Wandverkleidungen verwendet wird. Die Wärme, die dabei entsteht, erhitzt das eingedrungene Meerwasser auf 40 bis 80 °C.

Während an den berühmten Black Smokern heißes, saures Wasser ausströmt, das mit reichlich Kohlendioxid und Schwefelmineralien beladen ist und so den Mikroben ein behagliches Auskommen erlaubt, fließt in Lost City eine Mixtur aus, die basisch ist wie Natronlauge – und ein Leben in heißem Rohrreiniger ist ungeheuer kompliziert. Beispielsweise weil die Lauge so gut wie kein Kohlendioxid enthält, denn das wird sofort in Kalk umgewandelt. Damit aber fehlt der Rohstoff, den alle anderen Mikroorganismen auf der Welt nutzen, um ihre Biomasse aufzubauen. Wovon die Bakterienmatten leben ist ein Rätsel, das erst teilweise gelöst ist. Sie leben anscheinend davon, dass der Fels unter Lost City eine chemische Fabrik ist. In ihr entstehen unentwegt Wasserstoff, Methan und sogar komplexere Kohlenwasserstoffe wie Ethylen, Propan oder Butan und etliche andere Verbindungen, die zu den Schlüsselsubstanzen allen irdischen Lebens zählen. Kommen noch ein paar Atome Stickstoff, Sauerstoff und Schwefel dazu, lässt sich daraus alles Mögliche bauen, von der Zellmembran bis zu Aminosäuren. »Einem ersten Lebewesen wären die Verbindungen gerade recht gekommen«, meint Deborah Kelley. Allerdings hätten ihnen ein paar andere Dinge gefehlt – etwa Metalle wie Eisen, denn die sind in Lost City Mangelware. »Die bekommt man besser von einem Black Smoker. Deshalb überlegen wir, ob die Wiege des Lebens nicht vielleicht an einem Ort gestanden hat, wo sich die kohlenwasserstoffreichen Flüssigkeiten eines Lost City mit den metallreichen eines Black Smokers mischten«, fährt die Geologin fort. Vielleicht hatte das erste Wesen ein System wie Lost City als »Mutter« und einen nahen Black Smoker als »Vater«. Aber das ist reine Spekulation. Die Forschungen fangen gerade erst an. Auf jeden Fall stammt der Kohlenstoff, der in der Verlorenen Stadt umgesetzt wird und von dem dort alles abhängt, aus dem Erdmantel und ist damit uralt. Weiter entfernt von der Sonne kann Leben nicht mehr sein.

Noch ist kein zweites Lost City entdeckt, aber der Tiefseeboden ist weit, und wir wissen weniger über ihn als über die Rückseite des Mondes. Die geochemischen Prozesse, die heute unter Atlantis ablaufen, gab es schon vor Jahrmilliarden, als die Erde noch jung war. Denn ähnliche Steine finden sich beispielsweise in Barberton, Südafrika. Dort sind sie 3,5 Milliarden Jahre alt. Der Mechanismus der chemischen Umwandlung von Gesteinen, die aus vielen Kilometern Tiefe an die Oberfläche gezerrt werden, müsste außerdem auf allen geologisch aktiven Steinplaneten mit ausreichend Wasser funktionieren. Das lässt die Astrobiologen hoffen.

Allerdings hielt Lost City für sie und auch für die Forscher, die den Ursprüngen des irdischen Lebens nachspüren, eine wichtige Lehre bereit: Die Jagdmethoden könnten ins Leere zielen. Um festzustellen, ob zu irgendeinem Zeitpunkt der frühen Erde bereits Leben vorhanden war, obwohl keine Fossilien zu finden sind, nehmen Geochemiker in den Sedimenten die Verteilung der Kohlenstoffvarianten unter die Lupe. Leben, wie wir es kennen, reichert bevorzugt die leichtere Version des Kohlenstoffs an. Dieser Vorgang wird als so grundlegend angesehen, dass sich sogar die Planetologen darauf verlassen wollen, wenn sie Sonden für die Jagd nach außerirdischem Leben ausrüsten. Es ist jedoch vollkommen unklar, welche Kohlenstoffvariante eine hypothetische Mikrobe auf dem Mars bevorzugen würde, denn sie hätte sich schließlich unter ganz anderen Umweltbedingungen entwickelt. Bislang wurde dieser Einwand von den Astrobiologen achselzuckend zur Kenntnis genommen. Wenn es auf der Erde funktioniert, müssten doch die Chancen gut stehen, dass es fremde Organismen auch so halten. Aber die Bewohner von Lost City beweisen, dass das ein Trugschluss sein könnte, denn sie tragen eine Tarnkappe: Sie verschieben die Verteilung der Kohlenstoffisotope überhaupt nicht. Sie belassen sie so, wie sie ohne Zutun des Lebens aus der Erde dringen, und bleiben im chemischen Fingerabdruck unsichtbar. Damit würden sie unerkannt durch unsere Messungen rutschen. Ein Lost City, das in drei oder vier Milliarden Jahre altem Gestein überliefert worden ist, wäre mit den Standardmethoden genauso wenig zu erkennen wie eines auf Jupitermond Europa.

Also beginnen die Wissenschaftler nun, in der verlorenen Stadt in der Tiefsee nach neuen chemischen Markern zu fahnden, die uns dann nicht nur die Augen für die Isotopenspuren längst vergangener Organismen öffnen könnten, sondern auch für das, was wir auf fremden Planeten erwarten könnten.

Wenn man von der Erde eine Lehre für andere Planeten ziehen möchte, dann die, dass es so aussieht, als könnten Mikroben selbst unter den unwirtlichsten Umgebungen leben, solange es nur genügend Wasser gibt. Wir finden sie sogar in 40 Millionen Jahre alten Sedimenten, die tief im Meeresboden begraben waren. Aber sind die Mikroorganismen darin wirklich aktiv, befinden sie sich eher im Tiefschlaf oder sind sie gar tot? Es ist nicht einfach, diese Frage zu beantworten. Die Mikroben aus unserer Welt lassen sich im Labor schnell und einfach vermehren. Es ist kein Problem, ihnen beim Wachsen und Werden zuzusehen. Anders ist das bei denen, die das Extreme lieben. Wie ihr Name besagt, stellen sie extreme Ansprüche, weshalb sie nur in Speziallaboren gedeihen, und auch da gelingt das eher selten.

Außerdem scheinen viele Organismen der tiefen Biosphäre gewissermaßen in Zeitlupe zu leben. Manche warten vielleicht Hunderte oder Tausende von Jahren, ehe sie sich einmal teilen – eine Folge der mageren Ressourcen an Verwertbarem. Nahrung kann so rar sein, dass die Reproduktion zum Luxus wird. Aber dafür sind sie da unten sicher vor lästigen Räubern – es sei denn, irgendwann kommt ein Geobiologe und reißt sie mit dem Bohrgerät aus ihrem Zuhause. Bei solchen Organismen auf die Zellteilung als Lebenszeichen zu setzen wie bei vielen normalen Mikroben könnte leicht ganze Forschergenerationen beschäftigen. Da ist es sinnvoller, den Meistern der Langsamkeit mit radioaktiv markierten Nährstoffen auf die Schliche zu kommen. »Und siehe da, die Bewohner der Unterwelt erwiesen sich als höchst aktiv und verdauten das geschenkte Dinner«, erzählt Bo Barker Jørgensen vom Max-Planck-Institut für marine Mikrobiologie in Bremen. Genetische Untersuchungen der Bewohner des Erdinneren zeigen, dass ihre Vielfalt viel höher ist als angenommen. »Im Tierreich wäre das so, als ob wir bislang keine Insekten gekannt hätten und sie nun auf einen Schlag neu entdeckten«, meint Jørgensens Kollege John Parkes von der Cardiff University. »Wir haben diese Bakterien noch nie gesehen, aber sie scheinen bei einer bestimmten Tiefe die Population zu dominieren.« Egal wohin die Forscher schauen, wo sie ihre Bohrungen ansetzen, immer gibt es dort unten in den Steinen überraschend viel Leben. »Wir schätzen, dass ein Zehntel bis ein Drittel der gesamten Biomasse unterirdisch ist«, so Bo Barker Jørgensen. Ja, vielleicht lebten in größeren Tiefen mehr Mikroben als in den ersten Zentimetern unterhalb der Sedimentoberfläche, denn selbst wenn sie nur spärlich im Gestein verteilt sind – das Volumen, das ihnen als Lebensraum zur Verfügung steht, ist riesig. Die Grenze nach oben ist die Konkurrenz der schnelllebigen Bakterienwelt der Oberfläche, und nach unten die mit der Tiefe zunehmende Hitze.[50] Irgendwann wird es auch dem Extremsten unter ihnen zu heiß. Erst dort ist die Biosphäre zu Ende.

Viele der Mikroben, die unter härtesten Bedingungen existieren, sehen auf den ersten Blick zwar aus wie Bakterien, sind jedoch keine. Sie sind Mitglieder des exklusiven Clubs der Archaeen, einzelliger Lebewesen, die jeden Mikrobiologen begeistern. Temperaturen von 100 °C machen einigen von ihnen nichts aus, andere lieben extreme Kälte, Salzlauge oder Säuren. Die Extremophilen schützen sich zum Beispiel durch den besonderen Bau ihrer Zellmembran vor ihrer harschen Unwelt. Dabei überstehen sie die höllischen Bedingungen nicht nur, sie brauchen sie sogar, um sich wohl zu fühlen und sich zu vermehren. Egal ob sie an einem Black Smoker leben oder tief in den Steinen der Erde, sie sind die Herrscher der extremen Reiche. In der Normalität gehen sie zugrunde.

Längst nicht bei allen diesen Mikroben ist klar, wovon sie leben. Die Mikrobiologen erleben immer wieder Überraschungen. Es gibt Organismen, die an Exotik kaum zu übertreffen sind. Einige von ihnen leben in Südafrika kilometertief unter der Erde in einer Formation, die den Namen »Witwatersrand« trägt. Für Geologen hat dieses Wort Magie. Schon das Alter der Gesteine dort fasziniert sie: Es liegt zwischen 2,7 und 2,9 Milliarden Jahren. Damals hat ein weit mäandrierendes Flusssystem Gold aus einem noch einmal 200 Millionen Jahre älteren Muttergestein ausgewaschen und es weiter flussabwärts zwischen den Geröllen wieder abgelagert. Es sind gewaltige Mengen. Selbst nach 120 Jahren Ausbeutung liegen in Witwatersrand immer noch 35 Prozent der Weltgoldvorräte.

Dieses Gold wird in sehr tiefen Bergwerken gewonnen. Die Arbeit ist hart und gefährlich, denn in dreieinhalb Kilometern Tiefe ist der Druck doppelt so hoch wie an der Erdoberfläche. Wer die Wände der Stollen berührt, zuckt erst einmal zurück – 60 °C sind sie heiß. Es ist wie in einem Backofen. Der Schweiß rinnt aus jeder Pore, nach nichts sehnt man sich mehr als nach etwas Kühlem und vor allem nach frischer Luft zum Atmen. Zu wenig zu trinken ist tödlich dort unten, genau wie ein zu langer Aufenthalt. »Es ist Extrembergbau«, sagt der Geomikrobiologe Tullis Onstott von der Princeton University. Und es ist Extremforschung, die er betreibt.

Sobald die Arbeiter melden, dass nach einer Sprengung Grundwasser aus den Klüften und Spalten des Gesteins austritt, machen sich Onstott und sein Team auf den Weg, um tief unter der Erde das heiße Wasser in sterile Probenbehälter zu füllen und nach oben zu schleppen. 2002 stellte Tullis Onstott auf der Tagung der Amerikanischen Geophysikalischen Union in San Francisco die in Witwatersrand entdeckten Kreaturen vor, deren Lebensgrundlage die radioaktive Strahlung ist. Das heiße Wasser, in dem die Bakterien leben, ist reich an gelöstem Wasserstoffgas. Das entsteht, weil die zerfallenden Uranatome im Erdboden Protonen und Neutronen aussenden, die auf das Grundwasser treffen und die Wassermoleküle zerstören. Freier Wasserstoff bleibt übrig, der dann zusammen mit gelösten Schwefelverbindungen zur Grundlage der Mikrobenmahlzeiten wird.

Die Welt der Extremophilen ist eine Welt der Spezialisten, die es im Lauf einer langen Evolution geschafft haben, diese Nischen zu nutzen. Sie beflügeln die Phantasie der Forscher, die nach dem Ursprung des Lebens suchen und nach Antworten auf die Frage, wie verbreitet Leben im Universum sein könnte. Zwar sind Tümpel und Sonne immer noch wichtige Kandidaten bei der Suche nach den Anfängen, aber hier öffnen sich neue Dimensionen, von deren Existenz vor 50 Jahren noch niemand etwas geahnt hat.

8 Himmel, Ton und Hölle

> Das Tolle daran, die einzige zwischen richtig und falsch unterscheidende Art zu sein, ist, dass wir uns immer genau die Regeln ausdenken können, die uns gerade in den Kram passen.
> *Douglas Adams: »Die letzten ihrer Art«*

Das wissenschaftliche Biotop »Forschung zur Entstehung des Lebens« ist sehr vielfältig. Da gibt es die Meinung, dass das Leben so etwas wie ein kosmischer Imperativ ist, dass es überall entsteht, wo die Bedingungen es zulassen, und dass intelligente Wesen nicht nur die Erde bevölkern. Eine andere Schule hält das Leben für ein im Universum einmaliges Ereignis. Und dazwischen stehen die Forscher, die erklären, dass mikrobielles Leben auf den Planeten im All weit verbreitet ist, höher entwickelte Pflanzen, Tiere und intelligente Wesen hingegen sehr selten vorkommen. Für die einen entstand das Leben im Sonnenlicht, für die anderen in der Tiefsee oder wahlweise im Weltraum, im Meereis, selbst in den Wolken. Und dann gibt es auch noch die Theorie von der Panspermie, die annimmt, dass Mikroben wie Astronauten durchs All fliegen und so die Erde besiedelten.

Die Panspermie fällt für die meisten Wissenschaftler eher in den Bereich Science-Fiction. Allgemein wird jedoch die Theorie akzeptiert, dass das irdische Leben im Wasser seinen Ausgang nahm. »Was mich schon seit Jahrzehnten erstaunt, ist die Tatsache, dass es ohne Wasser kein Leben gibt, ohne Kohlenstoff auch nicht, jedenfalls kein Leben, wie wir es kennen. Seltsamerweise verlaufen die Schlüsselreaktionen bei der Entstehung des Lebens im Wasser jedoch keineswegs optimal«, meint der theoretische Biologe Harold Morowitz, der bis zu seiner Emeritierung an der Yale University lehrte. Im Gegenteil: Aminosäuren und Zucker, die Bauelemente der Proteine und Kohlenhydrate, lösen sich darin auf: »Man macht keinen Zuckerwürfel, indem man Zucker ins Wasser streut. Im Grunde wundert es mich, dass auf einem Planeten mit so viel Wasser an der Oberfläche überhaupt Leben entstehen konnte.« Auch für den Geophysiker Joseph V. Smith von der University of Chicago haben Wasser und Luft allein Nachteile: »Die meisten Theorien kämpfen mit dem Problem, dass eigentlich viel zu viel Wasser da ist.« Damit komplexe Systeme entstehen, müssen die notwendigen Reaktionen ablaufen, und dazu muss unter anderem die Konzentration stimmen. Eine Ursuppe, ob Teich oder Ozean, wäre im wahrsten Sinne des Wortes einfach viel zu verwässert. Bei der Suche nach einer Lösung für dieses Dilemma erinnerten sich die Wissenschaftler schließlich an einen weiteren Mitspieler: die Steine.

Jahrzehntelang hatten bei den Experimenten Luft und Wasser im Rampenlicht gestanden, während die Steine höchstens die Gefäße für den warmen Gezeitentümpel abgaben, in dem die Ursuppe eindampfte. Nützlich erschienen sie auch als natürliche Sunblocker, denn ein Felsüberhang über dem Tümpel verhinderte, dass die empfindlichen organischen Verbindungen von der harten UV-Strahlung der Sonne zerstört wurden, die die Erde damals ungefiltert traf. Schließlich gab es noch keinen freien Sauerstoff in der Luft und damit auch keine schützende Ozonschicht in der Stratosphäre. Sie taugen also als Requisiten, aber könnten die Minerale auch mehr sein?

Davon ist der Geologe Bob Hazen von der Carnegie Institution in Washington, D. C., überzeugt: »Niemand weiß, wie das Leben auf der trostlosen jungen Erde entstanden ist, aber eines ist sicher: Es begann chemisch.« Und für ihn spielen die Steine dabei eine Hauptrolle, weshalb er und Harold Morowitz bei der Suche nach den Anfängen die Spur der Black Smoker verfolgen. Wir drei sitzen in Hazens mit Büchern und Papieren vollgestopftem Büro, und während im Labor nebenan eine Pumpe summt, erzählt er von seinen Experimenten.

Die Bühne für das erste Wesen wäre hier die Mineralwelt des deutschen Chemikers und Patentanwalts Günter Wächtershäuser, dessen Pyrit-Hypothese als Vorbild für die Forschung von Hazen und Morowitz dient. Im Zentrum stehen die Black Smoker, aus denen schon vor Jahrmilliarden heißes, mineral- und gasbeladenes Wasser quoll und wo damals wie heute eine schwarze Eisenschwefelverbindung namens Magnetkies (Pyrrhotin, FeS) kristallisiert, sobald die Lösung auf das kalte Meerwasser trifft. Manche Kristalle verfangen sich an den Schlotwänden, lassen sie emporwachsen. An ihnen strömt dann der reichlich im Wasser gelöste Schwefelwasserstoff (H_2S) vorbei, ein vulkanisches Gas, das penetrant nach faulen Eiern stinkt. Es reagiert mit dem Magnetkies und wandelt ihn in Katzengold (Pyrit, FeS_2) um. Bei dieser Reaktion werden Wasserstoff und Energie frei, und alles zusammen bildet die Grundlage für den biologischen »Urknall« nach Art von Wächtershäuser. Auf dem Katzengold entsteht ein zweidimensionales Etwas, ein dünner Film auf einer Kristalloberfläche, der mit dem Chemikalienstrom reagiert und sich kohlenstoff-, phosphor- und schwefelhaltige Moleküle herausfischt.

Wächtershäusers Hypothese sorgte für heiße Debatten in der Fachwelt. Sein Urwesen ist fremdartig. Es verfügt weder über Erbsubstanz noch über eine Zelle, sondern ist nichts anderes als ein Stoffwechsel. Dieses Urwesen entstünde unmittelbar aus den chemischen Reaktionen an einem Black Smoker und wäre also im wahrsten Sinne des Wortes ein »Kind der Erde«. Bob Hazen beschreibt den Vorgang so: »Das Gestein treibt die chemischen Reaktionen voran, sodass eine Art Stoffwechsel entsteht, der mehr und mehr Kohlenstoff bindet. Neue Moleküle bilden sich, breiten sich allmählich über den Stein aus. Das Material wächst, wird so etwas wie ein Organismus. Bricht ein Stück ab, wird es erneut zu wachsen beginnen, solange es ›Nahrung‹ hat. Es kann sich also auch vermehren und erfüllt alle Bedingungen – nur dass es nicht dreidimensional ist und wir es nicht erkennen würden.« Im Lauf der Zeit »lernt« das Wesen, sein chemisches Repertoire zu erweitern. Irgendwann entstünden Lipide und sonst noch so allerlei, was es gut brauchen könne – der Organismus würde sich die dritte Dimension erobern und sich von den Steinen emanzipieren.

Eine Hypothese zur Entstehung des Lebens taugt nur dann etwas, wenn sich im Laboratorium die grundlegenden Reaktionen auch tatsächlich nachweisen lassen. Also entwarfen Hazen und Morowitz, genau wie früher Urey und Miller, stark vereinfachte Urwelten aus Wasser, Kohlendioxid oder Stickstoff. Nur dass diesmal auch noch Minerale und Gesteine dazukamen. Außerdem laufen die Reaktionen nicht im Rundkolben ab, und sie brauchen auch keine künstlichen Blitze. Vielmehr passiert alles eingeschlossen in reiskorngroße Goldkapseln, die unter die gleichen Druck- und Temperaturbedingungen gesetzt werden, wie sie an einem Black Smoker herrschen. Bei welcher Temperatur Wasser kocht, ist vom Umgebungsdruck abhängig. Auf dem Mount Everest ist die Luft so dünn, dass Teewasser schon bei 70 °C Blasen wirft. In der Tiefsee jedoch, wo die Smoker fließen, ist der Umgebungsdruck oft so hoch, dass das Wasser noch nicht einmal bei 300 °C aufwallt. Das Wasser ist dort außerdem mit Kohlendioxid und Sulfiden beladen, und weil Hitze, Druck und Chemikalien zusammenkommen, sind die Mineralschlote große Reaktoren, in denen die verschiedensten Reaktionen schnell und effizient nebeneinander ablaufen. Das Gleiche gilt dann auch für ihr Mimikry im Labor. In den Goldkapseln entsteht unter genau eingestelltem Druck und exakter Temperatur ein breites Spektrum von organischen Molekülen, darunter auch Aminosäuren. Allerdings gibt es ein Problem: Aminosäuren sind alles andere als kochfest. Sie würden an den Smokern ebenso zerfallen, wie sie es in einem ungeschützten Miller'schen Tümpel an der Oberfläche tun würden, nur dass tief unten die Hitze ihr Feind ist und oben das UV-Licht. Ohne stabilisierende Mechanismen geht gar nichts. »Und hier kommen die Minerale ins Spiel«, erklärt Bob Hazen.

In einer der Experimentserien wurde Wasser, das mit einer Aminosäure vermischt war, in Goldkapseln eingeschweißt und in die künstliche Tiefsee versetzt. Bei 200 °C dauerte es ganze fünf Minuten, dann war die organische Substanz restlos zerstört – genau wie es die Gegner der Wächtershäuser'schen Theorie vorhergesagt hatten. Als aber der Mixtur Magnetkies hinzugefügt wurde, blieben die organischen Verbindungen trotz Druck und Höllenhitze über Tage stabil. Andere Forschergruppen kamen zu ähnlichen Resultaten. Es stellte sich heraus, dass sogar mehrere verschiedene Minerale organische Moleküle stabilisieren können, und nicht nur das. In anderen Experimenten formierten sich Aminosäuren unter den Bedingungen der Black Smoker ganz ohne fremde Hilfe zu größeren Molekülen wie Peptidketten. Statt also wieder in ihre chemischen Elemente zu zerfallen, kamen die organischen Moleküle sogar einen Schritt vorwärts.

»Auch wenn man von der anderen Seite her kommt, von der Biochemie, und die Funktionsweise der modernen Organismen betrachtet, gibt es Hinweise auf eine Beteiligung der Black Smoker bei der Entstehung des Lebens«, führt Bob Hazen aus, »denn in der Energieversorgung unserer Zellen spielen mineralähnliche Cluster aus Eisen- und Schwefelatomen eine ganz zentrale Rolle.« Ist das ein verborgenes Erbe, das wir in uns tragen? »Wer weiß«, lacht Morowitz, »jedenfalls erwies sich der Pyrit als höchst nützlich, als es darum ging, dem stets wiederholten Vorwurf der Miller-Anhänger entgegenzutreten, dass Black Smoker organische Moleküle nur zerstören und niemals aufbauen.«

Ist der Anfang des vielgestaltigen irdischen Lebens also ein Schmierfilm auf Katzengold? Das hätte zumindest den Charme, dass diese Entwicklung auf jedem vulkanisch aktiven Planeten möglich wäre, der flüssiges Wasser besitzt. Ein solcher Himmelskörper müsste noch nicht einmal unbedingt so komplex sein wie die Erde, jedenfalls wenn wir im einfachen Stadium verharren wollen; heiße, vulkanische Quellen im Meer genügen. Deshalb mögen Astrobiologen diese Hypothese, denn wenn sie stimmt, sind die Startbedingungen für das Leben wahrscheinlich auf vielen Planeten gegeben.

Für Bob Hazen und Harold Morowitz jedenfalls steht fest, dass die heißen Quellen am Meeresgrund hervorragende Bioreaktoren abgäben. Aber sind sie deshalb auch zwangsläufig die Wiege des Lebens? »Das behaupten wir nicht unbedingt«, erklären die beiden Forscher vorsichtig, »aber unserer Meinung nach liefern sie genügend komplexe organische Bausteine, die der Wasserstrom dann in eine kühlere Umgebung mitreißt, sodass sich an den Steinen in der Nachbarschaft ein Reservoir aufbauen kann. Darauf kommt es an: Durch natürliche Prozesse werden an den chemisch aktiven Oberflächen anderer Minerale die Bausteine aussortiert, angereichert und organisiert, wodurch schließlich Strukturen entstehen, die sich selbst vervielfältigen.«

Die heiße Welt der Black Smoker ist nicht das einzige Szenario, in dem Minerale das Missing Link sind. Andere Forschergruppen mögen's weniger heiß und beschäftigen sich mehr mit den Bedingungen an den zahllosen, langsam verwitternden Vulkanen, die sich seinerzeit über das Meer erhoben. Sie boten interessante Gesteine, wie etwa Bims, ein vulkanisches Glas mit zahllosen winzigen Löchern.

Stellen wir uns eine Insel mit einer Küste aus weichem, verbackenem Bimsstein vor – egal ob auf der Erde oder einem unbekannten Planeten. Immer wieder dringt bei Flut Wasser in die Bims-Poren ein. Bei Ebbe verdampft es wieder, und zurück bleibt ein reicher Mix an organischen Molekülen, der mit der nächsten Flut Nachschub erhält. Jedes Bläschen ist ein Reagenzglas, in dem sich die organischen Verbindungen konzentrieren und immer längere Ketten von Biomolekülen formieren könnten. Die winzigen Poren wären so etwas wie Zellwände, sodass sich jedes System getrennt weiterentwickeln könnte. Milliarden von chemischen Reaktionen würden parallel ablaufen, und manche würden zu interessanten »Erfindungen« führen. Das System käme voran, und irgendwann würde in einer oder vielleicht auch in ein paar Poren die Grenze zur Biologie überschritten. Nur müsste der Organismus irgendwann aus seiner Höhle herauskommen. Die Frage ist, wie. Aber das gilt, abgestimmt auf die jeweilige Wiege, ebenso für das Wächtershäuser'sche Urwesen wie für alle anderen auch. In den diversen Hypothesen hat man auf der einen Seite die chemischen Ausgangselemente, dann kommt eine Black Box – und hinter der schwimmt glücklich das erste lebendige Wesen. Die Frage ist, was in der Black Box passiert.

Auch ein weiterer Ansatz aus dem Ideenpool der Wissenschaftler erfordert einen Planeten mit Meeren, einer Atmosphäre und Festland. Diese Hypothese lenkt die Aufmerksamkeit auf die Tonminerale, die bei der chemischen Verwitterung von Steinen entstehen. Tonminerale sind in mehr als dreieinhalb Milliarden Jahre alten Gesteinen gefunden worden, es scheint sie immer und überall gegeben zu haben. Sie könnten Gerüste für die Montage des Protolebens abgeben. Tonminerale bestehen aus Stapeln hauchdünner Lagen regelmäßig angeordneter Silizium- und Aluminiumatome. Ihre Oberflächen sind aufgeladen, weshalb sie sehr leicht organische Moleküle anziehen und festhalten. Aus diesem Grund wählte der israelische Chemiker Noam Lahav in den siebziger Jahren Tonminerale, um die Verhältnisse in einem Tümpel auf der jungen Erde zu simulieren. In seinem Labor löste er immer wieder eine Mischung aus Tonen und Aminosäuren auf und ließ sie anschließend austrocknen. Mit der Zeit konzentrierten sich die Aminosäuren an den Tonen und wuchsen zu kleinen proteinähnlichen Strukturen zusammen.

Viele Forscher ließen sich von diesen frühen Experimenten inspirieren und nahmen die kombinatorischen Fähigkeiten der Tone genauer unter die Lupe. Das Fazit dieser Versuche ist erstaunlich: »An den unterschiedlichen Tonmineralen lassen sich sehr unterschiedliche organische Moleküle gezielt zusammenbauen«, führt der Astrobiologe André Brack vom französischen Centre de Biophysique Moléculaire in Orléans aus. Für ihn geben Tone sinnvolle »Montagehelfer« ab. Der Kristallograf John Desmond Bernal schlug sogar vor, dass die Informationsübertragung in unserer kohlenstoffbasierten Lebenswelt durch die Assistenz von Tonmineralen entstanden sein könnte. Diese Anregung beruht auf der Beobachtung, dass manche Tone eine sehr interessante Beziehung zum Tausendsassa in unseren Zellen unterhalten, zur RNA.

Vom Aufbau her gleichen sich DNA und RNA, wobei die RNA nur aus einem Einzelstrang besteht. Das macht sie chemisch beweglicher, erlaubt ihr Reaktionen, die einer DNA unmöglich wären. Heute kodieren fast alle Organismen auf der Erde ihre Erbinformation mit der DNA, nur etliche Viren wie das HI-, das Masern- oder das »gemeine« Schnupfenvirus setzen dabei auf die RNA. In den Zellen der DNA-Lebewesen ist die RNA eher so etwas wie die Arbeiterin im Bienenstock, die in alle grundlegenden Reaktionen verwickelt ist. So kopiert ein RNA-Typ die in einem Gen auf der DNA abgelegte Information für den Bau eines Proteins und trägt sie zur Proteinfabrik,

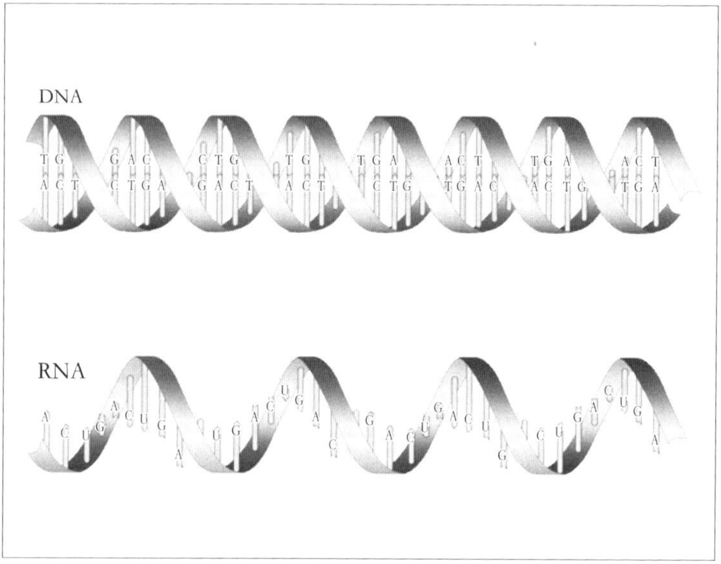

Abb. 15: Aufbau von DNA und RNA im Vergleich

dem Ribosom. Dorthin schafft dann ein anderes RNA-Modell die benötigten Aminosäuren für die Proteinsynthese aus dem Cytoplasma heran, wie es sich für eine ordentliche Just-in-Time-Produktion gehört. Im Ribosom, das selbst auch nichts anderes ist als ein Protein-RNA-Komplex, wird das Protein den Anweisungen getreu zusammengebaut. Andere RNA-Varianten sind an der Feinregulation im Zellwachstum beteiligt, wieder andere an den Signalwegen.

Die RNA spielt eine so grundlegende Rolle bei den Prozessen des Lebens, dass sie wahrscheinlich sehr alt ist, älter als die DNA. In den frühen achtziger Jahren entdeckten Thomas R. Cech von der Yale University und Sidney Altman[51] von der University of Colorado unabhängig voneinander, dass die RNA nicht nur Informationen speichern und übertragen, sondern auch Stoffwechselfunktionen übernehmen kann. Für ein primitives Lebewesen dürfte also durchaus die RNA alleine genügen.

Stand also die »nackte RNA«, die lebte und sich fortentwickelte, am Anfang von allem? Später kämen dann die Enzyme und die äußere Hülle der Zelle dazu – und erst danach löste die DNA die RNA ab.

Das hört sich nicht unwahrscheinlich an, aber auch hierbei gibt es einen Haken: Wie ist die RNA entstanden? Was seit Jahrmilliarden selbst die einfachste Zelle ohne Schwierigkeiten erledigt, stellt sich unter den Bedingungen auf der jungen, noch unbelebten Erde als schier unlösbares Problem dar. Nobelpreisträger Christian de Duve schrieb einmal, dass er in der »freien« Natur keinen Weg sähe, eine RNA zu bauen: »Die Chemie dahinter ist alles andere als trivial.« Eine der Hürden ist die Instabilität eines wichtigen RNA-Bausteins, des Zuckermoleküls Ribose, das das R im Namen beigesteuert hat. In Wasser löst es sich auf, und Hitze verträgt es auch nicht. Die RNA als Ganzes ist ebenfalls hitzeempfindlich und wasserscheu. Ungeschützt baut sie im klaren Wasser ab, übrigens ebenso die DNA. Und genau hier könnten sich die Tonminerale als Retter profilieren, wie James Ferries vom Rensselaer Polytechnic Institute in Troy, New York, zeigte. Er bereitete eine Lösung vor, in der kleine RNA-Bruchstücke und Moleküle schwammen, die chemisch die Bindungen zwischen RNA-Bruchstücken fördern. Im Labor kann diese Lösung wochenlang herumstehen, ohne dass viel passiert. Kaum streute Ferries aber ein paar Tonminerale in die Lösung, fügten sich die RNA-Stücke wie von selbst zusammen. Nach wenigen Stunden waren die Ketten bereits zehn Nukleotide, zehn Bausteine, lang, nach zwei Wochen mehr als 50. Der feinkörnige Ton gab den Anstoß zu dieser Verkettung. Wie das geschah, bleibt vorerst ein Geheimnis.

Experimente mit Tonmineralen sind groß in Mode. An ihren Oberflächen fügen sich Aminosäuren von alleine zu proteinähnlichen Ketten zusammen. Ein lästiges Problem blieb aber dabei: Je länger die Stränge werden, umso fester haften sie am Ton. Was nutzt ein solcher Strang, wenn er an den Steinen festklebt? Um eine Lösung zu finden, präparierte Jack Szostak von der Harvard Medical School Tonminerale mit fluoreszierenden RNA-Partikeln und fügte dem Ganzen ein paar Tropfen von Fettsäuren hinzu, die der Ausgangspunkt für die Bausteine von

Zellmembranen sind. Ganz von allein entstanden an den Oberflächen der Tone kleine Bläschen, in die ein mit RNA-Bruchstücken verziertes Tonpartikelchen eingeschlossen war – eine Art Protozelle hatte sich gebildet. Näher war der Mensch der künstlichen Zelle nie gekommen. Diese Versuche haben noch nichts mit Leben zu tun, betont Jack Szostak: »Wir sagen auch nicht, dass das Leben so begonnen hat, aber wir zeigen Wege auf, wie es passiert sein könnte.«

Tonminerale sind auch das »Herz« des wohl bizarrsten Urwesens, das bislang erdacht worden ist. In einem provozierenden Buch hat der schottische Molekularbiologe und Chemiker Alexander Graham Cairns-Smith 1985 seine Hypothese von Kristallgenen und Kristallleben formuliert.[52] Während fast alle Forscher annehmen, dass das Leben in einem kontinuierlichen chemischen Prozess entstand, bei dem die Kohlenstoffchemie immer komplexer wurde, hält Cairns-Smith Biochemie für wenig hilfreich. Für ihn begann die Evolution nicht mit organischen Molekülen: »Die sind erst später universell für das Leben geworden. Ich bezweifle, dass der erste Organismus überhaupt irgendwelche organischen Moleküle in sich getragen hat.«

Seine erste Lebensform ist im Grunde nichts anderes als ein winziger, fürs bloße Auge unsichtbarer Tonkristall am Boden eines Tümpels, der wächst und sich dabei weiterentwickelt.

Das Kristallgitter wäre die genetische Information, der Stoffwechsel bestünde in der Anlagerung neuer Moleküle an dieses Gitter – und die Fortpflanzung eines Kristallwesens wäre ganz unromantisch sein Weiterwachsen in eine andere Richtung. Irgendwann hätten die ersten Kristallwesen damit begonnen, sich gezielt organische Moleküle aus dem Wasser zu angeln und in ihre Struktur einzubauen – und plötzlich gäbe es »Silizium-Kohlenstoff-Zwitter«. Aus simplen Tonkristallen wären dann solche mit einem organischen Überzug geworden. Dieser Überzug würde lernen, sich effizienter mit Energie zu versorgen als die ersten reinen Kristallwesen – und so hätten dann unsere Urahnen aus Kohlenstoff die Welt übernommen. Science-Fiction-Fans lieben Kristallwesen, denn sie wären gewissermaßen Aliens, die das Leben auf die Erde gebracht hätten. Gleichzeitig eröffnen sie ganz neue Möglichkeiten – und vielleicht haben sie ja auf einem fernen Planeten in einem anderen Sonnensystem die Herrschaft nie an die kohlenstoffbasierte Konkurrenz abtreten müssen. Nur erkennen würden wir sie dann nicht, uns würden sie als langweilige Tonflöckchen erscheinen.

9 | Made in Space

> Meine Vermutung ist, dass das Universum nicht nur seltsamer ist, als wir uns vorstellen, sondern seltsamer, als wir uns vorstellen können.
> *John Burdon Sanderson Haldane, Genetiker*

Wenn es um die Frage der Entstehung und Entwicklung irdischen Lebens ging, favorisierte der in seinem Fach hervorragende, aber ansonsten öfter leider dilettantische Fred Hoyle die Idee von der Panspermie: Ein steter Fluss von Viren, die mit den Kometen kommen, treibt das Leben voran. In dem Buch »Evolution from Space« führt er aus: »Die Auffassung, dass das arbeitende Programm einer lebendigen Zelle auf der Erde zufälligerweise in einer Ursuppe entstanden sein soll, ist ganz offensichtlich Unsinn der höchsten Ordnung.«[53] Und er erklärt in einem berühmt gewordenen Zitat, dass das zufällige Erscheinen der einfachsten Zelle auf der Erde etwa so wahrscheinlich ist wie das Entstehen einer flugbereiten Boeing 747, nachdem ein Tornado über einen Schrottplatz gezogen ist.

Der Nobelpreisträger Francis Crick, Mitentdecker der DNA, stellte Anfang der achtziger Jahre in seinem Buch »Life itself« dar, dass die frühe Erde einfach nicht genügend Zeit gehabt haben könne, um so etwas Kompliziertes wie eine erste lebende Zelle zu entwickeln. Vielmehr vermutet er, dass die Keime des Lebens mit einem Raumschiff von einem fernen Planeten zur Erde gelangt seien, »ausgeschickt von einem höheren Wesen, das wie wir Wissenschaft und Technologie entdeckt und sie bereits viel weiter entwickelt hatte, als wir gekommen sind«.[54] Er verwendet dafür den Begriff »kontrollierte Panspermie«.

Lassen wir einen anderen Nobelpreisträger darauf antworten, den Biochemiker Christian de Duve: »Der Haupteinwand gegen derartige Theorien besteht natürlich darin, dass Leben, wenn es nicht ewig ist, irgendwo entstanden sein muss.« Die Panspermie verlege schlicht den Ort des Geschehens, löse aber nicht das Problem. Ohnehin hat sich das Bild von der jungen Erde in den vergangenen Jahrzehnten stark verändert. Inzwischen ist klar, dass der Chemie reichlich Zeit zur Verfügung stand, um sich in zahllosen Experimenten und Zwischenschritten zur Biologie weiterzuentwickeln. Schließlich gab es auf der Erde schon sehr früh Wasser und nicht erst nach mehr als zwei Milliarden Jahren, wie man zu Zeiten von Hoyle und Crick noch vermutet hatte.

Vergessen wir einmal die Raumschiffe. Könnten zwar nicht das Leben selbst, dafür aber seine Bausteine aus dem All zugeliefert worden sein? Nicht nur in irdischen Laboratorien entstehen überall dort, wo kohlenstoffreiche Moleküle und Energie zusammentreffen, mit absoluter Sicherheit organische Bausteine für die Entwicklung des Lebens. Sie bilden sich auch in den schwarzen, lebensfeindlichen Weiten des interstellaren Raums. Astronomen haben sie sogar in den feinen Materieschleiern entdeckt, die den Raum zwischen den Sternen einer Galaxie füllen.

An irdischen Maßstäben gemessen ist dieser Raum zwischen den Sternen leer. Der Staubschleier ist normalerweise extrem dünn, tausendmal dünner als das beste Vakuum, das sich auf der Erde herstellen lässt. In einem Würfel von 100 Metern Kantenlänge befinden sich nur wenige, wirklich winzige Staubkörnchen und ein paar Moleküle aus interstellarem Gas. Die Spektralmessungen verraten, dass dort nicht nur Wasserstoff und Helium zu finden sind, sondern auch Magnesium, Kohlenstoff, Sauerstoff, Stickstoff, Aluminium, Phosphor, Schwefel, Calcium, Eisen und was sonst noch alles an natürlichen Elementen existiert. Allerdings ist die Materie nicht gleichmäßig verteilt, vielmehr verdichtet sie sich hin und wieder zu den Molekülwolken, die irgendwann zur Geburtsstätte von Sternen und Planeten werden.

In solchen Zonen drängen sich dann in jedem Kubikzentimeter immerhin zwischen 100 und einer Million Teilchen. Diese Wolken haben gigantische Dimensionen, dehnen sich über Hunderte von Lichtjahren aus, und in ihnen steckt theoretisch genug Materie für Hunderttausende oder gar eine Million Sonnen. Die Temperaturen liegen kaum über dem absoluten Nullpunkt,[55] es ist eisig kalt, so kalt, dass die Materie wie festgefroren erscheint. Eigentlich sollten unter solchen Bedingungen keine chemischen Prozesse ablaufen können. Aber genau das passiert, denn in den Wolken steckt ein ganzes Potpourri an chemischen Verbindungen, etwa Halit, besser bekannt als Kochsalz, aber auch Ammoniak, Blausäure, Kohlenmonoxid, Kohlendioxid, reichlich Wasser – alles natürlich in Form von Eis –, und vor allem gibt es eine große Vielfalt an organischen Verbindungen, vom Methan bis hin zu komplexen Molekülen mit mehr als zehn Kohlenstoffatomen. Sie müssen in diesen Wolken entstanden sein.

Dem Geheimnis dieser Tiefsttemperatur-Chemie geht der Astrochemiker Louis Allamandola am Ames-Forschungsinstitut der NASA auf den Grund. Er hat das Geschehen in einer interstellaren Wolke simuliert. Zuvor hatten Theoretiker berechnet, dass es einige Hunderttausend Jahre dauert, ehe aus dem interstellaren Gas winzige Staubpartikel kondensiert sind, die dann von einem unendlich feinen Eisfilm überzogen werden. Sie sagten voraus, dass die kosmische Strahlung und das harte UV-Licht von fernen Sonnen Materie ionisieren, die sich an die von Eis überzogenen Staubkörnchen anlagert. Die Theoretiker hatten dargelegt, wie die harte Strahlung die chemischen Bindungen aufbricht, wie hochaktive freie Radikale entstehen, die allerdings bei den weltraumtiefen Temperaturen wie festgefroren sind und nicht umherschwirren und sich irgendwo anders einen neuen Reaktionspartner suchen können. Sie haben keine Wahl und müssen sich mit ihren alten Nachbarn zusammentun. So laufen ganze Kaskaden von Reaktionen ab. Dabei, so die Erklärung, komme es zu komplexen organischen Verbindungen, die ohne diesen »Bindungszwang« niemals entstünden.

Um die Modelle seiner Kollegen zu überprüfen, begann Louis Allamandola in der Vakuumkühlkammer seines Instituts mit Experimenten. Das Ziel war, organische Moleküle unter »Weltraumbedingungen« zu produzieren. Zuerst leitete er dazu ein feines Spray einer speziell angesetzten Mischung à la »interstellare Wolke« aus Wasser, Kohlenmonoxid, Methan und Ammoniak in die Kammer. Die Gase gefroren an einer Aluminiumscheibe. Über die dünne Eislage strich dann ein Strahl aus ultraviolettem Licht als Energiequelle – und es formierten sich tatsächlich größere organische Moleküle. Die theoretischen Betrachtungen erwiesen sich als stichhaltig.

Nun hängen der interstellare Staub und die Sonnen voneinander ab. Einerseits füllen die Sterne den Raum zwischen sich durch ihren steten Sonnenwind, den sie ausstoßen, mit Materie, und wenn sie sterben, geben sie ihre Asche an den Raum zurück, dem sie entstammen. Andererseits bilden sich Sterne und Planeten aus den kalten, präsolaren Molekülwolken aus interstellarem Staub. Und genau in diesen präsolaren Wolken sammeln sich über viele Milliarden Jahre die organischen Bausteine an, die durch die »Zwangsheirat« entstanden sind.

Die Frage ist, wie viel organisches Material den heißen Kollaps der Molekülwolke zu einer protoplanetaren Scheibe übersteht. Im Inneren des entstehenden Systems sieht es für diese Substanzen gar nicht gut aus, aber weiter draußen könnte es kühl genug bleiben, damit ein Teil des interstellaren Erbes überliefert werden kann. Für diese Bausteine beginnen dann interessante Zeiten, denn in einer protoplanetaren Scheibe herrschen andere Bedingungen als im interstellaren Raum.

Was dort passiert, konnten Astronomen erstmals mit dem Spitzer-Weltraumteleskop beobachten, als sie in den inneren Zonen einer protoplanetaren Scheibe die Bausteine des Lebens ausmachten. Das Infrarotspektrum des 375 Lichtjahre entfernten Objekts IRS 46 im Sternbild Schlangenträger (Ophiuchus) zeigt den Fingerabdruck einfacher Verbindungen wie Acetylen, aber auch Blausäure und Kohlendioxid, und alles scheint in großen Mengen vorzukommen. Die Daten belegen, dass die organischen Gase heiß sind, so heiß, dass sie von ihrer Sonne ungefähr so weit entfernt sein müssen wie die Erde von unserer. Fred Lahuis vom Niederländischen Institut für Weltraumforschung in Groningen vergleicht deshalb IRS 46 mit den Kindertagen unseres Sonnensystems und erklärt, dass vor Jahrmilliarden, bei der Entstehung der Erde, wohl die gleichen Bausteine im Spiel gewesen seien. Kohlendioxid gehöre offenbar zur Grundausstattung eines erdähnlichen Planeten, und es könne sein, dass ein Teil der einfachen Bausteine für die organische Chemie »angeboren« sei.

Obwohl die Teleskope in den Tiefen des Alls immer mehr Geheimnisse enthüllen, wird das Erbe der protoplanetaren Scheibe vor allem mit Hilfe der Meteoriten untersucht, die auf die Erde stürzen. Viele von ihnen erlauben einen Einblick in die ersten zehn Millionen Jahre unseres Sonnensystems – in die Zeit, als die Planeten entstanden. Und weil die meisten dieser Meteoriten weiter draußen in der protoplanetaren Scheibe zu Hause waren, dort, wo es kühler war, sind Körper wie sie als Lieferanten für organische Module im Gespräch, die sozusagen das irdische Leben angeschoben haben sollen.

Einer der berühmtesten Belege für diese Theorie ist der Murchison-Meteorit. Am 28. September 1969 explodierte hoch über Murchison ein Feuerball, und es regnete Steine auf die 600-Seelen-Gemeinde im australischen Bundesstaat Victoria. Manche Brocken wogen mehr als fünf Kilogramm. Die Leute hatten Glück, niemand wurde verletzt, und so strömten alle hinaus, um insgesamt zwei Zentner Meteoritentrümmer zu bergen und damit das Material für viele Jahrzehnte Forschung. Die Geochemiker waren begeistert. Nie zuvor hatten sie so gutes und vielfältiges Probenmaterial von jenseits unserer Welt bekommen, denn erst wenige Wochen zuvor hatte Apollo 11 das erste Gestein direkt vom Mond zur Erde gebracht. In den Laboratorien herrschte Euphorie.

Der Murchison-Meteorit ist ein kohliger Chondrit. Er stammt aus der Geburtszeit unseres Sonnensystems, ist Teil des Schutts, der von der Planetenentstehung übrig geblieben ist. Er steckt voller Kohlenstoff, voll komplexer organischer Verbindungen, vor allem Aminosäuren. Mehr als 70 verschiedene konnten identifiziert werden – aber nur acht von ihnen gehören zum Repertoire des irdischen Lebens. Viele der anderen Meteoriten-Aminosäuren sind extraterrestrische Spezialitäten. Ansonsten liest sich die Liste der chemischen Verbindungen im Murchison-Meteoriten wie der Katalog einer außerirdischen Fabrik, die sich auf die Zulieferung von Fertigteilen für die Entstehung des Lebens spezialisiert hat. In ihm finden sich so lange Fettsäuren, dass sie sich bei Wasserkontakt von selbst zu Säckchen formieren könnten. Wäre so eine Fettsäure vor Jahrmilliarden ins Meer gefallen, hätte sie einen guten Ausgangspunkt für die Hülle einer Urzelle abgegeben. Doch das waren nicht alle Überraschungen, die dieser Meteorit für die Astrobiologen bereithielt. Sie entdeckten in ihm – ebenso wie in einer zweiten kosmischen Zeitkapsel, dem Murray-Meteoriten – Glycerin, ein Baustein der Zellmembran. Darüber hinaus steckten auch noch Zuckermoleküle darin, die für George Cooper vom Ames Research Center ein Erbe der interstellaren Wolken sind, denn dort können sie besser entstehen als in einer protoplanetaren Scheibe.

Am 18. Januar 2000 um 9.48 Uhr Ortszeit fiel ein anderer kohliger Chondrit auf die Erde. Dutzende von Augenzeugen und sogar mehrere US-Militärsatelliten verfolgten den Sturz des Steinbrockens, dessen Größe auf die eines Lieferwagens geschätzt wurde. Seine Bruchstücke landeten auf dem zugefrorenen Tagish Lake in Yokon, Kanada. Innerhalb einer Woche wurden seine Trümmer eingesammelt und sofort tiefgefroren, damit sie sich nicht verändern konnten. Das war ein großes Glück für die Wissenschaft, denn so frisch gelangen Meteoriten selten in die Laboratorien. Normalerweise liegen sie lange herum – etwa in der Sahara oder in der Antarktis. Sie verwittern dann, verändern sich und werden durch irdische Lebewesen und irdische organische Verbindungen kontaminiert. Nach einer Weile wird es schwierig zu beurteilen, was uns diese Meteoriten wirklich über die Bausteine des Lebens erzählen, die aus dem Weltraum zur Erde gekommen sein könnten.

Der Tagish-Lake-Meteorit jedenfalls erwies sich als Wundertüte mit unerwartetem Inhalt. Der schwarze Stein mit den weißlichen Flecken, die aus hellen Mineralen wie Karbonaten oder Silikaten bestehen, ist das Primitivste, was die Astronomen bislang zu Gesicht bekommen haben. Er enthält tausendmal weniger organische Substanzen als der Murchison-Meteorit, dafür aber große Mengen präsolarer Materie in Form von Nano-Diamanten, die noch von einer längst vergangenen Supernova stammen. Dazu kommen einfache kurze Kohlenwasserstoffverbindungen wie Ameisen- und Essigsäure, aber es gibt nichts Komplexeres und vor allem so gut wie keine Aminosäuren. Diese entstehen also anscheinend erst unter den Bedingungen der protoplanetaren Scheibe.

Fast überall im Kosmos läuft organische Chemie ab, und sie baut mehr oder weniger komplexe Moleküle auf – sei es im interstellaren Raum oder in den protoplanetaren Scheiben. Kam also der entscheidende Impuls für das irdische Leben aus dem All? Eine wichtige Frage dabei ist, ob die organischen Moleküle überhaupt den Crash mit der Erde überstehen. Dem ist Jennifer Blank am Lawrence Berkeley National Laboratory nachgegangen. Sie füllte Lösungen mit verschiedenen Aminosäuren und diversen anderen organischen Verbindungen in Stahlkapseln und schoss sie mit mehr als 6000 Kilometern pro Stunde auf einen Gesteinsblock. Für ein paar Mikrosekunden stand die Aminosäurelösung in der Kapsel unter einem Druck von mehr als 200 000 Atmosphären und Temperaturen von rund 900 °C. Dabei wurden fast alle Aminosäuren zerstört, nur ein winziger Satz schaffte es. Was den Einschlag überstand, hatte sich jedoch zu größeren Molekülen verbunden. Aber reichen diese Überreste angesichts des großen Problems mit der notwendigen Konzentration der Bausteine aus?

Für die Anhänger der Idee, dass wir im Grunde Kinder des Alls sind, weil das Gros der Lebensbausteine von dort kam, beginnt alles in den interstellaren Wolken. Sie liefern das Ausgangsmaterial. Was die heiße Frühphase der protoplanetaren Materiescheiben überlebt, kann sich weiterentwickeln, aber auch aus den Bruchstücken der zerstörten Moleküle entsteht Neues. Die organischen Verbindungen haften irgendwann an einem Stein, mit dem sie erneut reagieren und noch komplexer werden. Sic landen in einem Planetenkeim, einem Asteroiden oder Kometen – und dann müssen sie nur noch in einen Ozean fallen. Was an Fettsäuren »Made in Space« den Einschlag übersteht, gibt die Blaupause für eine Zellmembran ab, und auch andere, größere Kohlenwasserstoffmoleküle sind willkommene Module, »Halbfertigprodukte«, die der Kosmos der Erde zugeliefert hat. So lautet zumindest die Hypothese.

Aber wie sortiert man die vielen überflüssigen Aminosäuren aus, die sich in den Meteoriten finden? Diese zu große Vielfalt stört, denn das Leben ist sparsam mit seinen Zutaten. Je mehr Wirrwarr in den entstehenden chemischen Systemen herrscht, umso schwieriger wird es, die entscheidenden Schritte vorwärts zu kommen. Um etwas Lebendiges zu erschaffen, müssen aus einem Wust von Elementen die richtigen konzentriert und zusammengefügt werden, und da scheint den kosmischen Lieferanten das Geschick zu fehlen. Dazu braucht es einen Planeten, glaubt André Brack: »Die organische Chemie selbst ist einfach nicht das Problem. Wahrscheinlich wird es sich weder auf der jungen Erde noch auf einem vergleichbaren Planeten vermeiden lassen, dass alle Bausteine des Lebens einfach von sich aus entstehen. Es könnte vielleicht auch auf dem Mars passiert sein, vielleicht geschieht es gerade jetzt auf den Jupitermonden, wir wissen es nicht.« Wenn die Chemie, die hinter dem Leben steckt, weit verbreitet ist – »vielleicht ist es dann auch das Leben selbst«, fragt sich Brack.

Ein großer Teil des Universums braucht keine Erklärung. Elefanten, zum Beispiel. Sobald Moleküle gelernt haben, miteinander zu wetteifern und andere Moleküle nach ihrem eigenen Bild zu formen, werden in absehbarer Zeit Elefanten und alle Dinge, die Elefanten gleichen, gefunden werden, wie sie durch die Landschaft streichen.
Peter William Atkins,
theoretischer Chemiker

Bleiern füllt das Wasser den Godthåbsfjord, dunkel und schwer. Langsam treibt ein Eisberg darauf in Richtung Meer. Möwen haben sich auf ihm niedergelassen, putzen ihr Gefieder. Wenn ein Sonnenstrahl durch die Wolken fällt, schimmert das Wasser silbern, die düstere Hügelkette am anderen Ufer leuchtet für einen Moment grün auf, aber zusammen mit dem Licht verlöschen die Farben sofort wieder. Die Welt erscheint als Symphonie in Grau. Wir sind in Nuuk, der Hauptstadt Grönlands, und warten auf besseres Wetter, damit der Helikopter uns nach Isua bringen kann. Dort, eine Flugstunde ins Landesinnere hinein, öffnet sich ein Fenster in eine für uns fremde Erde, in der das Leben noch nicht so bewundernswert vielgestaltig alle Winkel des Planeten erobert hatte.

In Isua ist ein Stück 3,7 bis 3,8 Milliarden Jahre alter Meeresboden erhalten geblieben. In diesem fernen Meer gab es lavaspuckende Vulkane, und es gab ruhige Buchten, in denen sich millimeterfeine Lagen von Eisen und Quarz ablagerten. Dann wurde dieser Meeresboden von Sedimenten überdeckt, er versank tief ins Erdinnere, wo er aufgeheizt, durchgeknetet und verändert wurde. Erst lange danach kam er wieder nach oben. Das wiederholte sich mehrfach, und nach dieser wechselvollen Geschichte können die Geologen ihn heute untersuchen. Glücklicherweise wurde dieser ehemalige Ozeangrund im Erdinneren nicht ganz so tief greifend umgewandelt, wie es den wenigen vergleichbar alten geologischen Zeugnissen anderswo auf der Erde widerfahren ist. Das allein ist schon etwas Besonderes, aber ihre große Berühmtheit verdanken die Steine von Isua Analysen, nach denen sich in ihnen die ältesten Spuren von einzelligen Lebewesen erhalten haben sollen. Es handelt sich dabei nicht um Fossilien, sondern um chemische Signale, über deren wahre Natur seit Jahren auf Konferenzen und in wissenschaftlichen Aufsätzen debattiert wird. Wir warten in Nuuk also darauf, eine Reise in die Vergangenheit zu beginnen, eine Reise zurück in die Zeit, als unsere Erde jung war und auch das Leben, falls es denn schon entstanden war. Eine Reise zurück zu den Wurzeln.

Nieselregen setzt ein, feuchte Kälte kriecht in die Kleider. »Der erste Preis in der Lotterie ist ein Tag in Nuuk, der zweite Preis sind zwei Tage in Nuuk, und der dritte ist eine Woche in Nuuk«, witzelt Stephen Moorbath, emeritierter Geologieprofessor aus Oxford. Wir haben anscheinend den dritten Preis gewonnen. In Isua versinke alles im Nebel, hatte uns morgens um halb neun der kanadische Geologe John Myers über das C-Netz vorgewarnt. Der Anruf war fest verabredet gewesen, denn damit die Telefonverbindung zustande kommt, musste John auf den höchsten Hügel in seiner Gegend steigen. Er kartiert bereits seit ein paar Wochen weiter im Landesinneren, direkt vor dem Gletscher, und wartet darauf, dass der Helikopter ihn abholt, um ihn mit Zelt und Ausrüstung zu seinem nächsten Arbeitsabschnitt zu bringen. Anders käme er nicht dorthin, denn immer wieder versperren reißende, unpassierbare Schmelzwasserflüsse den Weg. Die Kartierungen sind jedoch die Basis für die Suche nach Antworten auf die Frage, wie aus der Erde ein belebter Planet geworden ist.

Ob Bayerische Kurzohrmaus, *Tyrannosaurus rex, Escherichia coli* oder *Homo sapiens,* heute funktionieren alle Lebewesen auf dieser Welt lediglich mit einer Hand voll kohlenstoffbasierter Moleküle, die sich in Modulbauweise zu Tausenden zusammenschließen, um die Makromoleküle aufzubauen, die uns ausmachen. Aus einfachen Zuckerbausteinen werden Kohlenhydrate oder pflanzliche Zellwände, Aminosäuren bauen unzählige verschiedene Proteine auf, DNA oder RNA sind Nukleinsäuren, die aus kleinen Nukleotidbausteinen bestehen, und schließlich sind da noch die Lipide, aus denen sich Zellmembranen fügen oder die die Energiespeicherung erledigen.

In den künstlichen Urwelten der Labore lassen sich die meisten Bausteine ohne allzu großen Aufwand herstellen, allerdings in einer befremdlichen Vielfalt. Befremdlich deshalb, weil sich zu viele unterschiedliche Module zusammenfügen. Das Leben ist, wie gesagt, was die Auswahl seiner Chemikalien angeht, eher knauserig. Nehmen wir RNA und DNA: Sie arbeiten nur mit Ribose und Desoxyribose, zwei Zuckerarten mit je fünf Kohlenstoffatomen. Bei den diversen präbiotischen »Fertigungsmethoden« fügt sich neben den beiden aber immer eine bunte Vielfalt von Zuckern mit drei, vier, fünf, sechs oder sieben Kohlenstoffatomen zusammen. Weil die Vielfalt nicht nur im Reagenzglas auftaucht, sondern genauso in der Natur, schwämmen in einer »Ursuppe« – oder wo immer die Hürde zum Leben genommen wurde – auch zahlreiche vollkommen unnütze Bausteine herum und störten den Aufbau der wichtigen Einheiten. Ähnlich wie bei den Aminosäuren in den Meteoriten entstünde ein Wirrwarr, aus dem sich das Leben nur zwei Komponenten ausgesucht hat. Wie die Natur diesen Mischmasch organisiert, ist eines der großen Rätsel, aber *dass* sie es geschafft hat, sieht man am Beispiel der Erde.

Es kommt noch besser: Viele organische Moleküle treten als spiegelsymmetrische Zwillinge auf. Das lässt sich mit einem Paar Handschuhen vergleichen, die man nicht deckungsgleich aufeinander legen kann. Egal mit welchen Prozessen Aminosäuren, Zucker, Lipide oder was auch immer hergestellt werden, immer entstehen ebenso viele rechtshändige Moleküle wie linkshändige. Warum aber setzt die Biologie nur rechtshändige Zucker und linkshändige Aminosäuren ein? Die DNA ist wiederum rechtshändig. Weil alle irdischen Lebewesen diese Eigenschaft teilen, muss diese Asymmetrie, die Chiralität[56] genannt wird, irgendwann in einem sehr frühen Stadium der Evolution entstanden sein.

Dabei ist die Chiralität keine Sache der bloßen Geometrie, sie hat spürbare Konsequenzen. Zum Beispiel ist die rechtsdrehende Variante des Moleküls Limonen dafür verantwortlich, dass eine Zitrone nach Zitrone schmeckt, während die linksdrehende die Orange zu einer Orange macht. Aber warum ist das Leben an dieser Stelle so heikel? Wie kommt die Auswahl zustande? Dafür scheint es keinen offensichtlichen Mechanismus zu geben, aber es gibt einige »Verdächtige«. So vermuten die Physiker vom Hochfeldmagnetlabor des Max-Planck-Instituts für Festkörperforschung, dass das Erdmagnetfeld eine Rolle spielen könnte, andere Wissenschaftler glauben, dass das Ungleichgewicht ein Erbe des Weltraums ist, weil es im Murchison-Meteoriten einen Überschuss an linkshändigen Aminosäuren gibt, eben die Sorte, die das Leben bevorzugt. Wieder andere Forscher gehen davon aus, dass Minerale an der Selektion beteiligt waren, weil auch Kristalle in Zwillingsformen auftreten.

Vielleicht müssen wir den Grund für die Chiralität auch vor 13,7 Milliarden Jahren suchen, beim Urknall, als die schwache Wechselwirkung entstand, die vierte Grundkraft der Physik. Das jedenfalls schlägt Meir Shinitzky vom Weizmann Institut für Wissenschaft in Rehovot vor: »Die schwache Wechselwirkung sorgt für eine geringe Energie-Differenz zwischen rechts- und linkshändigen Molekülen, und das könnte ihnen unterschiedliche chemische Eigenschaften verleihen.« Die linkshändigen Aminosäuren seien leicht magnetisch, erklärt er. Weil auch die irdischen Wassermoleküle überwiegend magnetisch sind, könnten sie eine Beschützerrolle spielen und die linkshändigen Aminosäuren stabilisieren. Demnach hätte das Wasser vorsortiert, und das Leben hätte sich dann einfach nur noch bedienen müssen. Bislang ist das nur eine weitere Idee, aber eine interessante.

Ein kalter Wind fegt von Norden her durch die Straßen Nuuks. Es ist noch ungemütlicher geworden. Wir haben das kleine Museum besucht und uns schon einmal den Platz angesehen, der dort für die Steine aus Isua reserviert worden ist. Hier sollen die Zeugnisse des ersten erhaltenen Meeresbodens der Welt ins rechte Licht gerückt werden. Peter Appel vom Geologischen

Dienst Dänemarks ist der Leiter der kleinen Expedition. Er soll ein paar schöne Stücke aus dem Gelände mitbringen. Die Tafeln mit dem erklärenden Text stehen schon bereit. Noch zieht es die wenigen Besucher vor allem in den letzten Ausstellungsraum. Dort sind acht in der Kälte des grönländischen Klimas und der Trockenheit ihres Grabes perfekt erhaltene Mumien zu betrachten. Wahrscheinlich starben die Frauen und Kinder vor 500 Jahren, als ihre Boote kenterten, und sie wurden von ihren Angehörigen sorgfältig unter einem Felsen zur letzten Ruhe gebettet. Heute sind ihre Leichname die Attraktion des Museums.

Als draußen der Wind um die Ecke fährt, zieht Stephen Moorbath seine rote Mütze so tief ins Gesicht, dass nur noch seine Nase und sein grau melierter Kinnbart zu sehen sind, und vergräbt seine Hände wieder in den Anoraktaschen. Er liebt dieses Land. Fast jeden Sommer seines langen Geologenlebens hat er hier in Grönland verbracht und die Gesteine untersucht, die zu den ältesten der Erde gehören. Diesmal wird er wohl zum letzten Mal ins Gelände fahren, glaubt er. Mit mehr als 70 Jahren will er Abschied nehmen. Hier, im alten Kolonialhafen am Fjord, scheint die Zeit stehen geblieben zu sein: Weiß, safrangelb oder blutrot sind die Holzhäuser gestrichen, mit hellen Fensterrahmen, malerisch, gemütlich, »hyggelig«, wie es die Dänen nennen. Hinter manchen Scheiben brennen Kerzen, zwischen Doppelfenstern blühen Geranien, ein Gewächshaus voller Lupinen schmiegt sich an eine windgeschützte Küchenwand. Bäume und Sträucher gibt es hier nicht. Alle Pflanzen kauern nahe am Boden. Ein verwitterter Lattenzaun umrahmt ein Gärtchen voll arktischen Mohns, der weiß und gelb schäumt, über die morsche Begrenzung hinaussprudelt, die Wiese des Nachbarn erobert. Während sich der Mohn dem kalten Wind beugt, der über ihn streicht, zittert der Löwenzahn auf kurzen Stengeln.

Der Sommer in Westgrönland ist kurz und wechselhaft. Gestern noch schien die Sonne, ließ den Fjord in tiefem Saphirblau leuchten, und die Häuser strahlten kunterbunt. Heute wirkt alles gedämpft, fast trüb. Etwas abseits der Straße hängen auf dem Dach eines fensterlosen roten Containers Seehundfelle. Die Inuit jagen die erwachsenen Tiere, das Fleisch essen sie, und aus dem Fell machen sie Anoraks, Miniröcke, Westen, Handtaschen, Geldbörsen oder Pantoffeln. Bevor es hier Supermärkte gab, waren Seehunde das Grundnahrungsmittel. Als 1721 Hans Egede, der Apostel der Grönländer, in diesen Landstrich kam, um zwölf Eskimofamilien zum evangelischen Glauben zu bekehren, kannten die Menschen kein Brot – und so interpretierte er das »Vater unser« einfach neu: »Unseren täglichen Seehund gib uns heute.« So jedenfalls berichtet es die Überlieferung.

Alles Lebendige hat sich aus einfachen Anfängen heraus entwickelt, eine Art aus einer anderen, ein langer, komplizierter Reigen von Mikroben, Pflanzen und Tieren. Alles basiert auf Chemie, und unser komplettes chemisches Arsenal ist in den Basenpaaren der DNA aufgeschrieben. Das Alphabet aus den vier Buchstaben Adenin, Thymin, Guanin und Cytosin reicht aus, um jeden Organismus auf dieser Welt zu kodieren. In den Gensequenzen, die die Molekularbiologen heute ablesen, stecken dreieinhalb, vielleicht sogar vier Milliarden Jahre Evolution und damit zahllose Mutationen, mit denen sich die Erbsubstanz ganz allmählich verändert hat. Je mehr Unterschiede es zwischen den Genomen zweier Organismen gibt, desto länger liegt der Zeitpunkt zurück, an dem sich ihre Wege getrennt haben.

Die Gene können also etwas über Verwandtschaftsverhältnisse zwischen irdischen Lebewesen erzählen. Allerdings fand der US-amerikanische Evolutionsbiologe Carl Woese von der University of Illinois eine bessere Quelle, um weit zurückliegende Schritte in der Evolution nachzuvollziehen: die ribosomale RNA, die in den Proteinfabriken der Zellen steckt. Die Fähigkeit einer Zelle, Proteine herzustellen, ist ganz grundlegend für alle heute lebenden Organismen. Sämtliche Lebewesen setzen dabei auf ein und dasselbe Prinzip, das schon sehr alt sein muss und wohl zum ursprünglichsten Inventar gehört, das wir in unseren Zellen tragen. Diese rRNA-Gene haben sich im Laufe der gesamten Evolution nur an wenigen Stellen verändert. Deshalb wählte Carl R. Woese die rRNA aus, um einen evolutionären Stammbaum des Lebens zu erarbeiten. Das Er-

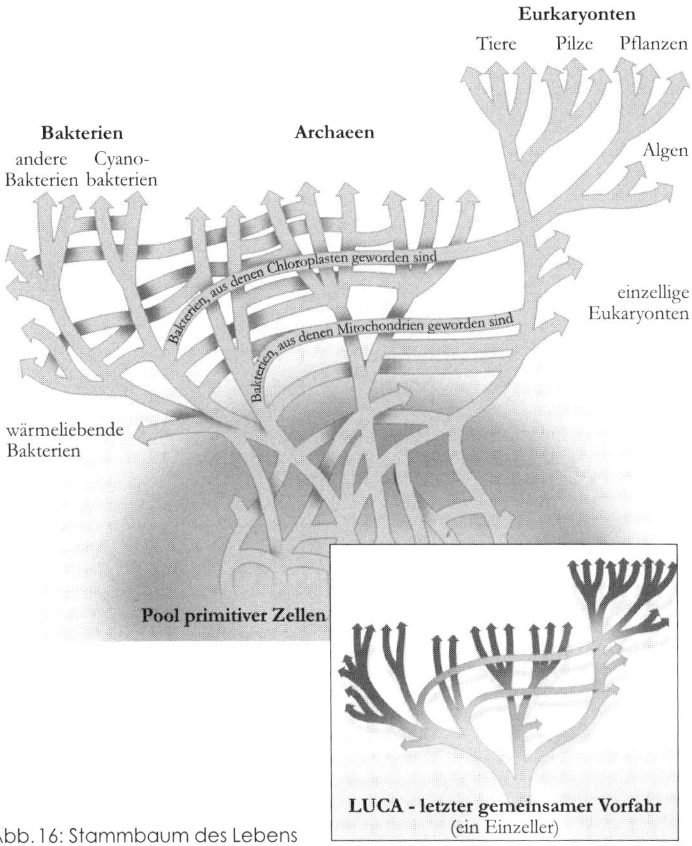

Abb. 16: Stammbaum des Lebens

gebnis seiner Forschung war revolutionär: Die seit Linné erarbeitete Systematik der Lebewesen, ihr Stammbaum, musste grundlegend verändert werden.

Bis Woese seine Ergebnisse veröffentlichte, galt die klassische Aufteilung der Lebewesen in zwei große Domänen: erstens die Gruppe der Eukaryonten,[57] der Lebewesen mit Zellkern, also der Pflanzen, Tiere, Pilze und der »zellkernbesitzenden« Einzeller wie z. B. Algen. Zweitens gibt es die Domäne der Prokaryonten,[58] der einfachen Zellen ohne Kern, die mit den Bakterien gleichgesetzt wurden. Woese wischte die klassische Aufteilung vom Tisch. Er erkannte, dass es noch eine dritte Säule gab: die der Archaeen. Diese gleichen zwar äußerlich den Bakterien, denen sie auch in ihrem Stoffwechsel näher stehen. In ihrer Methode, Proteine herzustellen, ähneln sie jedoch den Eukaryonten, und was den Aufbau ihre Zellmembranen angeht, wählen sie einen vollkommen anderen Weg. Bakterien und Archaeen müssen sich vor langer Zeit auseinander entwickelt haben. Die Eukaryonten, also der Ast des Lebens, auf dem auch wir Menschen sitzen, hat sich anscheinend letztlich aus den Archaeen heraus entwickelt.

Die rRNA verrät, dass die im Stammbaum des Lebens weit unten stehenden Mikroben Wärme lieben, Temperaturen um die 40 bis 60 °C. Außerdem können viele der primitivsten Archaeen ihre eigenen Biomoleküle herstellen, sie ernähren sich also von anorganischen Verbindungen wie Schwefelwasserstoff. Beide Indizien verweisen auf Lebensräume wie die der Black Smoker oder zumindest auf solche, in denen warmes vulkanisches Wasser eine Rolle gespielt hat. Die frühe Erde war ein vulkanisch geprägter Planet mit einer sauerstofflosen Lufthülle, viel Kohlendioxid und Schwefel in der Atmosphäre und saurem Regen. Gleichen die wärmeliebenden Archaeen und Bakterien, die etwas höhere Temperaturen schätzen, also der Grundform des Lebens? Diese Interpretation könnte zu weit gehen, warnt der Geologe Bruce Runnegar von der University of California in Los Angeles: »Es mag einen letzten gemeinsamen Ahnen unserer heutigen Lebenswelt geben, aber der war schon ein sehr hoch entwickelter Organismus. Er erzählt uns ebenso wenig darüber, wie die ersten Zellen auf der Erde ausgesehen haben, wie uns die Vögel die wahre Natur der Saurier enthüllen können.«

Dazu, was die wärmeliebenden Mikroben aussagen, gibt es zwei Theorien. Die ältere setzt die Existenz von LUCA[59] voraus, dem letzten allgemeinen Vorfahren, der aus einer warmen Umgebung stammen soll. LUCA ist weder der erste Organismus noch die einfachste Lebensform. Er hatte Ahnen, wie auch immer sie ausgesehen haben mögen. Und er ist auch kein Individuum, sondern eher eine Gruppe von Organismen, die das gleiche biochemische Arsenal einsetzen.

LUCA wird dabei gerne als Überlebender der großen Katastrophen angesehen, die die frühe Erde heimgesucht hatten. Er soll die harsche Frühzeit überstanden haben, als schwere Meteoriteneinschläge viele Lebensräume vernichteten. Weil LUCA Wärme liebt und vielleicht auf keinen anderen Organismus für die Herstellung seiner Nahrung angewiesen war, vermuten manche Forscher seinen Lebensraum an einem Black Smoker. Was uns heute höllisch erscheint, mag damals eher ein Zufluchtsort gewesen sein, die einzige stabile Umwelt, weit genug entfernt vom katastrophalen Geschehen an der Oberfläche. Alle anderen Lebewesen verschwanden, und nur die wärmeliebenden Mikroben blieben als Stammeltern der heute lebenden Organismen zurück.

Ob sich LUCA dort unten entwickelt hat oder ob er von anderen Mikroben abstammt, die an der Oberfläche lebten und den Weg in die Tiefe fanden, ist unbekannt. Dabei wäre diese Information für jeden sehr interessant, der abschätzen möchte, wie weit das Leben im Universum verbreitet sein könnte. Je harscher die Umwelt war, in der die Wiege des Lebens stand, umso verbreiteter kann es sein. Nur ein Beispiel: Die wenigsten Planeten, die in der Lebenszone um eine Sonne kreisen, werden einen stabilisierenden großen Mond an ihrer Seite haben. Das heißt, auf ihnen werden die Verhältnisse sehr viel wechselhafter sein als auf der Erde, vor allem wenn sie nicht gerade im optimalen Bereich fliegen, sondern eher wie Mars am Rand oder wie Venus ziemlich nah am Zentralstern. Je härter die Urorganismen im Nehmen wären, umso eher könnte sich das Leben auch unter solch extremen Bedingungen entwickeln.

Heute bietet die Erde Nischen mit den unterschiedlichsten Angeboten, was Temperatur und Nährstoffe angeht. Das ist eine Voraussetzung für die Artenvielfalt. Warum sollte es damals nicht schon ähnlich gewesen sein? Vor dreieinhalb bis vier Milliarden Jahren, als das Leben auf der Erde entstand, liefen sehr viele evolutionäre Experimente ab. Falls es LUCA gegeben hat, war er wohl Teil einer vielfältigen Umwelt. Deshalb vermutet John Baross, ein Ozeanograf der University of Washington in Seattle, dass der Stamm des Baums, auf dessen Ästen das heute existierende Leben sitzt, nur ein einzelner, weiter existierender Teil eines größeren und komplexeren »Buschs« ist, der tief in der Vergangenheit wurzelt. Die anderen Zweige sind schlichtweg verschwunden, nur der, zu dem LUCA gehört, blieb erhalten. Und weil LUCA auf DNA und Proteine gesetzt hatte, wurde dieses Konzept zum Ausgangspunkt der neuen Arten. Waren sie lediglich leistungsfähiger als alle anderen? Haben sie alle anderen Lebensformen verdrängt, etwa das RNA-Leben und was es sonst noch gegeben haben mag? Oder stellte erst ein großer Kometeneinschlag die Weichen? Wir können lediglich Vermutungen anstellen. Jedenfalls blieben am Ende die DNA-Organismen übrig, und die Spuren der anderen sind bis heute verloren.

Die zweite Theorie ist moderner – man könnte sie durchaus »Vergesst LUCA« nennen. Es war vor allem die seltsame Natur des Bakteriums Aquifex, das den Anstoß zu diesen Überlegungen gab. Es gedeiht bei Temperaturen von 85 bis 95 °C im Yellowstone-Park. Als sein Genom komplett entziffert war, staunten die Forscher. Sie hatten gehofft, die schlichtesten Organismen auf der Welt gefunden zu haben, diejenigen, die LUCA am nächsten kommen. Das erwies sich als falsch. Aquifex unterscheidet sich nur in einer einzigen Gensequenz von allen anderen Bakterien. Und diese Sequenz stammt von einer Archaee. Es muss also einen Gentransfer über Domänen hinweg gegeben haben, etwas, was nach Darwin ausgeschlossen sein sollte. Nach seinem Modell vererben sich die Merkmale nur innerhalb einer Art.

Wie kann also ein Genblock einer Archaee in ein Bakterium gelangen? Karl Stetter, emeritierter Professor für Mikrobiologie und Extremophilen-Spezialist an der Universität Regensburg, hat ein Modell entwickelt, das diesen Transfer erklären soll: Stirbt eine Mikrobe, kann ihre DNA freigesetzt und von einem anderen Organismus auf noch unbekannte Art und Weise aufgenommen werden. Da alles Leben die gleiche Sprache spricht, kann der andere die Genkassette nutzen – und sich dadurch unter Umständen in einem ihm bislang verschlossenen Lebensraum zurechtfinden, sich eine neue Nahrungsquelle erschließen oder was immer die fremde DNA an Vorteilen bietet. In der Geschichte des Lebens ist das unter Mikroben offenbar häufiger passiert. Es finden sich etliche Bakteriengene in Archaeen und umgekehrt.

Laut Carl Woese hat dieser »laterale Gentransfer« für die Anfänge des Lebens eine große Bedeutung gehabt. Er vermutet, dass Archaeen, Bakterien und Eukaryonten vor langer Zeit aus einem einzigen großen Genpool entstanden sind, der sich durch einen permanenten lateralen Gentransfer vermischt hat. Dieser Ansatz braucht weder eine Katastrophe noch einen irgendwie gearteten Flaschenhals, den die Evolution hätte passieren müssen.

Der modifizierte Stammbaum zeigt deshalb viele Querverbindungen. Er wird eher zu einem Stamm-»Busch«, ja, für die Frühzeit des Lebens sogar zu einem verfilzten Geflecht. Es gibt keinen LUCA, keine feste Gruppe von Organismen, die als Überlebende den Plot des modernen Lebens vorgaben. »Der Ahnherr kann kein spezieller Organismus gewesen sein, auch keine einzelne Linie von Organismen«, so hat es Woese beschrieben. »Vielmehr war da eine Urgemeinschaft primitiver Zellen mit unterschiedlicher Erbinformation, die die verschiedensten Konzepte fürs Leben und Überleben einsetzten – und die sich dann gemeinsam weiterentwickelten.«

Die Entwicklung des Lebens wäre so eine Art Teamarbeit, die sich nur im gesamten Umfeld entwickeln konnte. An ihr wären dann Zellen beteiligt gewesen, die in unterschiedlichen Umgebungen entstanden waren, mit verschiedenen Methoden des Stoffwechsels, unterschiedlichen Strategien für die Weitergabe der Erbinformationen, für den Bau von Zellmembranen etc. Sie alle trugen zum Gelingen des Experiments bei. Wenn in dieser Gemeinschaft ein Organismus etwas Nützliches erfunden hatte, wurde es schnell von den anderen übernommen, und die natürliche Selektion besorgte den Rest. Auch das wäre eine Möglichkeit, die dazu führen würde, dass heute alle Lebewesen auf der Erde denselben genetischen Code teilen.

In der Woese'schen Urgemeinschaft entwickelten sich die Organismen zunächst gemeinsam weiter. Irgendwann erreichten sie ein Stadium, in dem der allgemeine Austausch über alle Grenzen hinweg nicht mehr ohne weiteres funktionierte, weil sie einfach zu komplex geworden waren. Der große Pool zerbrach in verschiedene Gemeinschaften, und es entstanden die drei Domänen der Bakterien, Archaeen und Eukaryonten. Sie entwickelten sich weiter. Bakterien und Archaeen können sich offenbar immer noch unter bestimmten Umständen ein paar nützliche Gensequenzen voneinander »leihen«. Bei ihnen ist ein letzter Schimmer der Urgemeinschaft erhalten geblieben.

11 | Spurensuche am Ende der Welt

Schau ganz tief in die Natur,
und dann verstehst du alles besser.
Albert Einstein, 1879–1955

Die frühe Erde ist uns weit weniger vertraut als Mars oder Mond. Unsere Nachbarn im Sonnensystem können wir beobachten, fotografieren, mit Sonden oder sogar Astronauten besuchen. Allerdings hat sich auf ihnen schon seit Jahrmilliarden nichts Entscheidendes mehr getan, anders als auf der Erde. Doch gerade weil sie so veränderlich ist, sind auf ihr die meisten Spuren der fernen Vergangenheit verloren gegangen. Das wenige, was noch an Steinen da ist, gibt seine Geheimnisse nur ungern preis. Wir wissen beispielsweise nicht, wie die wichtigsten Eisenlagerstätten, von denen unsere Automobilindustrie abhängt, entstanden sind: die Bändereisenerze. Diese fein gebänderten Eisensedimente haben sich vor 3,8 bis etwa 1,8 Milliarden Jahren gebildet – eine endlos erscheinende Zeitspanne. Aber wie ging das vor sich? Es gibt gute Ideen, aber endgültig festgezurrt ist nichts. Haben Organismen dabei mitgewirkt? Es könnte sein, aber wir haben keinen endgültigen Beweis dafür.

Auch im grönländischen Isua gibt es einen riesigen schwarzen Berg aus Bändereisenerz, der wie ein Fels in der Brandung aus einem hochhaushohen Gletscher herausragt. Den Namen »Magnet Mountain« erhielt er, weil er mit seiner gewaltigen Eisenmasse jeden Magneten durchdrehen lässt. In den sechziger und siebziger Jahren waren Bergbaufirmen selbst in entlegenen Regionen Grönlands unterwegs, um nach Bodenschätzen zu suchen. Der Eisenberg, der vom Flugzeug aus entdeckt worden war, schien ein lohnendes Ziel, das sich im Lauf der Untersuchung aber als zu abgelegen für eine wirtschaftliche Erschließung erwies. Allerdings machte die Nachricht von dem, was die Lagerstättenkundler dort sahen, die Runde bei ihren Geologenkollegen – und so begann die Erforschung eines der aus geologischer Sicht aufregendsten Gebiete der Erde.

Isua liegt an der Front des Inlandeises und ist ein Dorado für die Erforschung der frühen Erde. Man braucht jedoch eine Sondergenehmigung der grönländischen Regierung und des geologischen Dienstes, um dorthin zu gelangen. Deshalb blieb die Forschung lange Stückwerk. Erst ein internationales Forschungsprojekt hat in den vergangenen Jahren Wissenschaftler aus aller Herren Länder in Isua zusammengeführt. 2001 wurde die Kartierung abgeschlossen, und deshalb fuhr auch ich nach Isua.

Nach ein paar Tagen in Nuuk hat sich endlich die Sicht gebessert, und wir können losfliegen, trotz des regengrau verhangenen Himmels. 50 Minuten dauert der Transfer von der Zivilisation zu einem Camp mitten im Nirgendwo, ein paar Kilometer vom Inlandeis entfernt. Je länger wir über den Godthåbsfjord nach Nordosten fliegen, umso dichter werden unter uns die Eisberge. Auf einer Landzunge taucht eine alte Inuit-Siedlung mit kunterbunt gestrichenen Häusern auf. Sie ist 1979 aufgegeben worden, als die Bewohner in die Hochhäuser von Nuuk übersiedelten, erzählt Stephen Moorbath. Die Trabantensiedlung oberhalb des alten Kolonialhafens der 15 000-Einwohner-Metropole war das Geschenk der dänischen Regierung anlässlich der Autonomie Grönlands. Kalaallit Nunaat (»das Land der Menschen«) sollte eine moderne Nation werden – und die Menschen tauschten die Weite ihres Landes gegen die Enge der Dreizimmerwohnung, die aber dafür mit Heizung, sanitären Anlagen und fließend warmem Wasser ausgestattet ist. Unser Helikopter dreht ab, wir fliegen tief ins Festland hinein, über Hänge hinweg, die von einer Haut aus schütterem Grün überzogen zu sein scheinen. Wie dunkle Spiegel sind Seen in die Landschaft eingebettet. Hin und wieder stürmen ein paar Rentiere davon, die durch unseren Lärm aufgeschreckt worden sind.

Die Sonne steht tief, als wir die Zelte endlich aufgebaut haben. Natürlich hat Murphys Gesetz zugeschlagen, und es hat während des Aufbaus zu regnen begonnen. Am Abend klart es dann wieder auf. Jetzt wärmen wir uns erst einmal im Küchenzelt an einer Tasse Tee und versuchen, wieder trocken zu werden. Die Zelte sind in diesem weiten, hoch gelegenen Tal vor dem kalten Wind geschützt. Das Camp liegt an einem der vielen tiefblauen Seen dieser Gegend, die über zahllose Bäche miteinander verbunden sind. Es ist eine Landschaft aus Stein und Wasser. So hat es auch in Europa ausgesehen, als nach dem Ende der jüngsten Kaltzeit das Eis zurückwich. Ein Urstromland. Es ist wunderbar still. Nur nachmittags gegen drei Uhr fliegt ein Flugzeug hoch über unsere Köpfe hinweg, »die Maschine Kopenhagen–Chicago«, meint Peter Appel. Ein paar Schneefinken flattern umher. Ein Schneehase schaut aus sicherer Entfernung neugierig zu uns herüber. Richtig dunkel wird es nicht an diesem Abend, nur dämmrig. Es ist spät, als wir in die Zelte kriechen, und jetzt tanzen ein paar feine Schneeflocken im Wind. Wir sind am Ziel: Morgen früh geht die Arbeit los.

Am nächsten Tag ist das Wetter herrlich. Wir klettern ein Geröllfeld hinauf, weil wir uns zunächst ein Stück ehemaligen Meeresboden ansehen wollen, der aus 3,8 Milliarden Jahre alter Kissenlava besteht und damit der älteste bekannte Ozeangrund ist. Heute entstehen solche Formen beispielsweise in Hawaii, wenn die heiße Lava im Wasser erstarrt. »Als ich in den siebziger Jahren mit der Arbeit hier angefangen habe, glaubten wir noch, dass es auf der Erde zu dieser Zeit kein Wasser gegeben hat. Wir dachten, sie sei dafür zu heiß gewesen«, erinnert sich Stephen Moorbath. »Deshalb war es eine wirkliche Überraschung, als hier erstmals Kissenlava gefunden wurde, also Lava, die eindeutig am Grund eines Meeres erkaltet ist.« Die Steine von Isua erzählen nicht nur von Vulkanen, sondern auch von ruhigen Becken, in denen Bändereisenerze aus dem Wasser rieselten. Sie berichten von einem Ozean – und Wasser ist die Grundvoraussetzung für Leben. Die winzigen Zirkonkristalle der Jack Hills geben nur aufgrund ihrer Isotopenzusammensetzung Hinweise darauf, wie die Welt einmal war. Wenn sie von Wasser erzählen, ist es schwer abzuschätzen, um welche Mengen es sich handelt. Hier in Grönland lässt sich die ferne Vergangenheit wirklich anfassen. Es sind Steine, ein ganzes System

Abb. 17: Ein »Rulemig«-Stein in Isua

von Steinen, eine fossile Landschaft. Spätestens zu dem Zeitpunkt, als sie entstand, war die Bühne für das Leben bereitet, auch wenn die Zirkonkristalle nahe legen, dass es wohl noch sehr viel früher der Fall war.

Die Gegend hier ist unglaublich: weit, karg und wild. Wir Menschen sind nur Gäste. Die Schneehasen – in den Alpen selten zu sehen – lassen uns bis auf ein paar Meter heran. Sie sind arglos, sehen in uns keine Gefahr. Auch das Schneehuhn mit seinen Küken ist nicht sonderlich aufgeregt, als wir uns nähern. Eiszeitliche Moränen bedecken die Flanken der Berge. Zeugen dieser Zeit sind auch die riesigen Blöcke, die wie Perlen auf den Hügelketten aufgereiht sind. Die abschmelzenden Gletscher haben sie dort liegen gelassen. Sie halten ein besonderes Vergnügen für die Geologen bereit, hatte Peter erzählt: »Rulemig«. In der einfachen Version dieses nicht ganz ungefährlichen Spiels stemmt sich der Geologe mit den Beinen so lange gegen den Stein, bis er schließlich ins Rollen gerät, herabkullert und dann möglichst mit einem großen Platsch in einem See landet. Manchmal aber reicht Muskelkraft allein nicht aus, und dann kommt Dynamit zum Einsatz. Inzwischen ist Rulemig verboten. Hin und wieder hatte ein Kollege in der Schussbahn gearbeitet, der sich mit einem beherzten Satz in Sicherheit bringen musste.

Die Wand mit den Kissenlaven liegt etwas oberhalb eines großen Sees, in den eine gewaltige Gletscherzunge hineinragt. »Das ist wirklich bemerkenswert«, meint Peter, »hier sieht man ganz deutlich das Zentrum des Kissens, und hier ist noch die dünne Abkühlungshaut zu erkennen, die vor mehr als dreieinhalb Milliarden Jahren durch den Kontakt mit dem kalten Wasser regelrecht abgepellt ist.« Spuren, die eine Ewigkeit überstanden haben. Sie sind der Beweis, dass hier einmal ein Ozean war. Nur – gab es in diesem Meer schon Lebewesen? Oder war es noch leer, ein Reich der Chemie?

Am nächsten Tag machen wir uns auf, um die wohl berühmtesten Steine von Isua anzuschauen. Es ist kurz vor Mittag, als wir nach einem langen Abstieg über ein Geröllfeld zu dem Plateau gelangen. Ein steil abfallender Hang geht in eine sanft gewellte Wiese über. Der arktische Sommer hat die kargen Matten mit einem Meer von Blüten überzogen. In der Ferne rauscht ein reißender Strom, der das Schmelzwasser der Gletscher zum Fjord schafft. Wir sind wegen der dunklen Felsen dort am Abhang hergekommen. Auf den ersten Blick sehen sie unscheinbar aus, so gar nicht nach bedeutender Fundstätte. Aber diese Steine hier genießen Weltruhm: In ihnen sollen sich die ersten chemischen Anzeichen für Leben auf der Erde finden. Dem Smithsonian Museum in Washington war dieser Ort sogar eine große Aktion wert, deren Spuren immer noch auf den Steinen zu erkennen sind. Reste von roten und weißen Plastikfolien erzählen davon, dass das Museum eine Gruppe von Spezialisten mit dem Helikopter einfliegen ließ, um einen genauen Abdruck der Wand zu nehmen und jede kleine Farbschattierung mit Fotos zu dokumentieren. Inzwischen gibt es in Washington einen detailgetreuen Abguss.

Damit diese Fundstätte für künftige Forschergenerationen erhalten bleibt, lehnt am Fuß der Wand eine Steinplatte, auf der die mit Filzstift handgeschriebene Notiz »Naturdenkmal – Hämmern bei Strafe verboten« zu entziffern ist. Grönlands Regierung hat die Wand unter Schutz gestellt, genauer gesagt den unteren Teil. Weiter oben dürfen die Geologen Proben nehmen. Stephen und Peter klettern dazu den Hang hinauf. Sie sind auf der Suche nach einem guten Stein für das Museum von Nuuk.

Dann erklärt Stephen, was wir hier eigentlich sehen. »Wir wissen, dass diese Gesteine hier zwischen 3,7 und 3,8 Milliarden Jahre alt sind. Wenn wir sie uns genau ansehen, erkennen wir, dass sehr feine schwarze Steine mit weißen Schichten abwechseln. Alles ist stark gefaltet und deformiert. Überall im Stein sind Granate. Diese Kristalle entstehen nur, wenn die Gesteine tief in der Erde auf 500 bis 600 °C aufgeheizt und verändert werden.« Hitze, Druck und Stress machen die Steine dann plastisch wie Kaugummi. Sie werden gequetscht, verwürgt und gedehnt, Flüssigkeiten schießen durch sie hindurch, neue Minerale entstehen. Geologen sagen dazu: Sie werden sehr stark metamorphisiert.[60] Nachdem sie diese Tortur über sich ergehen lassen mussten, dauerte es viele Hundert Millionen Jahre, ehe die Steine von Isua wieder an die Oberfläche kamen, und das passierte mehrfach. In den schwarzen Tonbändern blieben neben murmelgroßen Granaten winzige Graphitkristalle enthalten, Kristalle aus Kohlenstoff. »Dieser Kohlenstoff in ihnen ist von einigen Forschern analysiert worden – er soll biologisch entstanden sein«, fährt Peter fort. Schwammen also schon Mikroben in dem Meer, von dem uns die Kissenlaven untrüglich berichten? Kohlenstoff gibt es in verschiedenen Varianten, in schwereren und leichteren, und lebendige Organismen bauen besonders gern die leichte Form ein. Genau diese charakteristischen Verschiebungen glauben Forscher in den Graphiten gefunden zu haben. Aber stimmt das wirklich? »Wir sind uns da nicht so sicher, weil die Gesteine im Lauf der Zeit metamorphisiert worden sind.« Peter ist vorsichtig. Aus gutem Grund, denn der Temperaturbereich der Metamorphose von etwa 500 °C, von dem die Granate erzählen, ist auch genau der, bei dem heiße, kohlendioxidhaltige Lösungen durch Steine schießen. Diese Lösungen können auch den Fingerabdruck der Isotopen verändern und Leben vorgaukeln, wo gar keines ist.

Die frühesten Lebensspuren sollen in einem besonderen Sediment stecken, in einem Turbidit. Diese Steine entstehen auch heute im Ozean, wenn an untermeerischen Abhängen Sand und

Ton durch ein Erdbeben ins Rutschen kommen, den Berg hinunterrasen, auch im Wasser hochwirbeln und dabei alles mitreißen, vor allem Plankton. Unten, am Fuß des Abhangs, sinkt zuerst das schwere Material ab, dann wird der Sand immer feiner, bis schließlich die Tone obenauf zur Ruhe kommen. Was an Lebendigem mitgerissen wurde, ist im Sediment begraben. Im Sand zersetzt es sich schnell. Aber in den Tonen können mit etwas Glück sogar einzellige Algen überliefert werden. Deshalb war eine Gruppe von Geologen wie elektrisiert, als sie in Isua etwas fand, das wie ein Turbidit aussieht. Die Wissenschaftler suchten in den Tonen nach Lebensspuren – und glaubten die typische Isotopenverschiebung im Kohlenstoff zu sehen. Diese Interpretation der chemischen Signatur steht und fällt jedoch damit, dass es sich bei diesen Steinen tatsächlich um ein Sediment handelt.

Bislang hatte man angenommen, dass diese Steine es irgendwie geschafft haben, dem Stress durch den Druck, die Hitze und die Bewegungen im Erdinneren zu entgehen, und dass sie ihre ursprünglichen Strukturen erhalten konnten. Aber das war wohl ein Irrtum. Im Gegenteil. Sie sind vielmehr so stark verändert und malträtiert worden, dass man unmöglich sagen kann, was sie einmal waren. Aber wenn die Erde diese Steine so stark durch ihre Mühlen gedreht hat, haben die gefürchteten kohlendioxidhaltigen vulkanischen Wasser ihr Werk sehr wahrscheinlich vollbracht und könnten eine falsche Fährte gelegt haben. Vieles deutet darauf hin. Aber das heißt nicht, dass es zu jener Zeit, als die Steine von Isua einen Meeresboden bildeten, noch kein Leben gegeben hat. Die Geologen suchen weiter.

Die Zeit in Isua geht zu Ende. Mit dem Versorgungshubschrauber, der die per Funk angeforderten Lebensmittel mitgebracht hat, kommen zwei weitere Wissenschaftler ins Gelände, und wir kehren nach Nuuk zurück. Das Wetter ist wieder trüb, als der Helikopter abhebt. Er kreist noch einmal über dem Camp, dann dreht er ab. Isua ist ein besonderer Ort – wir haben eine Zeitreise im doppelten Sinn erlebt. Zum einen zurück zu den Anfängen der Welt, jedenfalls so weit, wie wir heute kommen können. Zum anderen war es eine Reise in eine Wildnis, in der der Mensch keine Rolle spielt.

12 Leben, wie wir es nicht kennen

> [Das Fingertier] sieht ein wenig aus wie eine große Katze mit Fledermausohren, Biberzähnen, einem Schwanz wie eine große Straußenfeder und einem Mittelfinger wie ein langer, toter Zweig, und es hat riesige Augen, die durch dich hindurchzuschauen scheinen in eine vollkommen andere Welt, die gerade hinter deiner linken Schulter existiert.
> *Douglas Adams: »Die Letzten ihrer Art«*

Je nach Schätzung kreisen allein in unserer Milchstraße zwischen 100 und 400 Milliarden Sterne, und unsere Milchstraße ist nur eine von 100 Milliarden, vielleicht aber auch 140 Milliarden Galaxien. Diese gewaltigen Zahlen regten in den fünfziger Jahren die Phantasie des Astronomen Frank Drake[61] von der Cornell University an. Er formulierte die nach ihm benannte Gleichung zur Abschätzung der Zahl von Zivilisationen in der Milchstraße, die technisch in der Lage sind, mit uns zu kommunizieren.

Dabei wird die Zahl der Sterne in der Milchstraße durch die Zahl der Sterne mit einem Planetensystem dividiert, das Ergebnis wiederum durch die Zahl der Steinplaneten, auf denen sich Leben entwickelt hat, und durch die Zahl, auf wie vielen Planeten intelligentes Leben entstanden sein könnte. Anschließend wird geteilt durch die Zahl der technisch intelligenten Zivilisationen, die den Wunsch verspüren, mit uns per Radiosignal zu kommunizieren – und dann gibt es noch einen weiteren Faktor: die Lebensdauer dieser Zivilisation (sie neigen dummerweise dazu, durch Krieg oder Katastrophen ausgelöscht zu werden). Dieser Faktor ist ein Tribut an das Fermi-Paradoxon. Bereits in den vierziger Jahren war die Ansicht weit verbreitet, dass überall im Universum hoch entwickelte extraterrestrische Zivilisationen darauf warten, von uns entdeckt zu werden. Der italienische Physiker Enrico Fermi[62] setzte dieser Annahme den Einwand entgegen: Wie kommt es, dass wir von ihnen weder Sonden noch Raumschiffe finden noch irgendwelche Nachrichten empfangen? »Wo sind sie?«, fragte er skeptisch.

Diese Frage ist so einfach wie brillant, aber sie erreichte vor allem die Wissenschaftler. Drakes Idee hingegen fand auch beim breiten Publikum Anklang. Und so begann das Rätseln, wie groß N sein könnte, die Zahl der fremden Zivilisationen in der Milchstraße, die darauf brennen, mit uns in Kontakt zu treten. In den siebziger Jahren erklärte der US-amerikanische Astronom Carl Sagan, dass jeder Stern durchschnittlich zehn Planeten besitzt. Auf der Basis dieser und etlicher anderer sehr optimistischer Vermutungen kam er zu dem Ergebnis, dass N gleich eine Million sei – also eine Million Zivilisationen in der Milchstraße. Auch andere Forscher haben über N gebrütet. Besonders große Optimisten schätzten gar, dass es in unserer Galaxie 100 Millionen Zivilisationen gibt, technisch fortgeschrittene wohlgemerkt, nicht nur Kolonien von irgendwelchen Einzellern auf einem trostlosen Planeten. Für diese Wissenschaftler schien es überall Erden zu geben.

Allerdings beruhen die Ergebnisse dieser Berechnungen auf reinen Annahmen, »fundierten Vermutungen«, wie es in den Arbeiten so schön heißt. Der Einwand unromantischer Naturen, dass man bei unserem derzeitigen Wissensstand die Zahl der fremden Erden ebenso gut aus dem Kaffeesatz ablesen könne, ist nicht von der Hand zu weisen. So verwundert es auch nicht, dass pessimistischere Forscher, die es eher mit Enrico Fermi und seiner Hypothese von der ungewöhnlichen Erde halten, die Drake-Formel ganz anders lösen und für ihre Sicht auch sehr gute Gründe haben. Sie kommen auf höchstens eine Hand voll Planeten mit intelligentem Leben in der Milchstraße und diese Wesen seien allesamt zu weit entfernt, um mit uns in Kontakt zu treten. Wieder andere Wissenschaftler kommen bei ihren Berechnungen zu dem Ergebnis, dass die Erde einmalig ist.

Für Frank Drake stand jedoch außer Frage, dass die fremden Zivilisationen mehr oder weniger vor unserer Haustür existieren. So begann er bereits 1960 mit dem ersten bescheidenen

SETI-Experiment (SETI steht für Search for Extraterrestrial Intelligence – Suche nach außerirdischer Intelligenz), dem Projekt Ozma, benannt nach dem »Zauberer von Oz«. Dabei suchte Drake mit einem Radioteleskop nach auffälligen Signalen. Am 8. April 1960 richtete er seine Antenne auf das erste Ziel, den Stern Tau Ceti. Stunden vergingen, ohne dass er irgendetwas Ungewöhnliches einfangen konnte. Drake wusste, dass er Geduld haben musste, und er wusste, dass ihm an dem Radioteleskop nur sehr wenig Beobachtungszeit zur Verfügung stand. Also richtete er das Teleskop auf sein zweites Ziel aus, den Stern Epsilon Eridani. Er hatte das Gerät kaum ausgerichtet, als er ein deutliches Signal empfing. Konnte es so einfach sein? Drake war so aufgeregt, dass er kaum weiterarbeiten konnte. Er bewegte das Teleskop und richtete es dann wieder auf Epsilon Eridani aus. Wenn das Signal nun immer noch einging, existierte es wirklich. Aber da war nichts mehr. Der junge Astronom war enttäuscht. Zehn Tage später empfing er das Signal wieder. Diesmal war Drake vorbereitet und hatte Geräte angeschlossen, die ihm zeigen konnten, ob es sich dabei um etwas Irdisches handelte oder ob es von den Sternen kam. Es war irdisch – Drake hatte den amerikanischen Spionagesatelliten U2 ausfindig gemacht. Ein Jahr später war das Projekt Ozma zu Ende – ohne Erfolg. Damit war jedoch die Suche nicht vorbei, vielmehr fand kurz darauf die erste SETI-Konferenz statt, auf der Drake seine berühmte Gleichung vorstellte. Und SETI sucht immer noch. Um die immensen Datenmengen zu verarbeiten, nutzt man dafür seit 1999 das Internet. Rund um die Welt stellen PC-Nutzer ihre Rechner zur Verfügung, damit die aus Berkeley heruntergeladenen Daten im Hintergrund analysiert werden können, wann immer ihr Rechner etwas Kapazität frei hat. Das ausgewertete Datenpaket wird dann an die Universität zurückgeschickt. Aber bislang fand sich noch keine Nachricht von E. T.

Bei ihrer Suche nach einer Antwort auf die Frage, ob wir allein im All sind, setzen die Astronomen nicht nur Radioteleskope ein, und es grenzt fast an ein Wunder, was sie inzwischen mit Hilfe der modernen Teleskope und Spektrometer alles herausfinden. Aber da ist auch noch die Raumfahrt. Sie erlaubt uns die »hautnahe« Erforschung unseres eigenen Sonnensystems. Inzwischen gelten Europa, Titan und Mars als mehr oder weniger wahrscheinliche Kandidaten für extraterrestrisches Leben in unserem eigenen Sonnensystem. Auch die Venus ist darunter, allerdings nur mit einer absoluten Außenseiterchance. Auf den Planeten oder Monden geht es nicht um intelligentes Leben. Was sie beherbergen könnten, sind Mikroben oder deren Fossilien, falls das Leben dort schon Geschichte ist.

Derzeit am weitesten gediehen ist – wie gesagt – die Erkundung des Mars. Schon Ende des 19. Jahrhunderts spekulierte man in den Medien über die Existenz von Marsianern. Auslöser waren die so genannten Canali gewesen, zarte Linien, die sich auf der Marsoberfläche abzeichneten und die der italienische Astronom Giovanni Virginio Schiaparelli 1877 entdeckt hatte. Er hielt sie für natürliche Flussnetze, und die Öffentlichkeit und auch etliche Astronomen machten daraus Kanäle, künstliche Bewässerungssysteme, die hochzivilisierte Lebewesen angelegt hatten, um Wasser von den Polen zu den trockenen Äquatorialgebieten zu bringen. Damals galt die Venus wegen ihrer Wolkendecke als junger Planet, die Erde als einer in den besten Jahren und der Mars als sterbender. Die Kanäle passten ins Bild, ins Lebensgefühl jener Zeit: eine Zivilisation, die sich mit Hilfe der Technik gegen den Untergang auflehnt. Auf der Erde wurden außerdem gerade der Suez- und der Panamakanal gebaut – und der Mensch schließt eben gerne von sich auf andere. Inzwischen sind die Canali entzaubert. Die meisten waren Artefakte,[63] wurden als technisch bedingte Phantomstrukturen der Teleskope entlarvt, ein paar lassen sich als Geländestufen erklären, wieder andere als große Canyons oder lange Kraterreihen.

Die kleinen grünen Männchen gehören ins Reich der Phantasie. Leben *auf* dem Mars hätte es heute sehr schwer, selbst eine schlichte Mikrobe. Mars ist bitterkalt, eine Folge der dünnen Luft, in der selbst das Treibhausgas Kohlendioxid nichts mehr ausrichten kann. An einem heißen Sommertag mag die Mittagstemperatur am Äquator einmal auf plus 20 °C ansteigen, aber in der Nacht fällt sie auf – 90 °C. Aus dem Orbit heraus haben NASA- und ESA-Wissenschaftler Wassereis unter der Oberfläche ausgemacht. Aber der Atmosphärendruck ist so gering, dass dieses Eis beim Tauen sofort gasförmig wird. An der Oberfläche kann es kein flüssiges Wasser geben, seit Jahrmilliarden nicht mehr. Wenig zuträglich für ein potenzielles Lebewesen ist auch die Tatsache, dass es in der Marsluft keinen freien Sauerstoff und damit keine Ozonschicht gibt, sodass die sterilisierende UV-Strahlung der Sonne ungehindert bis auf den Boden durchdringt. Und weil Mars, anders als die Erde, auch kein schützendes Magnetfeld hat, wird er zusätzlich noch von den hochenergetischen Protonen und Elektronen des Sonnenwinds bombardiert.

Trotz dieser Widrigkeiten ist Mars der Lieblingsplanet der Erdenbürger, wenn es um Aliens geht. Immer wieder löst die vermeintliche Entdeckung von Leben auf dem Mars großen Presserummel aus. Ein großer Medien-Hype war mit dem fast zwei Kilogramm schweren Meteoriten ALH84001 verbunden, einem Stein, der vor mehr als vier Milliarden Jahren aus Lava erstarrt ist. Vor rund 15 Millionen Jahren schlug ihn eine Kollision mit einem Asteroiden aus dem Mars heraus, und er driftete lange Zeit zwischen den Planeten, um vor 13 000 Jahren auf der Erde zu landen. Seit damals lag er in der Antarktis, genauer gesagt auf dem Allan-Hills-Eisfeld, bis ihn 1984 Meteoritenjäger aufspürten. Neun Jahre später verkündeten die Forscher, dass dieser Brocken vom Mars stamme. Ihre These stützte sich auf die Gase, die in den Mineralen eingeschlossen waren, und auf deren Isotopenverteilung. Alles war genau so, wie man es angesichts der Marsatmosphäre erwartet hätte.

ALH84001 wurde intensiv untersucht. Schließlich sind Gesteinsproben vom Mars etwas Besonderes. Am 6. August 1996 präsentierte die NASA der überraschten Weltöffentlichkeit den Befund, dass nach Auskunft der Forschergruppe um David McKay vom Johnson Space Center im Inneren dieses unscheinbaren Steinklumpens wurmartige Strukturen existierten, die von marsianischen Bakterien herrührten. Der damalige US-Präsident Bill Clinton verkündete, dass diese Marsfossilien die größte und wichtigste Entdeckung des 20. Jahrhunderts seien. Was steckte dahinter? Unter dem Elektronenmikroskop waren stäbchenförmige Strukturen aufgetaucht, etwa hundertmal kleiner als normale irdische Bakterien. In solche Winzlinge passt nicht einmal ein Ribosom hinein, geschweige denn das »normale« Inventar einer Zelle. Einige Forscher erklärten, dass die marsianischen Stäbchen Nanobakterien glichen, die sie auch in irdischen Gesteinen ausgemacht haben wollen. Es ist jedoch schon sehr umstritten, ob Nanobakterien auf der Erde existieren, aber darüber machte sich niemand Gedanken. Das Glück schien vollkommen – allerdings währte es nicht lange. Andere Gruppen untersuchten das Material, und es ließen sich weder Membranen finden noch sonst etwas, was das Leben braucht. Meteoritenexperten wiesen darauf hin, dass solche Strukturen auch während der interplanetaren Reise entstehen, wenn das beim Einschlag teilweise geschmolzene Gestein wieder erstarrt. Ein Indiz nach dem anderen erwies sich als trügerisch.

Aber da sind ja noch die Ketten von Magnetitkristallen, die in ALH84001 entdeckt wurden. Das magnetische Eisenmineral ist auf der Erde recht häufig. Gewöhnlich entsteht es bei verschiedenen anorganischen Prozessen, allerdings erzeugt auch eine Gruppe von Bakterien Magnetit, und zwar als Kette von einem Dutzend wohl geordneter und ebenmäßiger Kristalle. Wozu sie dienen, ist unklar, vielleicht sind sie eine Art Kompass, der bei der Orientierung im Magnetfeld hilft. Der Magnetit, den irdische Bakterien herstellen, soll identisch mit den Kristallen in dem Marsmeteoriten sein. Ob das nun stimmt oder nicht, wird immer wieder einmal heftig diskutiert, auch vor dem Hintergrund, wie wahrscheinlich es ist, dass das Leben so hoch spezialisierte Bakterien im Eiltempo entwickeln konnte, denn viel Zeit hätte die Evolution nicht gehabt, bis der Rote Planet endgültig unwirtlich wurde. Wie dem auch sei, ALH84001 bot immerhin einen Vorgeschmack auf die wilden Spekulationen, die es geben könnte, wenn bei der Messung irgendeines Marsgesteins Verschiebungen in den Kohlenstoffisotopen auftreten. Isua beweist, dass wir den Fingerabdruck des Lebens noch nicht einmal auf der Erde zweifelsfrei erkennen. Wie aussagekräftig sind dann erst Messungen auf einem anderen Planeten?

Hat es auf dem Roten Planeten einmal Leben gegeben, oder existiert es vielleicht immer noch? Die jüngsten Marsmissionen lassen das offen. Am publikumswirksamsten waren dabei die beiden Mars-Rover »Spirit« und »Opportunity«. Die Daten, die sie zur Erde übermittelten, machten Schlagzeilen. »Das ist ein Fenster in die Vergangenheit des Mars. Wir sehen, dass er vor langer Zeit einmal vollkommen anders war als heute!« So begeistert äußerte sich Steve Squyres von der Cornell University, Chefwissenschaftler der Marsroboter, auf einer Pressekonferenz der NASA im März 2004. Dann verkündete er, dass Opportunity, der in der Nacht vom 24. Januar 2004 auf Meridiani Planum niedergegangen war, direkt an seinem Landeplatz die Antwort auf eine der wichtigsten Fragen bei der Erforschung des Mars gefunden habe: Ja, es gab dort einmal flüssiges Wasser an der Oberfläche!

Opportunity ist nicht etwa in einen See gefallen, vielmehr hat der Rover eine Indizienkette geliefert, die von Löchern im Stein bis hin zu einem Mineral namens Jarosit reicht: ein wasserhaltiges Eisensulfat, das auf der Erde entsteht, wenn Eisenlagerstätten verwittern oder wenn sulfathaltiges vulkanisches Wasser durch einen Stein fließt. »Alles zusammen lässt nur eine Schlussfolgerung zu: Diese Steine sind in flüssigem Wasser entstanden.« Dann machte Squyres allerdings eine sehr wichtige Einschränkung, die in der Öffentlichkeit weitgehend unbeachtet blieb: »Ich bin überzeugt, dass sehr viel Wasser durch diese Gesteine geflossen ist, allerdings bin ich nicht hundertprozentig überzeugt, dass die Steine als Sediment in einem See oder Fluss abgelagert worden sind.« Er fügte mit einem optimistischen Lächeln hinzu: »Wir glauben aber, dass der Mars einmal lebensfreundlich gewesen ist. Das bedeutet nicht, dass es dort Leben gegeben haben muss – aber er könnte an einem Punkt in seiner Geschichte einmal bewohnbar gewesen sein.«

Knapp zwei Jahre später: Dezember 2005, die Herbsttagung der Amerikanischen Geophysikalischen Union in San Francisco. Steve Squyres fasst die Ergebnisse des bisherigen Rovereinsatzes zusammen. Sein Optimismus scheint verflogen: »Wir fanden zwar Anzeichen dafür, dass es in Meridiani Planum reichlich flüssiges Wasser gegeben hat. Es war jedoch kein Süßwasser, sondern verdünnte Schwefelsäure vulkanischen Ursprungs.« Mit gelösten Mineralen beladene vulkanische Wässer zirkulierten durch den Untergrund, und wenn ihr Spiegel hin und wieder stieg, formten sich in den Senken flache Tümpel, die schnell verdampften und eine Kruste aus Salzen zurückließen. Es war eine sehr harsche Umwelt, die an potenzielle Lebewesen hohe Anforderungen gestellt hätte. »Sie war insofern bewohnbar, als es sporadisch flüssiges Wasser gab, ebendiese extrem sauren Tümpel. Ansonsten war Meridiani Planum eine absolut trockene Wüste, kein sehr schöner Ort, aber so war es nun einmal.« Auf der Erde, fügt Squyres nachdenklich hinzu, gibt es einzellige Spezialisten, die sich unter solchen Bedingungen erst so richtig wohl fühlen, »aber die haben sich im Laufe einer sehr langen Evolution an diese Lebensräume angepasst. Die *Entstehung* des Lebens ist jedoch etwas vollkommen anderes. Wir haben keine Ahnung, ob die chemischen Reaktionen, die dafür notwendig sind, unter so sauren Bedingungen überhaupt ablaufen können.«

So manche euphorische Ankündigung hält nicht das, was sie verspricht. Raumfahrt ist teuer, und sie hat deshalb viel mit Marketing zu tun. Etliche Wissenschaftler sind gezwungen, ihre Erkenntnisse etwas reißerischer zu verkaufen, als sie es möchten. Schließlich muss die Öffentlichkeit davon überzeugt werden, dass Hunderte von Millionen Dollar oder Euro gut angelegt sind. Das gilt vor allem für die USA, wo die NASA anscheinend immer wieder gezielt die eine oder andere Pressekonferenz zur Verkündung spektakulärer Ergebnisse kurz vor einer entscheidenden Kongresssitzung über den Wissenschaftsetat anberaumt. Es ist Teil des Spiels – so läuft das Geschäft. Und es gibt immer eine neue Runde. Die nächste wurde im Dezember 2007 – wieder – auf der Herbsttagung der Amerikanischen Geophysikalischen Gesellschaft eingeläutet. Steve Squyers gab bekannt, dass Spirit im Gusev-Krater so etwas wie Kieselsinter entdeckt hat. Auf der Erde entsteht Kieselsinter an heißen Quellen oder an Fumarolen, wo Wasserdampf und heiße vulkanische Gase austreten. Und so freute sich Squyers über eine marsianische Ausgabe des Yellowstone-Park, schließlich gibt es auf der Erde Mikroben, die solche Umweltbedingungen geradezu lieben.

Die beiden Rover-Landeplätze waren nach dem Motto »Folge dem Wasser« ausgesucht worden, dem irdischen Imperativ, dass es nur da Leben geben kann, wo flüssiges Wasser ist. Während Meridiani Planum mit Hämatit lockte, einem Mineral, das sich auf der Erde in Gegenwart von Wasser bildete, war Spirit im Gusev-Krater niedergegangen, der wie ein ehemaliger See aussah. Aber das schien nur aus der Ferne so. Im Gegenteil, dieser Landeplatz erwies sich als noch »schlechter«, jedenfalls wenn es um die Suche nach Wasser ging. Der Gusev-Krater ist ein geologisch kompliziertes Gebiet, das ein höchst interessantes Fenster in die ersten 500 bis 1000 Millionen Jahre des Mars öffnet, aber er war eben kein ehemaliger See. Vielmehr war er eine wilde Welt, und zahllose Einschläge aus dem All hatten seine Kruste zertrümmert. »Dort gab es nur wenig Wasser und dann auch nur unter der Oberfläche. Es bewegte sich immer nur dann, wenn die Einschläge es erhitzten oder verdampften und der Druck es dann durch das Gestein trieb«, erklärte Steve Squyres. Auch das sieht kaum nach einer Umgebung aus, in der sich Leben bilden könnte.

Falls der Gusev-Krater oder Meridiani Planum typische Umgebungen für den jungen Mars wären, sähe es sehr schlecht aus für die Chemie, die für die Entstehung des Lebens nach Art der Erde ablaufen muss. Sie würde wahrscheinlich unter diesen Rahmenbedingungen nicht funktionieren. Überhaupt ist es rätselhaft, wie der junge Mars zu irgendeinem Zeitpunkt seiner Frühgeschichte den Sprung in die Ökosphäre geschafft haben soll, erklärt Bruce Runnegar von der University of California in Los Angeles und Direktor des Astrobiology Institute der NASA. Weil er zu klein und zu weit von der Sonne entfernt ist, liegt er heute höchstens am Rand der Lebenszone. Allerdings war unser Zentralstern vor drei oder vier Milliarden Jahren sehr viel schwächer als heute, und das hätte Mars eindeutig aus der »habitable zone« herauskatapultiert. Wasser hätte es auf ihm damals nur als Eis gegeben, genau wie heute. Alle landschaftlichen Zeugnisse für fließendes Wasser scheinen auch mit Einschlägen oder Vulkanismus verbunden zu sein. Die Flusstäler sehen so aus, als erzählten sie eher etwas davon, wie Lava oder heiße vulkanische Wässer das Eis im Boden schmelzen ließen und dem Roten Planeten so eine kurze Flutperiode bescherten, meint Runnegar: »Obwohl gerne behauptet wird, dass der junge Mars ein warmer, feuchter Planet war, sehen wir derzeit nicht, wie das geschehen konnte.«

Mars hätte sich dafür schon ein Supertreibhaus leisten müssen, eines, das damals noch viel stärker war als das auf der Erde. Aber gab sein Vulkanismus das her? Geht man von der heutigen Marsatmosphäre aus und macht sie nur dichter, reicht das bei weitem nicht. Auch maßvolle Veränderungen an den Parametern bringen nichts. Modellrechnungen von James Kasting legen nahe, dass der Rote Planet nicht nur eine äußerst dichte Kohlendioxidatmosphäre gebraucht hätte, sondern dass in seiner Luft dann prozentual ebenso viel Methan vorhanden gewesen sein müsste wie in der Jupiteratmosphäre. Terrestrische Planeten im Inneren des Sonnensystems liegen normalerweise um Größenordnungen darunter. Und weil Methan sich schnell im UV-Licht zersetzt, sollte es über Hunderte von Millionen Jahren aus den Marsvulkanen strömen, sonst sind die Verhältnisse nicht lange genug stabil für einen Anschub der Evolution. Ist es also nur ein Wunschtraum, dass der junge Mars lebensfreundlich gewesen ist – oder ist es Realität? Diese Diskussion wird wohl noch über Jahre weiter laufen.

Es soll heute noch Methan in der Marsluft geben. Doch der Nachweis ist schwierig, denn es kommt, wenn überhaupt, in so geringen Mengen vor, dass nicht ganz klar ist, ob die ESA-Sonde Mars-Express und die irdischen Teleskope richtig messen. Auf der Erde ist Methan ein Indikator für Leben, denn es wird fast ausschließlich von Bakterien erzeugt. Allerdings gibt es bei uns eine zweite Methanquelle, den Vulkanismus, der das Gas in geringen Mengen freisetzt – und es gibt den Prozess der Serpentinisierung, einer chemischen Umwandlung von Gesteinen, die reich an Mineralien wie Olivin sind. Auf der Erde entsteht so unter Lost City reichlich Methan. Und wie ist es auf dem Mars? Die Methanspuren scheinen sich in der Nähe der Vulkane zu konzentrieren. Bedeutet das, dass es aus ihnen stammt, oder sind die Vulkangesteine mit ihren möglichen warmen Quellen ein Rückzugsgebiet für das Marsleben? Oder gab es nie Leben auf dem Mars? Es könnte durchaus sein, dass wir auf ihm höchstens die irdischen Mikroben und deren Nachfahren treffen können, die wir mit den diversen Sonden als blinde

Passagiere dorthin geschickt haben. Mit dreieinhalb oder vier Milliarden Jahren Evolution im Rücken könnte die eine oder andere eine neue Heimat gefunden haben, trotz der harschen Bedingungen.

Dann hätten wir unbeabsichtigt einen fremden Planeten mit Leben nach Art der Erde »kolonialisiert«. Ob RNA-Virus oder Mensch, heute basiert alles irdische Leben auf CHON,[64] den chemischen Elementen Kohlenstoff, Wasserstoff, Sauerstoff und Stickstoff. Dazu kommen noch Schwefel und Phosphor sowie ein paar andere Elemente. Irdisches Leben besteht außerdem aus fester Materie und Flüssigkeit, damit in unseren Zellen diverse chemische Reaktionen ablaufen können. Dieser Bauplan ist sehr, sehr grundlegend und sehr, sehr alt. Die zentrale Frage ist, wie viele Schritte notwendig waren, damit sich organische Chemie in Biologie verwandelte und das erste Lebewesen entstand. Reichen wenige Schritte? Dann ist die Sache mit dem Leben ganz einfach, es wird nahezu überall auftreten, hier auf der Erde ebenso wie auf jedem halbwegs geeigneten Planeten im Universum. Wenn es jedoch ein paar Tausend aufeinander aufbauende Zwischenstufen sind, die sich erst richtig zusammenfügen müssen, ehe der Anfang gemacht ist, wird es schwierig – und mit jeder weiteren Stufe wird es schwieriger. Aber muss alles Leben im Universum dem irdischen Weg folgen? Da wir nicht wissen, wie das Leben auf der Erde begonnen hat, kennen wir die Antwort nicht – vielleicht noch nicht.

Das irdische CHON-Leben ist äußerst anpassungs- und durchsetzungsfähig – wäre es dann nicht auch ein sehr gutes Konzept für extraterrestrisches Leben? Sind DNA und Proteine die unabdingbare Voraussetzung für Leben? Oder gibt es noch andere Methoden, die ähnlich effizient sind und sich anderswo etablieren könnten? Um diese Fragen beantworten zu können, muss man zuerst feststellen, ob es beim CHON-Leben Varianten gibt. Deshalb untersucht der Biochemiker Steve Benner von der Harvard University, ob eine DNA immer so aufgebaut sein müsste wie die unsere. Könnten Lebewesen in der Frühzeit des Lebens oder auf anderen Planeten rein theoretisch eine andere Form genutzt haben oder nutzen? Im Labor baute Benner eine

»Alien-DNA«, die statt der üblichen vier Buchstaben – oder Basen – zur Kodierung der Information sechs benutzte. Es funktionierte, das künstliche Molekül konnte sich sogar fünfmal vervielfältigen. Inzwischen versuchen andere Gruppen, bis zu 20 verschiedene Basen in eine künstliche DNA zu integrieren. Falls sich diese als effizient erweist, könnte Leben anderswo ebenfalls darauf aufbauen.

Ein anderer Weg, um zu einem »Alien« zu gelangen, wäre der, das Lösungsmittel für die lebenswichtigen chemischen Reaktionen zu wechseln. Der Mensch ist im Prinzip ein »nasser Sack«. Der Wasseranteil macht rund 70 Prozent aus, und das ist bei fast allen Mitgeschöpfen auf der Erde ähnlich. Wasser hilft uns dabei, die Nährstoffe in die Zellen zu bringen und die Abfallstoffe hinauszutransportieren, es sorgt für das chemische Gleichgewicht, und bei höheren Organismen reguliert es die Temperatur.

Doch es gibt noch andere Lösungsmittel, auch wenn die meisten uns als sehr unangenehm erscheinen, etwa Ammoniak, Fluss-, Blau- oder Salzsäure. Sie werden interessant, wenn es zu heiß oder zu kalt wird für wassergebundenes Leben, wenn wir also den Temperaturbereich zwischen 0 und 100 °C verlassen, was im weitaus größten Teil des Universums der Fall ist. Dort ist es entweder viel zu kalt oder viel zu heiß für flüssiges Wasser. Als besonders interessante Alternative zum Wasser gilt Ammoniak, das in einem relativ großen Temperaturbereich zwischen -77 und -33 °C flüssig ist. Außerdem löst Ammoniak sehr viele Substanzen und könnte damit für hypothetische CHON-Wesen interessant sein, die bei niedrigeren als den irdischen Temperaturen existieren.

1954 hat John Burdon Sanderson Haldane eine Welt erdacht, in der flüssiges Ammoniak die Rolle des Wassers übernimmt. Er hielt es für möglich, dass sich darin Proteine und Nukleinsäuren bilden könnten. Diese Organismen bräuchten andere Zellwände oder Membranen, als wir sie kennen, und auch die Art der Ernährung müsste ganz anders sein als bei irdischen Lebewesen. Wie auch immer ein solches Wesen aussehen würde, es ist unwahrscheinlich, dass es eine Evolution zu höherem Leben durchlaufen könnte. Denn anders als beim Wasser ist

Ammoniak im gefrorenen Zustand dichter als im flüssigen. Während einer Kälteperiode würde ein Ammoniakkörper vollständig durchfrieren. Mikroben könnten so etwas vielleicht als Spore überstehen, aber ein vielzelliges Wesen wohl kaum. So ein Geschöpf hätte auch große Probleme, seinen hohen Energiebedarf zu decken, denn Sauerstoff wäre tödlich für diese Ammoniakwesen: Ihr Lösungsmittel würde sofort oxidieren, und weil auch noch alle chemischen Reaktionen langsamer ablaufen würden, gälte das dann auch für die gesamte Evolution. Auch wenn flüssiger Ammoniak also nur eine Schleimwelt beherbergen würde, könnte diese Heimat unter Umständen recht weit verbreitet sein und sogar die Forderung nach einem terrestrischen Planeten durchbrechen. Selbst Gasriesen wie Jupiter kommen dafür in Frage. Dort könnten die fremden Mikroben in der Atmosphäre schwimmen – theoretisch zumindest. Sie könnten sich auch Monde wie Europa oder Triton erschlossen haben, falls es dort Ozeane unter dem Eis gibt, in denen Ammoniak dafür sorgt, dass das Wasser nicht gefriert.

Am anderen Ende der Temperaturskala bietet die Schwefelsäure mit ihrem sehr hohen Siedepunkt eine Alternative zum Wasser. Mit diesem Lösungsmittel wird Venus zur Kandidatin. Dieser Planet hat eine ungewöhnliche Geschichte hinter sich, wie die hohen Konzentrationen des schweren Wasserstoffisotops Deuterium in seiner Atmosphäre nahe legen. Dieses Isotop gilt als Anzeichen dafür, dass Venus einst Meere besessen hat, die durch eine globale Klimakatastrophe verschwunden sind. Vermutlich wurde sie dadurch ausgelöst, dass die Sonne immer intensiver brannte. Seit in ihr das Fusionsfeuer gezündet hatte, steigerte sie ihren Energieausstoß langsam, aber stetig. Die Venus ist näher an der Sonne als die Erde, und so geriet ihr Klima aus dem Gleichgewicht.

Es wurde heiß und heißer, die Meere begannen zu verdampfen. Wasserdampf ist ein sehr wirksames Klimagas, und er fachte den Treibhauseffekt weiter an. Die Meere der Venus verschwanden immer schneller. Das harte UV-Licht spaltete den Dampf hoch über der Venusoberfläche in seine Bestandteile auf, in Wasserstoff und Sauerstoff. Der leichte Wasserstoff konnte der Anziehungskraft des Planeten entkommen und ging für immer im Weltraum verloren. Der Sauerstoff reagierte mit den Gesteinen und den Vulkangasen. So verlor die Venus ihre Ozeane unwiederbringlich. Jedenfalls sieht so das Szenario aus, von dem die Wissenschaftler heute ausgehen. Und weil auf einem knochentrockenen Planeten keine Kalksteine entstehen können,[65] blieb das Kohlendioxid in der Venus-Luft zurück.

Heute ist die Venus die kochend heiße Schwester der Erde, mit Bodentemperaturen von rund 470 °C. Nachts leuchtet der Boden dunkelrot wie die letzte Glut in einem Ofen, und selbst tagsüber ist alles in ein orangefarbenes Dämmerlicht getaucht. Dass es eine Sonne gibt oder Sterne, bliebe einem Beobachter auf der Venusoberfläche verborgen. Den Himmel sähe man von hier aus nie. Er ist ewig bedeckt von einer dichten Wolkendecke aus Schwefelsäure, Chlor- und Fluorverbindungen.

Aber vielleicht ist die Venus gar kein so lebensfeindliches Terrain, wie es uns angesichts dieser Gluthölle erscheint? Gibt es dort in den Schwefelsäurewolken gar Mikroben, wie es der Geologe und Astrobiologe Dirk Schulze-Makuch vermutet? In 50 Kilometern Höhe herrschen Temperaturen von 30 bis 80 °C und Drücke wie auf der Erdoberfläche. Für Bakterien wäre das eine angenehme Umwelt. Entstanden wären sie dort aber nicht. Ihre Wurzeln würden vielmehr Jahrmilliarden zurückreichen, in die Zeit, in der die junge Venus noch Meere hatte. Die Bakterien, die darin lebten, hatten bereits gelernt, das Licht der Sonne zu nutzen, und betrieben Photosynthese, wenn auch die ältere Variante, bei der kein Sauerstoff frei wird. So hat es auf der Erde auch angefangen. Ein paar dieser Bakterien trug der Wind damals hoch hinauf, so wie es heute auch auf der Erde geschieht. Als das Inferno begann und die Meere der Venus verschwanden, waren die Flüchtlinge die einzigen Überlebenden. Sie wurden zu den Ahnen der Bakterienwelt in den Wolken. Ringförmige Schwefelmoleküle, die mit dem Verschwinden der Meere auftauchten, schützen sie, weil sie das ultraviolette Licht absorbieren und es in ungefährliches sichtbares Licht umwandeln. Diese Moleküle unterstützen die Mikroben auch bei der Photosynthese, sodass es ihnen ganz gut ginge. Von den höllischen Bedingungen ein paar Kilometer weiter unten »ahnten« sie hier oben nichts.

Ist das eine wahre Geschichte? Wer weiß. Es gibt ein paar Indizien, die man allerdings so oder so deuten kann. Die dunklen Flecken auf UV-Bildern der Venus könnten tatsächlich Bakterienkolonien sein, die das Licht absorbieren. Auch die chemische Zusammensetzung der äußeren Atmosphäreschichten ist ungewöhnlich. So gibt es sehr viel weniger Kohlenmonoxid, als von der Sonnenstrahlung und der starken Gewittertätigkeit auf der Venus eigentlich erzeugt werden müsste. Irgendetwas scheint dieses Kohlenmonoxid zu verbrauchen. Sind das die Bakterien oder handelt es sich um rein chemische Reaktionen? Zudem existieren in der Venusluft zwei Verbindungen nebeneinander, die auf der Erde innerhalb kurzer Zeit miteinander reagieren und verschwinden würden: der nach faulen Eiern stinkende Schwefelwasserstoff (H_2S) und Schwefeldioxid (SO_2). Weil beide nicht zu verschwinden scheinen, müssen sie also ständig »nachgefüllt« werden. Auf der Erde sorgen Mikroben für Nachschub. Ist das auch auf der Venus so – oder sind es dort die Vulkane? »Aber warum ist dann die Konzentration dieser Gase in Höhe der Wolken höher als auf dem Boden?«, fragt sich Dirk Schulze-Makuch.

Die Suche nach extraterrestrischem Leben erfordert unter Umständen ein grundlegendes Umdenken. »Weil auf der Erde Kohlenstoff und Wasser essenziell sind, suchen wir auch im All danach, sodass wir im Grunde nur eine zweite Erde suchen«, beschreibt John A. Baross das Dilemma. Der Ozeanograf von der University of Washington in Seattle ist Leiter eines NASA-Teams, das über die Möglichkeiten »fremdartigen« Lebens nachdenkt. Bis zur Entdeckung Australiens schien die Aussage »Alle Schwäne sind weiß« wahr zu sein – jedenfalls für den Rest der Welt, der nicht wusste, dass auf den Seen und Flüssen des fünften Kontinents schwarze Schwäne schwimmen. Wenn wir nur nach CHON-Leben irdischer Art suchen, ignorieren wir da nicht die Möglichkeit der Existenz schwarzer Schwäne? Weil wir nur das Beispiel Erde kennen, wählen wir vielleicht den falschen oder einen zu engen Blickwinkel, indem wir sie zum Vorbild nehmen.

Wir sind CHON, und das Rückgrat unserer Biologie ist der Kohlenstoff. Aber es gibt auch noch andere brauchbare Elemente. Von der chemischen Verwandtschaft her käme Bor beispielsweise in Frage, aber auch Stickstoff, Phosphor, Schwefel – oder das Lieblingskind der Science-Fiction-Autoren: Silizium. Das steht im Periodensystem genau unter dem Kohlenstoff. Beide sind sich chemisch ähnlich. Silizium kann genau wie Kohlenstoff vier Wasserstoffmoleküle an sich binden. In allen Steinen, seien sie nun irdischen Ursprungs oder nicht, gibt es reichlich Silizium. Es macht immerhin fast 26 Prozent der Erdkruste aus und müsste damit für die vielfältigsten Experimente ohne jeden Versorgungsengpass zur Verfügung stehen, falls die Natur das möchte.

Auch das irdische Leben setzt Silizium ein, nicht als Basis, aber zumindest als wichtiges Element. Ohne Siliziumverbindungen gäbe es die meisten Tiere und Pflanzen auf der Erde nicht. Pflanzen nutzen es für mehr Stabilität, Tiere als Bestandteil ihres Bindegewebes und für das Knochenwachstum. Silizium gibt auch eine interessante Nahrungsquelle für manche Mikroben ab. Mycobakterien wachsen beispielsweise ohne Kohlenstoff, solange sie Siliziumverbindungen zur Verfügung haben, und ähnlich halten es manche Schimmelpilze, die nur destilliertes Wasser und Kieselsäure brauchen.

Es gibt sogar Einzeller, die ohne Silizium nicht existieren können: die Kieselalgen (Diatomeen). Sie haben zwar einen ganz normalen kohlenstoffbasierten Stoffwechsel, aber ihre fragilen Spitzenschalen produzieren sie aus einer Art Bio-Kieselerde. Sie fertigen sie in speziellen Organellen, wobei der Kohlenstoff die Matrize liefert, und das Silizium lagert sich darum an. Im Grunde ist das die Umkehrung des Cairns-Smith'schen Kristallwesens, bei dem das Silizium das Muster für den Kohlenstoff vorgab. Diatomeen verbinden beide Welten, die der CHON und die des anorganischen Siliziums. Sie sind keine Exoten, sondern die wichtigsten Primärproduzenten von Nährstoffen. Wenn Silizium eine so wichtige Rolle spielt, ist dann eine auf Silizium basierende Biologie möglich?

Am 9. März 1967 flimmerte erstmals die Star-Trek-Folge »The Devil in the Dark«[66] über die US-amerikanischen Bildschirme. Star-Trek-Vater Gene Roddenberry hatte sich die Horta ausgedacht, Siliziumwesen, die sich durch Stein ätzen.

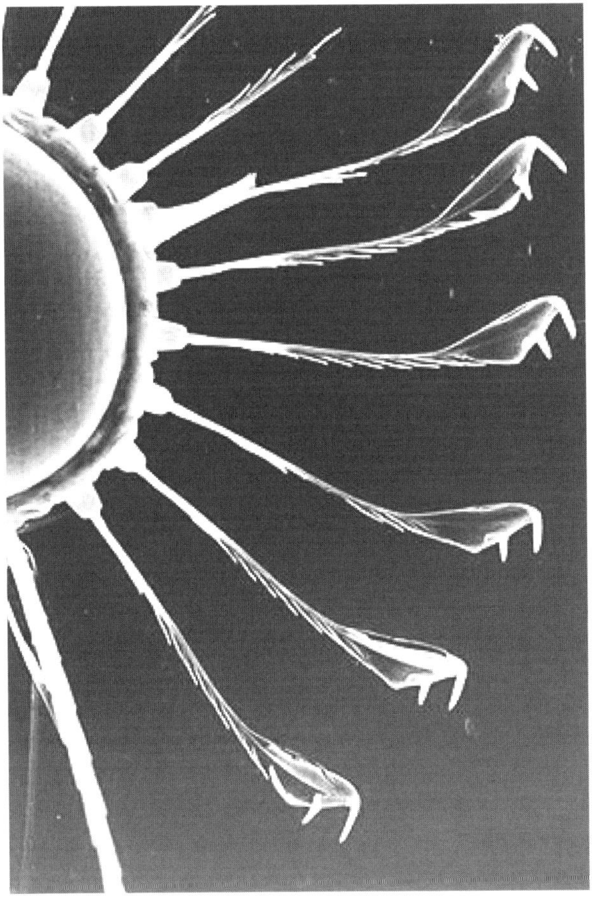

Abb. 18: Diatomeen bauen ihre Hüllen aus Silizium.

Deren Fortbestand ist nur Mr. Spock zu verdanken, weil er erkannte, dass das, was wie eine Kreuzung aus Pizza und Perserteppich aussah, ein empfindsames Wesen war, das die Nachkommen seiner Art vor der gedankenlosen Zerstörung durch menschliche Siedler retten wollte. Die hielten die Horta-Eier für nutzlose Siliziumkugeln und zerbrachen sie. Gene Roddenberry war nur einer von vielen Science-Fiction-Autoren, die die Idee der Siliziumwesen weitergesponnen haben. Es gab eine regelrechte Silizium-Welle in der Science-Fiction-Literatur, weshalb viele Wissenschaftler sich nicht mehr dieses Themas annehmen. Sie fürchten, dadurch in der Ecke der Phantasten zu landen. Aber ein paar wagen sich doch daran.

Kohlenstoff bietet unter den Bedingungen auf unserem Planeten einfach die ideale Basis des Lebens, weil er so wandelbar ist. Er kann mit Wasserstoff, Sauerstoff oder Stickstoff Millionen von verschiedenen Kettenmolekülen, Fäden, sich verzweigenden Strukturen oder Ringen bilden. Ein Kohlenstoffatom kann mit seinen Partnern Einfachbindungen ebenso aufbauen wie Doppel- und Dreifachbindungen, falls es etwas stabiler sein soll. Kohlenstoff ist anpassungsfähig, er lässt zu, dass CHON sich verschiedener Energiequellen bedienen können. Er bietet dem Leben einen sehr gut bestückten Modellbaukasten mit unterschiedlichsten Elementen, unter denen es wählen kann. Außerdem ist eine Kette aus Kohlenstoffatomen stabiler als eine aus Silizium. Ein Organismus, der Kohlenstoff als molekulares Rückgrat wählt, ist also solider als einer, der sich für Silizium entscheidet.

Das ist auch wandelbar, aber an die Vielfalt des Kohlenstoffs kommt es nicht heran. Es gibt zwar Ketten und Ringe aus Silizium und Wasserstoff, und auch Silizium kann stabile Polymere bilden, durch Si-Si-Moleküle, die »Silane« genannt werden. Aber wenn diese Verbindung halten soll, darf es weit und breit keinen freien Sauerstoff geben, denn Silizium liebt nichts mehr als Sauerstoff. Kommt der ins Spiel, verlässt es schnöde den Silan-Verband und verbrennt zu Gesteinsstaub. Die chemische Verbindung zwischen Silizium und Sauerstoff namens Siliziumdioxid (SiO_2) ist hingegen sehr stabil, baut als Granit sogar unsere Kontinente auf. Fürs irdische Leben taugt aber ein derart festgefügtes Molekül nicht. Unter hiesigen Bedingungen ist es zu starr für das komplexe chemische Zusammenspiel, das Leben bedeutet.

Aber gilt das überall? In unserem Sonnensystem sind zwei Planeten heißer, alle anderen kälter als die Erde, und dazu kommen noch ein paar kalte Monde wie Europa, Titan oder Triton. Sie gleichen in vieler Hinsicht terrestrischen Planeten, nur dass sie um einen Riesenplaneten kreisen. Es könnte also durchaus sein, dass ein x-beliebiger terrestrischer »Durchschnittsplanet« eher kälter ist als die Erde. Wir CHON mögen Kälte jedoch überhaupt nicht, für unsere Biochemie ist sie eine Herausforderung. Alle Reaktionen laufen bei niedrigen Temperaturen langsamer ab, und irgendwann tut sich gar nichts mehr.

Welche Ansprüche stellt ein Siliziumwesen, das auf Silanen aufbaut? Sauerstoff darf, wie gesagt, keinesfalls in der Nähe sein, flüssiges Wasser auch nicht, weil es die Ketten zerstört. Aber dafür sorgt schon der nächste Punkt der Wunschliste: Kalt muss es sein, eiskalt. Das sind Bedingungen, wie sie mit -179 °C auf Saturnmond Titan oder mit -238 °C auf dem Neptunmond Triton herrschen. Hier bekommen die Silane eine Chance. Bei Zimmertemperatur wären sie viel zu instabil, als dass Leben etwas damit anfangen könnte. Genau wie der Kohlenstoff braucht auch Silizium ein Lösungsmittel, schließlich müssen die Reaktionen irgendwo ablaufen können. Es müsste Meere oder Seen geben, die dann aus flüssigem Methan und Ethan bestehen oder aus flüssigem Stickstoff, je nach Umgebungstemperatur. Kann sich dann dort siliziumbasiertes Leben bilden? Etwa auf Titan, auch wenn die Idee von den Methanmeeren an seiner Oberfläche nach der Landung von Huygens am 14. Januar 2005 verworfen worden ist?

Der Saturnmond ist eine vollkommen fremdartige Welt, die sich unter einem dichten Atmosphärenschleier vor neugierigen Blicken verbirgt. So waren die Geologen überrascht, als sie das Landegebiet erkennen konnten. Es war eine seltsam vertraut anmutende Landschaft aus Eis und Hügeln, die von Abflusskanälen durchzogen zu sein schienen, ein »Flussbett« mit Eisgeröllen, und alles mündete in eine flache, dunkle Ebene. In dieser Ebene ist Huygens gelandet. Eine weite Fläche, bedeckt mit Sand aus Eiskörnern. Zunächst schien es, als sitze Huygens auf einer Art Crème brûlée, eine Oberfläche mit einer harten Kruste und etwas Weichem, Halbflüssigem darunter. Aber das trog. Es war wohl nur ein Eiskiesel, von dem die Sonde abrutschte. Der Boden besteht aus Eis, das die Rolle von Steinen übernommen hat.

Über der Landschaft Titans erhebt sich ein Himmel, der zu 94 Prozent aus Stickstoff besteht, der Rest ist Methan und das

Edelgas Argon. Auch Ethan kommt vor, Propan oder Cyanwasserstoff sowie Kohlendioxid und Wasser. Das UV-Licht der fernen Sonne, die hier nur noch eine kleine Scheibe ist, spaltet das Methan in der Lufthülle, und aus den Zersetzungsprodukten entstehen weitere organische Verbindungen. Aus dem Himmel regnet es Methan auf die Berge aus Wassereis. Auf den ersten Blick ähnelt Titan der Erde – aber es wäre ein großer Fehler, die beiden miteinander in Verbindung zu bringen. Titan ist einzigartig. Er ist vollkommen anders, so wie er war die Erde nie, selbst nicht damals, als es noch kein Leben auf ihr gab. Als Methan in der Erdatmosphäre auftauchte, war es ein Zeichen für Leben – auf Titan gehört es zum Planeten dazu, denn in der protoplanetaren Scheibe entstand er aus einem anderen Baumaterial als die inneren Steinplaneten.

Anders als auf der Erde, wo das Methan schnell wieder verschwindet, ist es auf dem Titan lange stabil und bringt es immerhin auf eine Lebensdauer von zehn Millionen Jahren. Trotzdem muss es über geologische Zeiträume eine Quelle dafür geben, und die vermutet Gabriel Tobie von der Université de Nante im Inneren des eisigen Monds. Titan hat einen steinernen Kern, der wie eine Zwiebel von Schichten eingehüllt wird. Die äußerste Schicht besteht aus Eis und Methanhydraten, die innere aus Hochdruckeis. Dazwischen soll ein Ozean schwappen, in dem Ammoniak als Frostschutzmittel dafür sorgt, dass das Wasser selbst noch bei -20 °C flüssig wäre. Für das Meer unter dem Eis braucht der Mond trotzdem zusätzliche Wärme. Die Sonne ist viel zu weit weg, und der radioaktive Zerfall im Gesteinskern wird als Heizung inzwischen vielleicht nicht mehr ausreichen, weil die Aktivität mit der Zeit abklingt. Aber auch der Gasriese Saturn hat mit seiner Gezeitenreibung die Macht, für Wärme zu sorgen. Das könnte ebenfalls eine Rolle spielen. Titan fliegt auf einer elliptischen Bahn, sodass die Schwerkraft Saturns mal mehr, mal weniger an ihm zerrt. Im Eis bauen sich Spannungen auf, Reibungswärme entsteht, und vielleicht schmilzt es.

Dieses Meer nun, dessen Existenz übrigens umstritten ist, soll die Quelle für das Methan in der Titanluft sein. Gabriel Tobie stellt sich vor, dass auf dem Wasser eine mehrere Kilometer

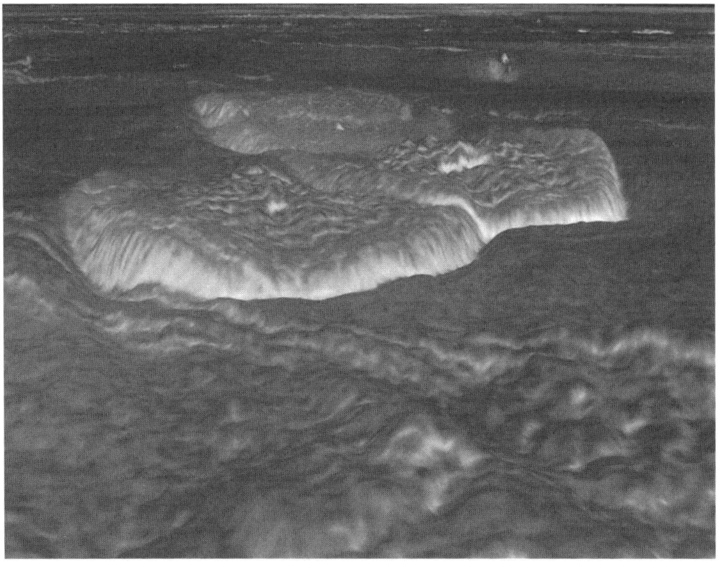

Abb. 19: Pfannkuchenvulkan auf der Venus

mächtige Schicht aus gefrorenem Methan schwimmt. Weil der radioaktive Zerfall nachlässt und Titan abkühlt, begann dieses Meer vor 500 Millionen Jahren zu gefrieren. Dabei dehnt sich das Wasser aus, und wo der Druck zu hoch wird, brechen seitdem immer wieder Eisvulkane durch die Oberfläche. Das Wasser, das kurz vor dem Einfrieren als Eisschlamm aufsteigt, reißt das Methaneis mit, das dabei schmilzt und den Methanvorrat in der Atmosphäre nachfüllt, so Tobie.

500 Kilometer von der Landestelle entfernt haben die Infrarot-Spektrometeraugen der Huygens-Muttersonde Cassini, die immer noch Saturn erforscht, eine Struktur ausgemacht, die ein schneckenförmiger Eisvulkan sein könnte. Diese Cryovulkane[67] speien keine glutflüssige Lava, sondern flüssiges Methan, Kohlendioxid, Wasser oder Ammoniak, die an der kalten Oberfläche wieder gefrieren. Meere können so nicht entstehen, aber vielleicht Seen? Als die ESA-Landesonde Huygens auf dem Mond niederging, hatten die Planetologen gehofft, Hinweise auf Methanseen zu finden, eine Lichtreflexion etwa, die die

Sonde bei seinem Abstieg einfängt. Fehlanzeige. Vielleicht ist Huygens in der Trockenzeit gelandet, als alle Seen verdampft waren? Schließlich erlaubte die Mission nur eine Momentaufnahme. Vielleicht reicht der Nachschub aus dem gefrierenden Ozean unter dem Eis aber auch dafür nicht mehr aus. Irdische Geologie und Chemie sind auf diesem eiskalten Himmelskörper, der weit draußen im Sonnensystem entstanden ist, nicht anwendbar.

Wäre Titan eine potenzielle Heimat für siliziumbasierte Wesen? Dafür müsste es dort kalt genug sein, um den reichlich vorhandenen Kohlenstoff in Schach zu halten. Er darf nicht reagieren, denn Silizium wird nur dann zur Grundlage von Biologie, wenn es sich gegen den »gewandteren« Kohlenstoff durchsetzen kann. Wir würden dieses Leben bestimmt nicht auf den ersten Blick erkennen. Siliziumleben, wie auch immer es seine Ernährung und Fortpflanzung sicherstellen mag, liefe viel gemächlicher ab, vermuten jedenfalls die Chemiker. Wir könnten es glatt übersehen. Das gilt auch für potenzielle CHON-Wesen. Falls es Leben auf Titan gibt, wird es vollkommen anders sein als alles, was wir von der Erde her kennen – eben einzigartig, wie die Geologie dieses Mondes.

Wie wahrscheinlich sind jedoch die Siliziumwesen, von denen die Science-Fiction-Autoren träumen? »Falls es irgendwo siliziumbasiertes Leben gibt, wird es im Universum nicht häufig sein«, urteilt Dirk Schulze-Makuch. Das vermutet er nicht nur aufgrund theoretischer Betrachtungen über die chemischen Eigenschaften von Silizium, sondern auch aufgrund von Beobachtungen im All. »Es gibt dort draußen zwar alle möglichen Kohlenstoffmoleküle, aber es fehlen Siliziumketten. Schon allein das legt nahe, dass es viel mehr kohlenstoffbasiertes Leben geben könnte als siliziumbasiertes.« Schade für Horta.

13 | Und sie bewegt sich doch

Die Leute, die so recht darauf pochen, auf dem Boden der Tatsachen zu stehen, und mit Hypothesen durchaus nichts zu tun haben wollen, sitzen doch allemal selbst mit einer falschen Hypothese drin.
Alfred Wegener, 1880–1930

Wenn wir uns fragen, ob da draußen jemand ist, geht es eigentlich um mehr als darum, ob Leben jenseits der Erde Fuß fassen konnte. Vielmehr sind wir neugierig darauf, ob es irgendwo intelligente Lebewesen gibt, die vielleicht sogar mit uns Kontakt aufnehmen möchten. Weil fremdes intelligentes Leben wahrscheinlich CHON-Leben wäre, lassen sich die Ansprüche, die seine Entwicklung an einen Planeten stellt, vom Beispiel der Erde ableiten und davon, was ihren Geschwistern im Sonnensystem fehlt.

Merkur ist eine Welt aus Stein, wasserlos, zernarbt von zahllosen Einschlägen, eine Kraterlandschaft. Die nahe Sonne bäckt seine Tagseite, die Temperatur steigt dort auf +467 °C. Seine Nachtseite wird vom Kosmos auf -183 °C tiefgekühlt. Merkur ist steril.

Wie jede Diva verrät die wolkenbedeckte Venus ihr wahres Alter nicht. Der größte Teil ihrer Kruste ist vor rund 500 Millionen Jahren erneuert worden, wahrscheinlich durch planetenweite Vulkanausbrüche, die alles umgekrempelt haben. Was davor war, verschweigt sie uns. Venus hat Hochländer, groß wie irdische Kontinente, sie besitzt Vulkane, die aussehen wie ein Stapel Pfannkuchen, und solche, die schwer auf dem heißen, weichen Untergrund lasten und darin zu versinken drohen. Man kann sicher sein, dass es auf der Venusoberfläche weder Wasser gibt noch die einfachste Mikrobe, und niemand weiß, was in den Wolken ist.

Mars ist zweigeteilt, mit stark zerkraterten Hochländern im Süden und flachen, sandbedeckten Ebenen im Norden. Längs des Äquators läuft ein 4000 Kilometer langes Canyonsystem, das stellenweise bis zu sieben Kilometer tief ist. Die Ursache für den Einbruch dieser Valles Marineris war die Aufwölbung der Tharsis-Region, eines dicken Wulstes in der Marskruste. Sie riss auf, als sich dieses kontinentgroße Vulkanfeld auftürmte, zu dem mit dem 27 Kilometer hohen Olympus Mons der höchste Berg des Sonnensystems gehört. Neben Olympus Mons erschiene der Mount Everest wie ein Hügel. Es gibt auch noch ein zweites, kleineres Vulkangebiet, die Elysium-Region, aber ansonsten scheint Mars tektonisch eher ein ruhiger Typ zu sein.

Auffällig ist: Weder auf Merkur, Venus noch Mars gibt es Gebirgsketten. Auch die im Hinblick auf mikrobielles Leben »verdächtigen« Monde der Gasriesen, wie Europa und Titan, haben keine. Ob Alpen, Himalaya, Rocky Mountains, Anden oder das Rheinische Schiefergebirge, so etwas gibt es ausschließlich auf der Erde, und es würde in einem interplanetaren Reiseführer mit Sicherheit als große Besonderheit erwähnt. Viele Planeten und Monde haben Vulkane, das ist langweiliger Durchschnitt. Aber die irdischen Bergketten sind – soweit wir wissen – im Sonnensystem einmalig, genau wie die Tatsache, dass die Erde höher entwickeltes Leben besitzt, eine sauerstoffreiche Atmosphäre und gemäßigte Temperaturen an der Oberfläche. Auf den ersten Blick scheinen diese Merkmale nicht viel miteinander zu tun zu haben, aber dass die Erde so ist, wie sie ist, dass es seit Jahrmilliarden Leben auf ihr gibt, auch höher entwickeltes, hängt direkt mit der Plattentektonik und damit auch mit den Bergketten zusammen.

Geologisch betrachtet ist die dünne, spröde, steinerne Außenhaut der Erde ein Riesenpuzzle aus einigen großen und etlichen kleineren Platten. Zwar war es Gelehrten schon im 17. Jahrhundert aufgefallen, dass die Konturen der Kontinente zusammenpassen. Doch erst der deutsche Polarforscher Alfred Wegener[68] erkannte Anfang des 20. Jahrhunderts die Ursache dafür: Die Kontinente wandern. Die Theorie der Plattentektonik, die auf seinen Gedanken aufbaut, löste aber erst in den siebziger Jahren eine wissenschaftliche Revolution aus, die mit

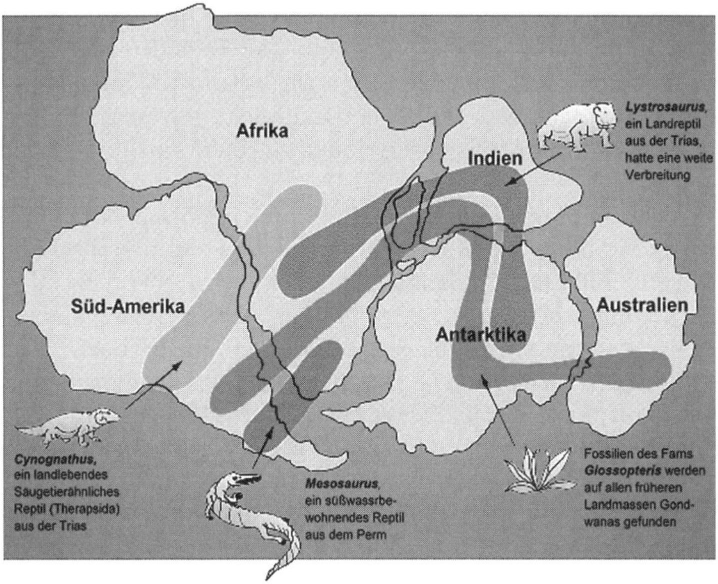

Abb. 20: Der Urkontinent Gondwana

der Kopernikanischen Wende in der Astronomie verglichen werden kann. Wie so oft in der Geschichte brauchte auch Wegeners Idee lange, um sich durchzusetzen, und sie stieß auf heftigen Widerstand.

Es begann im Herbst des Jahres 1911. Alfred Wegener, ein junger Privatdozent für Meteorologie und Geophysik an der Universität Marburg, verbrachte Tage in der Universitätsbibliothek, um Aufsätze über Fossilien zu suchen, die diesseits und jenseits des Atlantiks identisch sind. Er war wie besessen von der Idee der Kontinentalverschiebung, schlief kaum, aß wenig. Je mehr er grübelte, desto mehr war er überzeugt, dass er Recht hatte.

Für die Fossilien gab es eine klassische Erklärung: die Landbrücken. Die Geologen waren bis dato davon ausgegangen, dass diese Landbrücken erschienen, wenn sich die Kontinente hoben, und verschwanden, wenn sie sich wieder senkten. Eine von ihnen hatte angeblich Afrika und Südamerika verbunden, bevor sie in den Atlantik hinabfuhr. Wegener hielt das alles für physikalisch unmöglich. Nein, wenn die Fossilien bewiesen, dass es eine Verbindung zwischen Afrika und Südamerika gegeben hat, dann war das keine Landbrücke gewesen, sondern die beiden Kontinente waren einmal zu einem einzigen vereint gewesen.

Also trat er am 6. Januar 1912 im großen Hörsaal des Frankfurter Senckenberg-Museums vor ein erlesenes wissenschaftliches Publikum. Mit einiger Mühe hatte er den Vorsitzenden der Geologischen Vereinigung überzeugt, dass er auf der Hauptversammlung erstmals seine neue Theorie vorstellen durfte. Der Titel seines Vortrags: »Die Herausbildung der Kontinente und Ozeane auf geophysikalischer Grundlage«. Wegener war aufgeregt, wusste er doch, dass seine Theorie jedem geologischen Lehrwissen widersprach. Er atmete tief durch und erzählte von geophysikalischen Prinzipien, von den Spuren einer Hunderte von Millionen Jahre zurückliegenden Vereisung, die sich in Australien finden, in Südafrika, Südamerika, sogar in Westindien – aber nicht auf der Nordhalbkugel. Und er führte natürlich die Beispiele der hüben wie drüben identischen Fossilien an. Das alles lasse sich einfach erklären, wenn man erkennte, dass die Kontinente über die Meereskruste drifteten wie Eisberge durch dünnes Treibeis.

Diese Botschaft erstaunte das Auditorium zunächst. Doch das Staunen wandelte sich bald in Zorn und Ablehnung. Je länger der Vortrag dauerte, umso kälter wurden die Blicke, ein missbilligendes Raunen setzte ein. Alfred Wegener wurde nervös, sprach schneller. Er versuchte seinen Vortrag zu beenden. Der Vorsitzende meldete sich zu Wort: »Es tut mir leid, aber wir müssen hier aus Zeitgründen schließen.« Eine Welle der Entrüstung schlug Alfred Wegener entgegen.

Zeit seines Lebens sollte Wegener, der im November 1930 mit nur 50 Jahren bei einer Expedition in Grönland starb, mit dieser Entrüstung zu kämpfen haben. Er nahm sie äußerlich gelassen hin, zog nur nachdenklich an seiner Pfeife, wenn ihm auf einer Konferenz der Wind wieder einmal besonders heftig entgegenblies. Der Widerstand, auf den er stieß, war vergleichbar mit dem, was Charles Darwin nach der Veröffentlichung seines

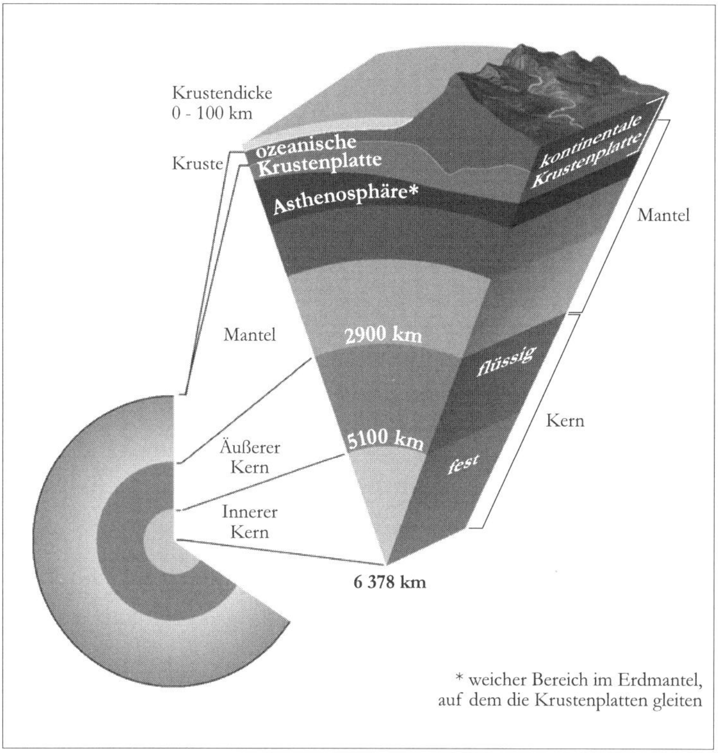

Abb. 21: Schalenbau der Erde

bahnbrechenden Werkes »Vom Ursprung der Arten« widerfuhr. Durch die Wirren des Ersten Weltkriegs blieb die erste Auflage von Wegeners Buch »Die Entstehung der Kontinente und Ozeane« weitgehend unbeachtet. Die drei folgenden jedoch wurden weltweit heftig diskutiert. Die meisten Kommentare waren sehr unfreundlich: »Gewäsch!«, »Humbug!«, »Völliger Blödsinn« hieß es – und »Niemand, der bei klarem Verstand ist, darf so etwas unterstützen!« oder »Fieberphantasien der von Krustendrehkrankheit und Polschubseuche schwer Befallenen!«.

Wegener fehlte damals ein entscheidender Punkt in seiner Argumentation: der Motor. Er hatte keine Ahnung, was die Kontinente antreiben könnte. Ihm fielen nur die Gezeitenkräfte oder die Zentrifugalkraft durch die Erddrehung ein, aber die waren viel zu schwach. Dass die Kontinente nicht nur an der Oberfläche trieben, sondern durch Konvektionszellen im Erdmantel mitgezogen werden, davon wusste man noch nichts. Die Geologen und Geophysiker mussten erst viel mehr über die Beschaffenheit des Meeresbodens und das Erdinnere lernen.

Im Zweiten Weltkrieg begannen die Amerikaner das Magnetfeld der Ozeane systematisch zu kartieren. Ihr Ziel war es, die Eisenkörper der in der Tiefe lauernden deutschen und japanischen U-Boote besser identifizieren zu können. Zum Erstaunen der Geowissenschaftler war der Meeresboden von einem magnetischen Zebramuster überzogen. Aber das war nicht die einzige Überraschung. Der Geologe Harry Hess von der Princeton University kommandierte damals die USS Cape Johnson. Das Versorgungsschiff hatte ein sehr gutes Sonar an Bord, und Hess war durch und durch Wissenschaftler, sodass er das Gerät unentwegt arbeiten ließ. Er vermaß den Meeresgrund des Pazifiks quasi nebenbei und entdeckte, dass es an manchen Stellen zwei Kilometer unter dem Meeresspiegel Berge mit flachen Spitzen gab, die aussahen, als habe die Erosion sie abgeschnitten. Seine Neugier war geweckt.

Nach dem Krieg kehrte Hess nach Princeton zurück und arbeitete daran, dem Geheimnis dieser Berge auf die Spur zu kommen. Wie er sammelten auch andere Forscher auf allen Meeren Daten über den Untergrund. Sie entdeckten ein weltumspannendes Netz von submarinen Gebirgsketten, die Mittelozeanischen Rücken, deren höchste Gipfel aus dem Meer herausragen. Auch Island gehört dazu. Zwar war schon durch die Verlegung der interkontinentalen Telefonkabel bekannt, dass es im Meer Hügel gibt, aber mit einem mehr als 60 000 Kilometer langen Gebirgszug hatte niemand gerechnet.

Aus Bohrkernen ließ sich ablesen, dass die Gesteine beiderseits des Rückens immer älter wurden, je weiter man sich von ihm entfernte. Daraus schloss Harry Hess, dass an der zentralen Schlucht, die diese Rücken wie mit einem Messer geschnitten durchzieht, ständig neuer Ozeanboden entsteht. Unter diesem Graben dringt Magma aus dem Erdmantel hoch, reißt ihn ein Stück weit auf, füllt die Spreizungszone und erstarrt als neue ozeanische Kruste, um dann später, beim nächsten Ausbruch, selbst auseinander gerissen zu werden. Während die Basaltlava abkühlt, richten sich die Eisenminerale darin nach dem Erdmagnetfeld aus, und das Ganze erstarrt. Weil unser Magnetfeld wandelbar ist und sich ca. alle 250 000 Jahre umpolt, entsteht das Zebramuster, das die US-Marine gefunden hatte. Das »Seafloor spreading« – Meeresspreizen – war entdeckt. Die Ozeanböden erwiesen sich als gigantisches Förderband, auf dem die Kontinente in verschiedene Richtungen geschoben wurden.

Bis dahin hatten die Geologen geglaubt, dass der Meeresgrund das Älteste sei, was es auf der Erde gibt. Er hatte gewissermaßen den geologischen Endzustand dargestellt. Man war davon ausgegangen, dass die Landmassen so lange abgetragen würden, bis auch sie eines fernen Tages im Wasser versanken. Nun zeigte sich, dass es der älteste Streifen Ozeanboden gerade einmal auf lächerliche 200 Millionen Jahre bringt, während die Kontinente das Gedächtnis der Erde sind, das vier Milliarden Jahre weit zurückreicht, wie der kanadische Acasta-Gneis belegt.

Mitte der sechziger Jahre war die Zeit reif für die Erkenntnis, dass die Erdkruste beweglich ist und aus verschiedenen, sich gegeneinander verschiebenden Blöcken besteht, die wie Mosaiksteine zusammenpassen. Der erste Schritt war getan, aber eben nur der erste. Den nächsten unternahm der kanadische Geologe J. Tuzo Wilson. Er beschrieb das globale Netzwerk der Nahtstellen aus Mittelozeanischen Rücken und Subduktionszonen, an denen die Meereskruste wieder ins Erdinnere rutscht, und er beschrieb große Störungen, an denen ganze Krustenblöcke gegeneinander versetzt werden. Wilson schloss, dass sich dadurch Meere öffnen und schließen und dass Gebirge dort entstehen, wo zwei Kontinente kollidieren. Bis zu seiner Arbeit hatte noch niemand daran gedacht, die Gebirge in die Betrachtungen miteinzubeziehen. Jetzt wurden sie als Symptom der Plattentektonik erkannt.

Diesen Namen bekam die Idee endlich 1968. W. Jason Morgan taufte in einem Artikel für die »Geophysical Research Let-

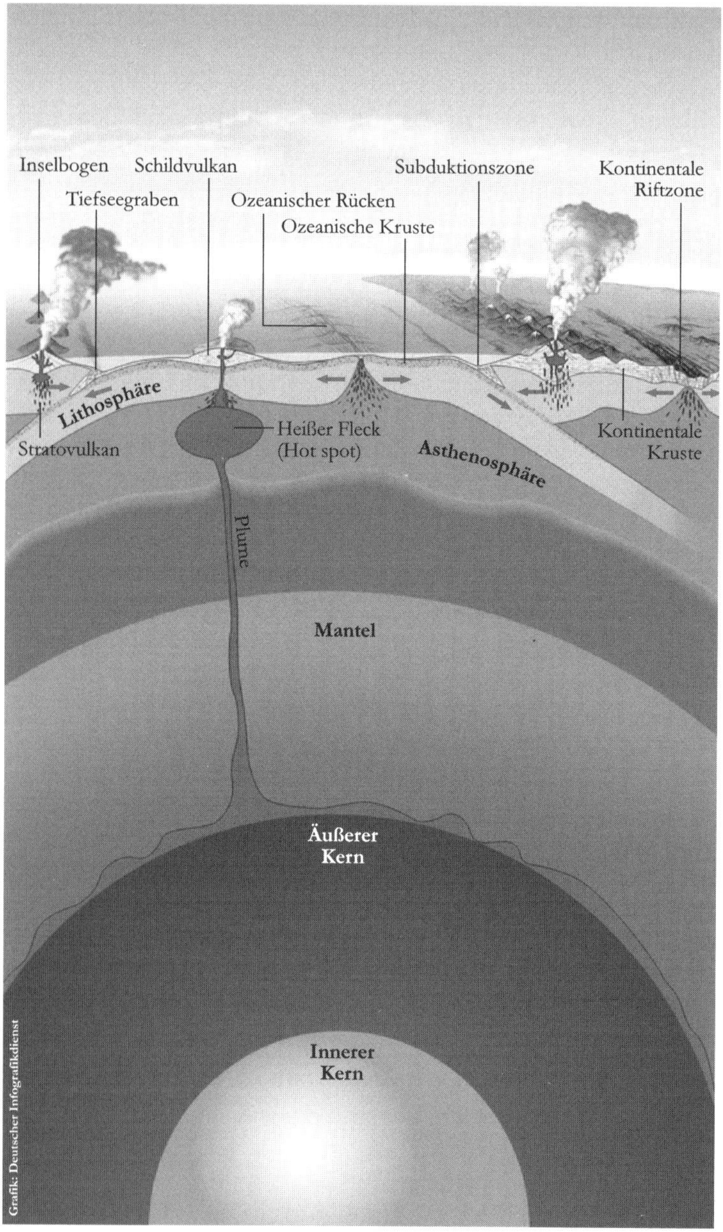

Abb. 22: Das plattentektonische Inventar der Erde

ters« die Krustenblöcke »Platten«, und aus der Kontinentalverschiebung wurde die »Plattentektonik«. Die Geologen und Geophysiker sammelten weiterhin Daten über Daten. 1972 war es so weit, 60 Jahre nach dem Vortrag, den Alfred Wegener in Frankfurt gehalten hatte. Auf einer Konferenz in Kalifornien erhielt die Plattentektonik den offiziellen Segen. Die Sitzungen zu diesem Thema waren voll besetzt, jeder interessierte sich dafür, alle waren begeistert. »Die Theorie ging ab wie eine Rakete«, beschreibt es Kent Condie, Geochemiker am New Mexico Institute of Mining and Technology in Soccorro, der die denkwürdige Konferenz als junger Wissenschaftler besucht hatte. Die Geologie mistete ihr Wörterbuch aus: Alte Fachbegriffe wurden umgewidmet oder über Bord geworfen, neue geprägt – und seit damals gehört die Plattentektonik zum wissenschaftlichen Standardwissen.[69]

Durch neue Ideen lösen sich alte Probleme manchmal in Luft auf. Als Nikolaus Kopernikus die Sonne ins Zentrum gerückt hatte, waren plötzlich die komplizierten Bewegungen der anderen Planeten ganz einfach, sie folgten eben nur ihrer Kreisbahn. Die ganzen Kapriolen der Wandelsterne, über die sich Generationen von Astronomen die Köpfe zerbrochen hatten, waren lediglich ein schlichtes Phänomen der Geometrie. Die Berechnungen von Jahrhunderten landeten im Papierkorb. Auch durch die Plattentektonik wurden ungeheuer komplizierte Erklärungen für die Manöver der Erdkruste überflüssig, alles passte zusammen – und die im Lauf von 200 Jahren entwickelten Modelle waren obsolet.

In den siebziger Jahren war es auch kein Problem mehr, dass der Motor der Plattentektonik noch nicht bekannt war. Es sprachen einfach zu viele Daten für die Theorie. Die Maschine zu enthüllen war die Arbeit der nächsten Forschergeneration, und heute ist der Antrieb grundsätzlich verstanden. Die Erde wird von gleich zwei »Heizungen« angefeuert, erstens gibt es 2900 Kilometer unter unseren Füßen den Erdkern, der vermutlich 5000 bis 6000 °C heiß ist. Zweitens wärmt der radioaktive Zerfall gleichmäßig den gesamten Erdmantel. Diese enorme innere Hitze muss abgeführt werden, weil sonst der Planet »überkocht«. Der Wärmetransport läuft am besten über Strömungen, über Konvektionszellen, erklärt der Geodynamiker Hans-Peter Bunge von der Ludwig-Maximilians-Universität in München. Er versucht mit Höchstleistungsrechnern das Geschehen im Erdinneren zu modellieren. Strömungen in der Erde fördern warmes Material tief aus dem Planeten bis nahe an die Oberfläche, wo es dann an der Unterseite der kühlen Erdkruste entlangwandert, sie dabei ein Stück mitzieht und dadurch langsam abkühlt. »Schließlich stößt das Material auf eine Nachbarzelle, und dort taucht es dann, deutlich kühler, in den Mantel hinein, wo es sich wieder aufheizt, um später erneut aufzusteigen.« Es ist ein gigantischer Kreislauf, den Hans-Peter Bunge da beschreibt.

Zwar sind die Mantelgesteine fest, aber trotzdem stehen sie niemals still. Sie »brodeln«, denn durch den Druck und die Hitze im Erdinneren sind sie verformbar geworden, strömen wie ein äußerst zäher Brei in einem Kochtopf. Konvektionszellen entstehen, die in der Nähe der Oberfläche für uns sichtbar werden. Wo sie »aufwallen«, erheben sich die Mittelozeanischen Rücken. Wo sie sich wieder nach unten richten, sinken die Tiefseegräben ein. Über diesen Subduktionszonen bilden sich gefährliche Vulkane, und dort kommt es auch immer wieder zu den stärksten Erdbeben, die wir kennen. Wenn sich so große Gesteinsplatten gegeneinander bewegen und dabei Gebirge auffalten, ist es klar, dass das nicht ohne Spannungen abgeht.

Heute sind die Platten mit einer Durchschnittsgeschwindigkeit von zwei bis fünf Zentimetern pro Jahr unterwegs, die ganz schnellen sogar mit jährlich acht Zentimetern. Im Grunde bewegen sie sich in dem Tempo, in dem unsere Fingernägel wachsen. Früher ging das stellenweise deutlich schneller. Den Rekord hält die Indische Platte, die vor 40 bis 50 Millionen Jahren mit bis zu 20 Zentimetern pro Jahr förmlich auf Eurasien zugerast ist. »Das ist wie Schumacher in der Formel 1«, vergleicht es Hans-Peter Bunge. Und die Kollision war dann auch dementsprechend, wie der Himalaya beweist.

Die Plattentektonik ist ein ganz charakteristischer und für die Erde grundlegender Prozess, durch den die Kontinente wachsen. Und diese Landmassen sind wiederum entscheidend für die

Evolution. Sie bieten zum einen durch zahllose Nischen und ausgeprägte Unterschiede in den Klimazonen und der Topographie starke Anreize für die Entwicklung der Arten. Zum anderen sind sie ein wichtiges Glied in der Kette, in der die Plattentektonik den Kohlenstoffzyklus und damit das Klima stabilisiert. Das Kohlendioxid in der Luft löst sich im Regenwasser, greift bei der Verwitterung die Kontinente an, löst Calcium heraus, mit dem es sich verbindet, und wird letztendlich ins Meer gespült. Dort wird es zum Baumaterial für die Kalkschalen der Einzeller, die später dann – sofern sie nicht gefressen werden – tot auf den Meeresgrund rieseln. In warmen Meeren fallen kleine Kalkkristalle direkt aus dem Wasser aus, wie in einem Wasserkessel, ein Prozess, der auch schon vor der Entstehung des Lebens abgelaufen ist. Über Millionen von Jahren sammeln sich so immer dickere Schlickpakete auf dem Meeresgrund an. Währenddessen wandert der Streifen Ozeanboden langsam von dem Mittelozeanischen Rücken weg, an dem er entstanden ist. Dabei wird er nicht nur mit Sedimenten bedeckt, sondern saugt sich auch mit Wasser voll.

Unser Streifen ist alt, kalt und schwer geworden, und irgendwann kollidiert er mit einer anderen Krustenplatte. In der Knautschzone faltet sich ein Gebirge auf, während die Meereskruste dabei zurück in den Erdmantel gezogen wird. Sie wird »subduziert«, wie es die Geologen nennen. Wenn sie hinabsinkt, zieht sie dabei nicht nur den ganzen Rest ihrer Ozeanplatte hinter sich her wie ein nasses Handtuch, das vom Badewannenrand gleitet. Sie schleppt auch einen guten Teil der Sedimentpakete ins Erdinnere hinein. Es geht tief hinab, manchmal sogar bis an die Grenze zum äußeren flüssigen Erdkern. Dort unten gibt es eine höchst exotische, für uns kaum vorstellbare »Landschaft«. Der Dichteunterschied zwischen dem festen Erdmantel und dem flüssigen äußeren Kern ist größer als der zwischen dem festen Boden unter unseren Füßen und der Luft. Es gibt gewaltige Berge und tiefe Canyons. Vielleicht ist dort unten auch der Friedhof, auf dem die verschwundene erste Uraltkruste der Erde liegt.

Auf ihrem Weg nach unten gerät unsere Gesteinszunge in immer heißere Regionen. Ist sie 50 bis 100 Kilometer abgesunken, beginnt ein Teil von ihr zu schmelzen. Lava entsteht, die aufsteigt und an den Vulkanen wieder nach draußen befördert wird. Dabei werden gewaltige Mengen an Wasserdampf und Kohlendioxid, das zuvor in Form von Kalksteinen und den anderen Sedimenten abgetaucht ist, wieder in die Luft geblasen – der Kreislauf schließt sich. Allerdings wird längst nicht aller Kohlenstoff, den die Verwitterung ins Meer geschwemmt hat, recycelt. Deshalb ist heute von der Gesamtmenge an Kohlendioxid, die es ursprünglich in der Erdatmosphäre gab, nur noch ein kleiner Teil vorhanden. Das meiste arbeitete die Plattentektonik in die Kalksteingebirge ein. Riffe, Muschelbänke und Einzellerschlamm, Tone – all das landet in den Bergen. Wer das Panorama der Dolomiten betrachtet, blickt auf Billionen Tonnen Kohlendioxid, die schon vor mehr als 250 Millionen Jahren aus der Luft herausgeholt worden sind.

Seit wann die Plattentektonik unseren Planeten umwälzt, wissen wir nicht, auch nicht, welches »Ventil« die Erde zuvor benutzt hat, falls sie nicht schon immer darauf setzte. Im Lauf der Zeit ist das Erdinnere jedenfalls abgekühlt, womit der Recyclingmechanismus schwächer wurde und weniger Kohlendioxid förderte. Sein Gehalt in der Luft sank mit jedem Kalkgebirge, das sich auffaltete. Der natürliche Treibhauseffekt ließ nach, und das war auch gut so, denn mit der Zeit wurde die Sonne immer heißer. Wäre die Menge des Klimagases Kohlendioxid konstant geblieben, hätte sich die Erde von einem blauen Planeten in eine orangefarbene glutheiße Venus verwandelt. Durch das Zusammenspiel von Plattentektonik, Verwitterung und Biologie hat sich über Hunderte von Millionen Jahren ein Gleichgewicht zwischen den Gaskonzentrationen in der Atmosphäre, in den Meeren, der Biomasse und den in Gesteinen für immer gespeicherten Gasen ausgebildet. Nur diesem Gleichgewicht verdanken wir unsere Existenz. Es ist wirklich erstaunlich, dass sich der Planet immer im optimalen Bereich halten konnte, über viereinhalb Milliarden Jahre hinweg.

Unter unseren Füßen arbeitet also eine gewaltige Maschine, die Kontinente verschiebt, Gebirge auftürmt, Meere aufreißt und alte Meereskruste wieder verschlingt – und die über Prozesse, die wir erst zu verstehen beginnen, das Klima steuert. Sie baut nicht nur Kulissen, sie verändert die Landschaften und zwingt das Leben so zur Anpassung. Kein Wasserplanet bietet eine solche Vielfalt an Entwicklungsmöglichkeiten, selbst wenn dort ein paar Vulkane aus dem Meer herausragen.

Könnte es sein, dass die Evolution hin zu intelligentem Leben an die geologischen Charakteristika eines Planeten gekoppelt ist? Forscher wie Peter Ward von der University of Washington in Seattle sind davon überzeugt, und er steht keineswegs allein da mit dieser Ansicht. Damit die Maschine der Plattentektonik funktioniert, muss es große Mengen Wasser auf einem Planeten geben. Die Verwitterung muss genügend Sediment von den Kontinenten in die Meeresbecken schaffen, die sich dann mit Wasser vollsaugen und alles zusammen per Subduktion ins Erdinnere schaffen. »Die Erde hat durch das Wasser an ihrer Oberfläche vermutlich eine für einen Planeten ungewöhnliche innere Struktur«, erklärt Hans-Peter Bunge. »Dieses Wasser dringt durch die Subduktion ins Erdinnere ein. Unsere Computermodelle zeigen, dass dadurch die oberen 500 bis 1000 Kilometer des Erdmantels wesentlich weicher sind als die tieferen Bereiche – und dann bilden sich in der Simulation genau die Konvektionsströmungen aus, die wir in der Natur erkennen. Die Strömungen sind stark genug, um die Krustenplatten an der Oberfläche mit sich zu reißen. Ohne Wasser bleiben die Zellen klein, und nichts passiert.« Anscheinend ist genau das der Punkt, der Mars und Venus von der Erde unterscheidet. Beide haben weder Meere noch gibt es auf ihnen Plattentektonik. Sie sind so genannte »Ein-Platten-Planeten«, das heißt, die gesamte Kruste ist eine dicke, starre Hülle, die wie ein festgeschraubter Deckel auf dem Planeten sitzt. Den beiden bleibt dann nur die Sprengung des Deckels, um ihre innere Hitze loszuwerden: der Vulkanismus.

Für den kleinen Mars reichten zwei Vulkanregionen als Ventil, um den Überdruck im Inneren abzubauen. Und vielleicht ist die eine der beiden, die Tharsis-Region, nur deshalb so groß, weil auf der Gegenseite des Planeten ein gewaltiger Einschlag das Hellas-Becken heraussprengte und die Ausbrüche auslöste. Erde und Venus hingegen sind etwa gleich groß, deshalb sollte ihre planetare Wärmebilanz eigentlich ähnlich sein. Aber die seit langem wasserlose Venus kann ihre innere Glut nicht effizient abgeben. Während die Erde wie ein Breitopf vor sich hin wallt, schmort Venus eher wie ein Braten im eigenen Saft. Die Erde erneuert ihre Oberfläche stetig und in geologischem Tempo, für unsere Maßstäbe also langsam. Auf der Venus geschah dies, nach heutiger Kenntnis, mit einer Katastrophe. Über Jahrmillionen staute sich die Hitze in ihrem Inneren, konnte nicht durch die massive, starre Krustendecke entweichen. Dann, vor 500 Millionen Jahren, geriet Venus aus den Fugen. Unter der dichten, undurchlässigen und starren Kruste wurde das System instabil: Das ultraheiße Gestein durchbrach an mehreren Stellen seinen Käfig. Überall auf der Venus brachen Vulkane aus, die Lava ergoss sich kilometerdick über den Planeten und formte das Gesicht der Venus neu.

Derzeit kann niemand mit Sicherheit ausschließen, dass nicht auf irgendeinem der anderen Himmelskörper in unserem Sonnensystem Mikroben leben, sei es gut geschützt in der tiefen Marskruste, genährt vom Restvulkanismus des Planeten, sei es am Grund eines Meeres auf Europa. Leben in Form von Schleimwesen mag es im Universum auf zahllosen Himmelskörpern geben – die Weiterentwicklung hängt jedoch von der Plattentektonik ab. Wenn der Planet zu kalt wird oder überhitzt oder wenn eine Katastrophe wie auf der Venus passiert, ist es aus. Die Zeiträume, um die es in der Evolution geht, sind gewaltig. Fast vier Milliarden Jahre hat es gedauert, bis die ersten Tiere aufgetaucht sind. Um über sehr lange Zeiträume stabile Bedingungen zu bieten, bräuchte auch ein Exoplanet ähnlich effiziente Regulationsmechanismen. Doch was genau sind die Voraussetzungen, damit beispielsweise die Plattentektonik funktioniert? Darf der fremde Planet um ein Fünftel massereicher sein als die Erde, oder kommt er auch mit einem Zehntel des Wassers aus? Noch kennen wir die Antwort auf diese Fragen nicht. Aber wie eng auf der Erde dieses Zusammenspiel zwischen Planet und Leben gewesen ist, lässt sich bereits erahnen.

14 | Evolution im Zeitraffer

> Viele kamen allmählich zu der Überzeugung, einen großen Fehler gemacht zu haben, als sie von den Bäumen heruntergekommen waren. Und einige sagten, schon die Bäume seien ein Holzweg gewesen, die Ozeane hätte man niemals verlassen dürfen.
> *Douglas Adams: »Per Anhalter durch die Galaxis«*

Am Anfang glichen sich Venus, Erde und Mars mehr als heute. Doch sie haben sich auseinander entwickelt, was zum einen an lokalen Materialunterschieden in der protoplanetaren Scheibe lag, zum anderen am Abstand zur Sonne, vor allem aber daran, dass es auf der Erde Leben gibt. »Das Leben steuert die Atmosphäre und verändert die Erdoberfläche sehr stark. Es überarbeitet die Welt und betreibt sie so, dass es möglichst große Vorteile daraus ziehen kann«, erklärt Euan Nisbet von der Royal Holloway University of London.

Der Planet schuf den Rahmen, aber kaum war der erste Organismus entstanden, setzte er alles daran, diesen Rahmen zu verändern. Er suchte sich in der Umgebung seine Nährstoffe zusammen und gab seine Stoffwechselprodukte wieder ab. Das Leben modifizierte so die Bedingungen auf der Erde zunächst kaum merklich, aber die Evolution schritt fort. Dann gelang vor 2,7 Milliarden Jahren, vielleicht auch schon früher, die Erfindung der Photosynthese mit dem Abfallprodukt Sauerstoff. Anfangs hatte es keinen freien Sauerstoff gegeben, wofür wir dankbar sein sollten, denn sonst wäre unser Planet nichts weiter als eine öde Steinkugel im All: Sauerstoff ist ein giftiges und hochreaktives Gas, das organische Materie oxidiert. Gleichgültig welche Umwelt man nun für die Entstehung des Lebens annimmt, ob Ursuppe, Black Smoker oder Tone, er verdirbt immer alles.

Wann genau die Evolution die sauerstoffproduzierende Fotosynthese erfunden hat, ist Gegenstand heftiger wissenschaftlicher Debatten. Vielleicht geschah es bereits vor mehr als 3,5 Milliarden Jahren, vielleicht aber auch erst viel später. Isotopenverschiebungen in den Steinen zeigen an, dass der messbare Gehalt an freiem Sauerstoff in der Luft erst vor 2,3 Milliarden Jahren ein wenig anstieg. Warum das so lange gedauert hat, darüber rätseln die Geologen noch. Eine Erklärung könnte sein, dass anfangs auf der aktiven jungen Erde die allgegenwärtigen vulkanischen Gase jede Gelegenheit wahrnahmen, um mit dem Sauerstoff zu reagieren. Dann musste die Erdkruste erst einmal »durchoxidieren«. Die Steine und Schlämme fingen das Gros der Ausbeute weg. Überall »rostete« es. Für die Organismen, die damals lebten, war der freie Sauerstoff eine Katastrophe. Sie konnten sich noch nicht gegen dieses Zellgift wehren.

Viele der frühen Mikroben werden die ersten Sauerstoff-Attacken nicht überstanden haben. Andere passten sich an und entwickelten Enzyme, um den Feind unschädlich zu machen. Aus ihrer Mitte stammen die Newcomer, die vor etwa 2,2 Milliarden Jahren begannen, den aeroben, also auf Sauerstoff basierenden Lebensstil unter Einzellern beliebt zu machen. Und die Mode griff wohl rasch um sich, denn Sauerstoff ist eine potenziell bessere Energiequelle als Wasserstoff. Den neuen Mikroben gehörte die Welt. Wer sich nicht an das oxidierende Gas gewöhnen konnte, dem blieb nichts anderes übrig, als sich tiefer in den Schlamm oder in andere Refugien zurückzuziehen.

Obwohl nur wenige Prozent Sauerstoff in der Luft waren, löste das chemisch aggressive Gas eine ganze Kette von Reaktionen aus. Auf den Kontinenten veränderte und beschleunigte es die Verwitterung, zersetzte Minerale, die vorher stabil gewesen waren, und damit veränderte sich auch die Zufuhr von Nährstoffen ins Meer sowie in die Seen, Flüsse und Tümpel. Durch den von Lebewesen produzierten Sauerstoff in der Luft kamen physikalische und chemische Prozesse in Gang, die ohne Organismen ganz anders ablaufen würden. Endlich konnte sich durch photochemische Reaktionen des Sauerstoffs[70] hoch oben in der Stratosphäre eine Ozonschicht bilden, die seitdem das Leben vor den tödlichen UV-Strahlen der Sonne schützt.

Das Leben reagierte auf diese Umwälzung genauso wie auf alle anderen Ereignisse davor und danach. Es passte sich an, Neues entstand, Altes verschwand. Zahllose kleine Fortschritte addierten sich, gingen ins Ausgangsmaterial für den nächsten Schritt ein. Revolutionäre Erfindungen gelangen, die ganz neue Möglichkeiten eröffneten: die Chromosomen, die Zellen, die Zellteilung, die zweigeschlechtliche Fortpflanzung, die eine viel größere Vielfalt bei den Nachkommen ermöglichte – jedes Mal standen der Evolution neue Wege offen. Und immer wuchs die Vielfalt der Lebewesen. Leider waren am Anfang dieser Entwicklung die beteiligten Organismen so winzig, dass sie kaum Spuren in den Steinen hinterließen. Wo die Fossilien fehlen, helfen neue Techniken weiter: beispielsweise die »molekulare Uhr«. Dahinter verbirgt sich eine ausgetüftelte Methode der Molekularbiologen, mit der man über Veränderungen im Erbgut zu berechnen versucht, wann sich Gruppen von Lebewesen aus einem gemeinsamen Ahnen heraus entwickelt haben. Der Gedanke, der dahintersteckt, ist einfach: Alle Organismen tragen in sich Spuren unserer Vorfahren, und je mehr sie sich in der DNA unterscheiden, desto länger liegt die Trennung der Entwicklungslinien zurück. Der Haken an der Sache ist, dass die molekulare Uhr erst einmal richtig gestellt werden muss.

Ihr Erfinder, Gregory Wray von der State University of New York in Stony Brook, war davon ausgegangen, dass es so etwas wie eine konstante Evolutionsrate gibt, dass genetische Veränderungen also quasi mit der Regelmäßigkeit eines Uhrwerks auftauchen. Aber leider funktioniert Evolution so nicht, vor allem nicht in der Frühzeit der Erde. Die Umweltbedingungen waren damals vollkommen andere als heute, was die Mutationsrate signifikant beeinflusste. Die Evolution läuft nicht wie ein großer Strom träge vor sich hin. Vielmehr gibt es große Stromschnellen, Katastrophen, die »Massenaussterben«, bei denen innerhalb kurzer Zeit mehr als die Hälfte aller bekannten Arten verschwinden. Danach taucht meist sehr schnell eine Vielzahl von neuen Lebewesen auf. In solchen Krisenzeiten läuft die Uhr sehr viel schneller. Also mussten Methoden entwickelt werden, um die »Gang-Ungenauigkeiten« auszugleichen. Dennoch gibt es immer wieder Zweifelsfälle, die zu Debatten zwischen Molekularbiologen und Paläontologen führen, weil die Datierungen der Fossilien und die Altersangaben durch die molekulare Uhr nicht übereinstimmen.

Trotz aller Ungenauigkeiten bleibt den Wissenschaftlern oft nichts anderes übrig, als mit der molekularen Uhr zu arbeiten, beispielsweise bei der Datierung eines ganz entscheidenden Schritts in der Evolution: der Erfindung der eukaryontischen Zellen, des Astes also, auf dem auch wir Menschen sitzen. Anfangs waren unsere Ur-Ur-Urahnen wohl sehr klein. Ihnen fehlte noch das ausgefeilte Repertoire, mit dem die Zellen komplexer Organismen ihre Energieversorgung regeln. Alle diese Bausteine mussten sie erst noch »erwerben«. Über das Wie gibt es verschiedene Theorien. Eine der populärsten ist, dass die Eukaryonten ihre Zellkraftwerke, auch Mitochondrien genannt, ihrer Gefräßigkeit verdanken.

Es war einmal ein Ozean, in dem zahllose Cyanobakterien lebten, die nichts anderes taten, als Photosynthese zu betreiben und Luft und Wasser mit Sauerstoff anzureichern. Wenn sie starben, sanken sie auf den Boden, wo sie einen nahrhaften Teppich bildeten. Einige von ihnen waren Spezialisten, die gelernt hatten, organische Substanz in sich aufzunehmen und zu verdauen. Sie lebten dort unten wie im Schlaraffenland. Unter diesen spezialisierten Organismen waren auch unsere eukaryontischen Ahnen, Einzeller, die ihre Erbinformation in einem vom Zellplasma abgetrennten Kern unterbringen. Sie waren Räuber, die nichts dabei fanden, neben abgestorbenen Bakterien hin und wieder auch einmal kleinere Proteobakterien in ihre Zellen aufzunehmen. Meist endeten die Kleinen als opulentes Mahl und wurden verdaut, aber manchmal hatten sie Glück und überlebten im »Bauch« der Eukaryonten. Hin und wieder entwickelte sich daraus eine Symbiose: Der größere Wirt nutzte die Enzyme seines Gastes als Chemiefabrik zur besseren Ausbeutung des Nahrungsangebots vor seiner Zellwand, und der kleine Endosymbiont hatte einen sicheren Hafen gefunden.[71]

Diese Symbiose gab es durchaus häufiger, und irgendwann, erklärt Blair Hedges von der Penn State University, hat es ein Symbiont geschafft, sich zum vererbbaren Mitochondrium weiterzuentwickeln. Das brachte diesem Eukaryonten einen ungeheuren Vorteil gegenüber seinen Konkurrenten ein. Er war nicht mehr auf einen Zufall angewiesen, um dank der Symbiose in Energie schwelgen zu können. Nein, diese Nachfahren trugen ihr eigenes Zellkraftwerk von Anfang an in sich. Sie setzten sich durch, wurden zum Ausgangspunkt einer Fülle von neuen Formen. Blair Hedges hat mit Hilfe der molekularen Uhr berechnet, dass dieses große Ereignis vor etwa zwei Milliarden Jahren stattgefunden hat. Die Analyse von Gesteinsproben verrät, dass zu dieser Zeit der Sauerstoffgehalt in der Atmosphäre spürbar anstieg. Die Eukaryonten entwickelten also genau in dem Moment eine Methode zur besseren Energieversorgung, als ihnen ein hervorragender Energieträger für chemische Reaktionen in großen Mengen zur Verfügung stand.

»Als der Sauerstoffgehalt weiter anstieg, begann vor ca. einer bis anderthalb Milliarden Jahren die Entwicklung der Tiere und Pflanzen«, fährt Blair Hedges fort. Seinen Berechnungen zufolge haben die ersten sehr primitiven und winzigen Pflanzen vor einer Milliarde Jahren den Schritt an Land gewagt. In den Steinen finden wir keine Hinweise auf die Anfänge, weil die Organismen zu winzig, fein und weich waren, also viel zu vergänglich, um überliefert zu werden.

Bei den Tieren war es ebenso. Die ältesten Tierfossilien, die wir bislang kennen, stammen wahrscheinlich aus den 600 Millionen Jahre alten Phosphatsteinen der Doushantou-Formation in Südchina. Bei diesen Fossilien, die unter dem Mikroskop an ovale Batikkleckse erinnern, soll es sich um die Überreste von komplexen vielzelligen Organismen handeln. Ihre Körper sind spiegelsymmetrisch aufgebaut, genau wie unsere und die von mehr als 90 Prozent aller heute lebenden Tiere. Sie haben vermutlich einen Mund, Darm und After gehabt, und vorne an ihrem Körper gibt es kleine Dellen, in denen vielleicht einmal Sinneszellen gesessen haben. In diesen Wesen, die am Meeresboden lebten und einzellige Mikroben fraßen, steckte bereits eine schier endlose Evolution – falls es sich nicht um schlichte Fehlinterpretationen handelt. Vor solchen Irrtümern kann man bei derart feinen Strukturen und hohen Altern niemals ganz sicher sein.

Es gibt jedoch auch zweifelsfrei identifizierte und datierte Fossilien von größeren Organismen, die von einem gescheiterten Experiment der Evolution mit der Komplexität vor 575 Millionen Jahren erzählen: die rätselhaften Abdrücke der Ediacara-Fauna. Es waren sehr zarte Wesen, die da filigrane Spuren in den Steinen der Ediacara-Hügel in Südaustralien hinterlassen haben. Bei diesen flachen, oft scheibenförmigen Organismen lassen sich weder Mund noch Darmausgang, noch Kiemen erkennen. So etwas wie ein Verdauungssystem scheinen sie nicht besessen zu haben. Aber irgendwie müssen sie sich ernährt haben. Die meisten Paläontologen gehen davon aus, dass sie träge auf einer feinen Sandfläche lagerten und mit dem gesamten platten Körper den Sauerstoff aus dem Wasser aufnahmen. Sie wären ein gefundenes Fressen für die »richtigen« Tiere gewesen, und vielleicht war das auch die Ursache ihres Untergangs. Die Ediacara-Fauna hatte nur so lange eine Chance, wie sie noch keine aktive, räuberische Konkurrenz hatte. Danach war es aus mit ihnen.

In der Yunan-Provinz in China befindet sich ein weiteres Dorado für Paläontologen. Dort sind in rund 525 Millionen Jahre alten Schichten die bislang ältesten Ahnen der Wirbeltiere gefunden worden. Es sind primitive Fische, die am ehesten den Neunaugen ähneln. Dort gibt es auch Schichten, die voller »small shelly« sind, kleiner Schalen, bei denen man nur rätseln kann, ob es sich um Embryonen handelt oder ob die Tiere wirklich nur millimetergroß wurden.

Die »großen« Tiere tauchen damals wie aus dem Nichts auf. Plötzlich erschienen fast alle Tiergruppen, die auch heute noch die Welt mit uns teilen. Das geheimnisvolle Ereignis hat einen Namen: »Kambrische Artenexplosion«. Die hatte schon Charles Darwin schlaflose Nächte bereitet, denn sie widersprach seinem Verständnis von der kontinuierlichen Entwicklung aller Arten. Für Darwin war die Kambrische Artenexplosion deshalb ein zentraler Prüfstein für seine Theorie. Zu den berühmtesten Fundstätten aus dieser Zeit gehören die Burgess-Shales, die Burgess-Schiefer im kanadischen Yoho-Nationalpark. Oben an einem steilen Berghang hat die Verwitterung die Überreste eines etwa 515 Millionen Jahre alten Hangrutsches freigelegt. Was heute ein beeindruckendes Hochgebirge mit der steilen Spitze des Mount Wapta ist, war damals noch ein Meeresbo-

Abb. 23: Anomalocaris macht Jagd auf einen Trilobiten.

den in den Tropen. Das flache Becken grenzte an eine Klippe. Eines Tages brach ein Teil davon ab und begrub die Tiere, die am Grund lebten, unter sich. Für die Paläontologen ist das ein reines Glück. Die Schiefersteine der Burgess-Shales sind voll bizarrer Wesen aus der Zeit der Kambrischen Artenexplosion. Da ist Opahania, die aussieht wie eine Kellerassel mit Rüssel und fünf Augen auf der Stirn, da gibt es die Trilobiten, die Dreilappkrebse, schwer gerüstete Ritter mit einem massiven Kopfschild, Brust und Schwanz, die gerne in Fossilienläden verkauft werden. Und da ist der Herrscher jener Welt: Anomalocaris, der »Hai« des Kambrium.

Weich glitt er durchs Wasser. Er war ein schwer gepanzerter, zwei Meter langer Gigant, der an einen Hundertfüßer erinnerte, aber mit breiten, beweglichen Flanken, die ihn wie einen Rochen mit sanftem Flügelschlag durchs Wasser schweben ließen. Der Furcht erregende Räuber hatte vorstehende Augen. Keine Bewegung entging ihm, erst recht kein unaufmerksamer Trilobit, der mit seiner eigenen Beute beschäftigt war. Wie eine Gottesanbeterin hielt Anomalocaris seine stacheligen Vorderbeine nach vorn. Dann schlug er blitzschnell zu – und der Trilobit, eben selbst noch Sieger, wurde verzehrt.

All diese seltsamen Wesen beweisen, dass die Wurzeln der Tiere weit in die Vergangenheit zurückreichen. Die Eukaryonten haben nach ihrer Entstehung keineswegs anderthalb Milliarden Jahre lang vor sich hingedämmert, um dann plötzlich innerhalb weniger Jahrmillionen alle grundlegenden Baupläne des Lebendigen hervorzubringen. Die Komplexität ist im Verborgenen gewachsen. Was uns als Explosion erscheint, ist eher der Zeitpunkt, an dem wir diese Entwicklungen eindeutig erkennen können.

Von da an können wir anhand von Fossilien verfolgen, wie erfinderisch die Evolution ist, wie sie auf Herausforderungen reagiert und neue Formen hervorbringt, die sich durchsetzen und weiterentwickeln oder auch wieder verschwinden, wenn eine neue Spielart des Lebens sich als besser erweist. Alles entwickelt sich weiter – und hin und wieder gelingt dem Leben eine Erfindung, mit der es wieder einmal grundlegend in das Geschehen an der Planetenoberfläche eingreifen kann. Die ersten Fossilien von recht einfachen Landpflanzen sind mehr als 460 Millionen Jahre alt. Auch Tiere wagten sich aus dem Wasser, der Tausendfüßer war der erste echte Landbewohner, von dem wir wissen. Die Kontinente mit ihren unterschiedlichen Lebensräumen trieben nun die Entstehung neuer Arten voran, und vor 350 Millionen Jahren war dann die Zeit für die nächste große Umwälzung gekommen.

Libellen mit einer Spannweite von 70 Zentimetern schwirrten damals durch die Wälder, zahllose Beine trugen einen zweieinhalb Meter großen Tausendfüßer durch den Wald. Was war passiert? Bevor die Insektengiganten erschienen, war auf der Erde wieder einmal ein neues »Konzept« entwickelt worden: die Bäume. Große Bäume haben tiefe Wurzeln mit feinen Wurzelfasern, die Nährstoffe wie Kalium, Calcium und Magnesium aus den Mineralen herausholen. An ihren Wurzeln lebt eine Mikroflora, die Säuren absondert und so die Minerale angreift. Deshalb war die Verwitterung noch nie zuvor so stark gewesen wie zu dieser Zeit, was der Luft sehr viel Kohlendioxid entzog. Außerdem sind Bäume Meister der Photosynthese, sodass es plötzlich neben den Algen einen zweiten großen Produzenten gab, der Sauerstoff freisetzte. Und zu allem Überfluss war die Welt der Bakterien und Pilze nicht vorbereitet auf die Erfindung des Holzes. Sie konnten diesen neuen Stoff nicht abbauen, und es sollte noch eine Weile dauern, bis sie es gelernt hatten. Was die Bäume mit der Photosynthese an Kohlendioxid aus der Luft herausgeholt hatten, blieb im Holz gefangen. »Wenn ein Baum umfiel, verrottete er nicht, und der Kohlenstoff, aus dem sein Lignin[72] aufgebaut war, blieb darin gefangen«, so Robert Berner von der Yale University in New Haven. »Kein Wunder also, dass damals die großen Kohleflöze entstanden, Flöze voll eingefangenem Kohlenstoff.« Diese Vorräte nutzen wir heute zur Energieversorgung.

Als die Flöze entstanden, sank der Kohlendioxidgehalt in der Luft auf heutige Werte, und der Sauerstoffgehalt stieg auf das »Allzeithoch« von etwa 30 Prozent, das ist knapp ein Drittel mehr als heute. Es war der hohe Sauerstoffgehalt, der vor 300 Millionen Jahren die Entwicklung von so erstaunlichen Insekten ermöglichte wie einem Kakerlaken mit der Größe von einem halben Meter. Insekten atmen nicht mit Lungen, sondern mit Tracheen, wobei der Sauerstoff aus der Luft ins Blut diffundiert. Das ist keine sonderlich effiziente Methode der Energienutzung, sodass diese Tiere heute eher klein sind. Ihre Sauerstoffversorgung würde nicht für einen großen Körper ausreichen. Aber die hohen Werte damals erlaubten den Insekten ein einzigartiges Riesenwachstum. An der University of California in Berkeley hat man Experimente durchgeführt, bei denen man Fruchtfliegen in einer Atmosphäre gezüchtet hat, deren Sauerstoffgehalt künstlich erhöht wurde. Die Fliegen wurden um bis zu 15 Prozent größer[73], auch ihre Nachkommen waren riesig. Neugierig geworden, untersuchten die Geologen, was mit Reptilien passiert, die unter erhöhtem Sauerstoffgehalt ausgebrütet werden. Und siehe da – die Embryonen moderner Alligatoren wuchsen im Experiment schneller heran. Bei 27 Prozent lag für sie das Optimum – sechs Prozent mehr als heute.

Aber würden Wälder in einer so sauerstoffreichen Luft nicht bei jedem Blitzeinschlag sofort in Flammen stehen? Nein, er-

Abb. 24: Das Karbon

klärt Robert Berner: »Inzwischen beweisen zahlreiche Laborversuche, dass Bäume problemlos unter so hohen Sauerstoffgehalten wachsen und auch nicht leichter brennen als heutige Wälder.«

Die Periode der Kohlebildung endete mit einer Eiszeit, die 80 Millionen Jahre lang andauerte. Die Bäume selbst, betont Berner, könnten diese tiefste Eiszeit während der vergangenen 500 Millionen Jahre ausgelöst haben, weil durch das Holz der Treibhauseffekt zu stark abgesunken war.

Die irdische Evolution arbeitete bienenfleißig und stetig, um von einer Art zur nächsten zu kommen. Das klassische Beispiel dafür ist der Rüstungswettlauf zwischen Raubtieren und Gejagten: Zuerst entwickelt ein Krebs stärkere Zangen, vertilgt alle Muscheln, die er knacken kann. Nur die mit den dicksten Schalen überleben und können sich fortpflanzen, ihren Vorteil an die nächste Generation weitergeben. Jetzt sind die Krebse wieder am Zug – und so geht es weiter, über hundert und mehr Millionen Jahre hinweg.

Jede Spezies hat ein Geburtsdatum, existiert eine Zeit lang auf der Erde und stirbt irgendwann wieder. Mehr als 99 Pro-

zent aller Arten, die je auf diesem Planeten gelebt haben, sind wieder verschwunden, auch uns Menschen wird es eines Tages nicht mehr geben. Im Durchschnitt »lebt« eine Spezies vier Millionen Jahre, manchmal kürzer, manchmal länger. Lebensbedingungen wandeln sich: Ein neuer Feind tritt auf, das Klima verändert sich, eine Art kommt nicht mehr damit zurecht und stirbt aus. Wenn sie verschwindet, öffnen sich neue Chancen für andere Lebewesen. Im Jahre 1859 schrieb Charles Darwin: »Am Artensterben ist nichts Verwunderliches. Verwunderlich ist nur, dass wir so vermessen sind, auch nur für einen Moment anzunehmen, wir könnten die vielen komplizierten Eventualitäten verstehen, von denen die Existenz einer jeden Spezies abhängt.«[74]

Diese gleichmäßige Entwicklung wird allerdings immer wieder von großen Einschnitten unterbrochen, den Massenaussterben. Sie verüben einen regelrechten Anschlag auf die Evolution, löschen die Arbeit von vielen Millionen Jahren aus. Es sind Epochen der Brüche und Umwälzungen, in denen die Kapitel im Buch des Lebens neu geschrieben werden. Was bedeuten diese Krisen des Lebens für die Evolution? Bei jeder Katastrophe steht es auf Messers Schneide. Erfolgreiche Entwicklungen werden einfach abgeschnitten. Sind diese Einschnitte auf einem Planeten zu häufig oder werden zu viele Arten ausgelöscht, kann das Leben in seiner Entwicklung weit zurückgeworfen werden. Aber bedeutet das, dass eine gleichmäßige Entwicklung ohne Verwerfungen und Brüche in der Evolution optimal für die Entwicklung höheren Lebens ist? Nein, erklärt Peter Ward von der University of Washington, denn dann gäbe es kaum Veränderung, und Veränderung ist die Triebfeder der Evolution.

Die Theorie, derzufolge Katastrophen und Massenaussterben die Evolution vorantreiben, setzte sich in den sechziger und siebziger Jahren zunächst nur langsam durch, widerspricht sie doch keinem Geringeren als Charles Darwin. Seiner Meinung nach war die Evolution ein steter Wandel, ohne Brüche. Was Darwin noch nicht wusste: Die Evolution braucht tiefe Verwerfungen. Dann ist der langsame Konkurrenzkampf zwischen den Arten nicht mehr das Einzige, was die Lebewesen aussortiert. Während der Massenaussterben verändert sich die Umwelt so schnell, dass sich viele Lebewesen nicht anpassen können und verschwinden. Auf der Erde waren diese Phasen die großen Weichensteller der Evolution. Fünfmal schlitterte das Leben in eine tiefe Krise. Die größte ereignete sich vor 251 Millionen Jahren, an der Schwelle vom Perm zur Trias.

Damals waren alle Kontinente zu Pangäa verschmolzen, einer endlosen Landmasse, die sich vom Nord- bis zum Südpol erstreckte. Nur China und Südostasien schwammen noch als Inseln im weltumspannenden Panthalassischen Ozean. Das Innere Pangäas war höllisch: eine Wüste mit langen und heißen Sommern und extrem kalten Wintern, nie fiel ein Tropfen Regen. Aber an den Rändern des Riesenkontinents hatte es das Leben leicht.

In den lichten Wäldern wuchsen Ginkobäume, Palmfarne und die baumgroßen Samenfarne. Insekten schwirrten durch die Luft, Salamander krochen durchs Moos, Eidechsen huschten über Steine. Die Herrscher dieser Welt waren die säugetierähnlichen Reptilien, die Therapsiden, die wie eine Kreuzung aus Hund und Eidechse aussahen und zu denen auch die Ahnen der Säugetiere zählen. Viele verschiedene Arten dieser Landwirbeltiere strichen durch Sümpfe und Wälder. Eine von ihnen war Gorgonopsia – kurz Gorgo –, mit fast drei Metern das größte Raubtier des Perms. »Gorgos Schädel war lang, seine riesigen Reißzähne ragten aus dem Maul wie bei einem Säbelzahntiger«, beschreibt ihn Peter Ward. »Sein Gehirn war klein, seine Beine standen seitlich vom Körper ab, wie bei einem Krokodil – insgesamt eine sehr bizarre und Furcht einflößende Kreatur.« Zehn Millionen Jahre lang beherrschte Gorgonopsia die Erde. Das ist sehr viel länger, als es Hominiden gibt.

Vor 251 Millionen Jahren verschwanden die Gorgonen und mit ihnen mehr als 70 Prozent aller uns bekannten an Land lebenden sowie 95 Prozent aller marinen Arten. Zwar gab es ein paar Vorgeplänkel, aber das katastrophale Hauptereignis dauerte nur 10 000 oder 100 000 Jahre. Der Tod ging um. Das Leben kam fast zum Stillstand. Die endlosen Sandflächen der Ozeane waren wie leer gefegt, die Riffe tot. Auch an Land war es still geworden, der Wind wehte über kahle Felsen. Mit diesem Massenaussterben am Ende des Perms ging die Welt des Erdaltertums unter. Es unterbrach den sich am Horizont abzeichnenden Aufstieg einer viel versprechenden Wirbeltierklasse, der Säugetiere. Die Ahnen der Dinosaurier übernahmen nun die Herrschaft.

Die Katastrophe wurde durch einen gewaltigen Vulkanausbruch in Sibirien ausgelöst. Todbringende Basaltfluten, die sich zu kilometerdicken schwarzen Decken türmten, größer als halb Europa, schossen aus dem Boden. Aus dem tiefsten Erdmantel, direkt von der Grenze zum flüssigen äußeren Erdkern, war ein »Superplume« in die Nähe der Erdoberfläche aufgestiegen, eine Art Riesenpilz aus ultraheißem Mantelgestein, der sich wie ein Schneidbrenner durch über 3500 Kilometer Erdmantel fraß. An der Oberfläche angekommen, stieß dieser Plume auf die Erdkruste Sibiriens, die ihn zunächst aufhielt und dabei für einen Hitzestau sorgte. Irgendwann wurden Druck und Hitze von unten zu groß, die Erdkruste riss auf und Basaltströme ergossen sich über das Land.

Die Menschheit hat Glück, dass sie bislang keinen derartigen Ausbruch erlebt hat. Der Pinatubo wäre dagegen nur ein

Streichholzfunke. Ein wirklich großer Flutbasaltausbruch würde Zivilisationen vernichten und könnte der Menschheit den Garaus machen. Vor 251 Millionen Jahren flossen in Sibirien an tief aufreißenden Erdspalten 1,6 Millionen Kubikkilometer Basalt aus – nicht gleichmäßig, sondern in gewaltigen Pulsen, die die Aufnahmefähigkeit der Atmosphäre überforderten. Der Kohlendioxidgehalt schoss in die Höhe. Außerdem setzten die Eruptionen Unmengen an Schwefel frei, der als saurer Regen auf die Erde fiel und die Böden verdarb. Eine Kaskade von Reaktionen lief ab. Gleich zu Anfang starben die Pflanzen. Die Nahrungsnetze zerrissen an der Basis. Der Treibhauseffekt heizte die Luft auf, die Meere erwärmten sich. Dadurch brachen die Meeresströmungen zusammen, sodass kein Sauerstoff mehr in die tieferen Wasserschichten gelangte. Gleichzeitig arbeiteten Wind und Wellen das Kohlendioxid aus der Luft ins Meer ein und veränderten seine Chemie. Zu allem Überfluss brachen die Flutbasalte durch Kohle- und Öllagerstätten, kochten sie regelrecht, und das dabei freigesetzte Kohlendioxid verstärkte den ohnehin schon galoppierenden Treibhauseffekt.

Ein Ökosystem nach dem anderen wurde instabil, kollabierte, trieb die Katastrophe voran. Es war, als ob die Erde das Leben von ihrer Oberfläche schütteln wollte. Als die Ausbrüche abebbten, war der Planet nicht wiederzuerkennen. Die geochemischen Daten belegen, dass die übrig gebliebenen Ökosysteme »minimalistisch« waren. Die frühe Trias, die jetzt begann, war eine der ungewöhnlichsten Zeiten, die es auf der Erde je gegeben hat. In flachen Meeresbecken wuchsen auf dem Schlick riesige Fächer aus Kalkkristallen, die es seit Jahrmilliarden nicht mehr gegeben hatte, weil das Plankton viel Kalk für seine Schalen verbraucht hatte und später dann Bodenlebewesen jeden Zentimeter Schlick umgegraben hatten. Jetzt erhob niemand mehr Anspruch auf den leer gefegten Meeresgrund, und die Kristalle konnten wachsen.

Die Lebensvielfalt war fast vernichtet. Nun herrschten andere Gesetze. Es war die Zeit der Kosmopoliten, der Überlebenden, die sich meist dadurch auszeichneten, dass sie schon vor der Katastrophe in vielen unterschiedlichen Lebensräumen existieren konnten. Oft hing es einfach vom Zufall ab, wer durchkam. So hatten zwei Vertreter einer Art beispielsweise in einer geschützten Bucht überlebt. Diese zusammengewürfelten Überlebenden waren das Spielmaterial, aus dem die Evolution das nächste Kapitel formte. Zunächst einmal waren die Ökosysteme aber alle sehr anfällig, weil es zu wenige unterschiedliche Teilnehmer gab. Unter diesen Bedingungen reichte schon eine vergleichsweise kleine Störung, und das System brach weiter zusammen. Das Artensterben ging also noch weiter. Die Ehe von Erde und Leben stand auf der Kippe.

Fünf Millionen Jahre lang schien alles zu stagnieren. Jedenfalls können wir in den Fossilien aus dieser Zeit nicht erkennen, was damals geschah. Dann war es, als bräche die Sonne nach der Sintflut wieder durch die dunklen Wolken: Das Leben erholte sich. Die Evolution hatte im Verborgenen Fahrt aufgenommen, und jetzt erschienen die neuen Arten wie aus dem Nichts.

Wie können Ökosysteme in einer solchen Umwelt neu entstehen? Dieser Frage geht Doug Erwin vom Smithsonian Museum of Natural History in Washington, D. C., seit vielen Jahren nach. Bei jeder Konferenz ist er der Antwort ein Stückchen näher gekommen. Er muss die weltweit sehr verstreuten Informationssplitter, die Steine und Fossilien bieten, richtig zusammensetzen. Eine Sisyphusarbeit. »In unseren früheren Modellen gingen wir von einer Art ›Neufüllen‹ verlassener ökologischer Nischen aus, wie bei einem Schachbrett, von dem das Massenaussterben einfach Spielfiguren wegwischt und danach neue wieder aufstellt.« Aber nicht nur die Figuren, auch das Schachbrett selbst verschwand. Es entstand ein ökologisches Vakuum, in dem sich dann das evolutionäre Wettrüsten zwischen den oft nur durch Zufall Überlebenden ganz neu entwickeln musste. Der Kampf blieb, das Umfeld und die Beteiligten änderten sich.

Den Opportunisten, die die Erde kurz nach der Katastrophe beherrschten, war nicht unbedingt eine große Zukunft beschert. Es lief eher wie auf dem Schwarzmarkt ab: Die meisten Profiteure können sich nicht halten, wenn das Leben sich normalisiert. So überstanden manche Schnecken die Katastrophe und auch noch die Phase danach. Aber in der neuen Zeit zählten sie zu den Verlierern. Die altertümlichen Tiere hatten so große Schalenöffnungen, dass die weiter entwickelten Krebse sie problemlos mit ihren Scheren herausziehen konnten.

In der neuen Welt lebten viele Räuber. Das Leben war ungemütlicher geworden als im Erdaltertum. Die Evolution schlug einen neuen Weg ein und verdrängte dabei die »Altlasten«. Zu den Siegern der neuen Welt gehörte auch eine Seeanemone. Wo sie das große Sterben überlebt hatte, weiß niemand. Sie ist eine so genannte Lazarus-Art. Man nennt diese Arten so, weil sie für Jahrmillionen scheinbar verschwinden und dann plötzlich wieder auftauchen, als wären sie von den Toten auferstanden. Die Seeanemone entwickelte ein hartes Außenskelett und erschloss sich den Lebensraum Riff, ein in der Erdgeschichte immer sehr beliebtes Biotop, das leider äußerst empfindlich ist und daher immer wieder vernichtet wird. Aber es entsteht ebenso oft wieder neu, denn es drängen andere sesshafte Meerestiere nach, um die lukrativen Plätze im warmen Sonnenlicht kurz unter der Meeresoberfläche zu erobern.

Auch an Land kehrte das Leben in neuer Besetzung auf die Bühne zurück. Gorgo war verschwunden. An den Flüssen lebte ein Fleisch fressendes Reptil, das bislang ein Schattendasein gefristet hatte: Proterosuchus fergusi, der Urvater der Saurier. Er jagte Fische und Amphibien. Zwischen den Ahnen der Saurier und denen der Säugetiere begann ein evolutionärer Wettlauf, den die Saurier gewannen, weil sich durch den Vulkanausbruch die Zusammensetzung der Luft verändert hatte: Der Sauerstoffgehalt war gesunken, dafür heizte immer noch das Kohlendioxid der Erde ein. »Die Ahnen der Saurier waren einfach das modernere Konzept«, führt Peter Ward aus, »sie hatten die besseren Lungen, was in einer Welt mit niedrigem Sauerstoffgehalt ein unermesslicher Vorteil ist.« Die Säugetierahnen, die das Inferno überlebt hatten, waren gegen sie chancenlos. »Wir Säugetiere halten uns immer für überlegen«, so Peter Ward, »aber wir vergessen, dass wir stammesgeschichtlich sehr alt sind, älter als die Dinosaurier. Unsere Lungen sind primitiv im Vergleich zu denen der Saurier und Vögel.« Weshalb die Vögel problemlos in Regionen fliegen können, in denen wir nur noch nach Luft schnappen. In der sauerstoffärmeren Welt der Trias schlug die Stunde der Reptilien.

Mit jedem Organismus, der zurückfand oder neu hinzukam, wurde das Ökosystem komplexer – und damit wuchsen die Chancen für alle. Ohne das Massenaussterben hätte es wahrscheinlich niemals Dinosaurier gegeben, was allerdings einen herben Verlust für die Spielwaren- und Spielfilmindustrie bedeutet hätte. Ohne das Drama am Ende des Perms hätten innerhalb weniger Millionen Jahre die echten Säugetiere die Welt übernommen. Ihre Evolution ist durch das Zeitalter der Dinosaurier erst einmal unterdrückt worden.

In vielerlei Hinsicht ist das Massenaussterben vor 251 Millionen Jahren das Beste, was dem Leben passieren konnte, denn die Welt ist heute vielfältiger als zuvor. Dank der Flutbasalte gibt es deutlich mehr ökologische Systeme, wir haben viel mehr Lebewesen, die gute Nahrungsquellen abgeben. Unsere Welt ist reicher, als sie es ohne dieses Ereignis gewesen wäre. Die große Frage ist, ob es ohne dieses Ereignis Menschen geben würde. Evolution verläuft nicht zielgerichtet auf die Entstehung des Menschen zu. Vieles hängt vom Zufall ab. Gesetzt den Fall, der Superplume wäre nicht durch Kohle- und Öllagerstätten gebrochen und das System nicht so tief getroffen worden; der Sauerstoffgehalt in der Luft wäre nicht dramatisch gesunken, und die Säugetierurahnen hätten die Herrschaft nicht abgegeben: Welcher der Therapsiden hätte die Entwicklung vorangetrieben? Wie hätten sich diese Tiere weiterentwickelt? Hätte es die richtigen Nischen gegeben? Wäre vielleicht aufgrund des vollkommen anderen Nahrungsangebots eine andere Welt entstanden, mit anderen Siegern?

Die Evolution auf der Erde läuft nach sehr komplexen Regeln ab. Der lange Weg zum intelligenten Leben wird auf einem Exoplaneten nicht kürzer oder weniger steinig sein. Aber gelten die irdischen Regeln der Evolution überall im Universum, auf allen potenziell in Frage kommenden Planeten? Oder sind Abkürzungen möglich, sodass manche Schritte schneller ablaufen? Was wäre, wenn wir auf der Erde die Uhren zurückdrehen könnten? Würde das Leben noch einmal die gleiche Entwicklung durchmachen?

15 | Anybody Out There?

Es ist eine bedeutende und allgemein verbreitete Tatsache, dass die Dinge nicht immer das sind, was sie zu sein scheinen. Zum Beispiel waren die Menschen auf dem Planeten Erde immer der Meinung, sie seien intelligenter als die Delphine, weil sie so vieles zustande gebracht hatten – das Rad, New York, Kriege und so weiter, während die Delphine doch nichts weiter taten, als im Wasser herumzutoben und sich's wohl sein zu lassen. Aber umgekehrt waren auch die Delphine der Meinung, sie seien intelligenter als die Menschen, und zwar aus genau den gleichen Gründen.
Douglas Adams: »Per Anhalter durch die Galaxis«

Es gibt die unterschiedlichsten Antworten auf die Frage, was Intelligenz und damit intelligentes Leben im Weltall ist. Eine höchst pragmatische Definition hat der Astronom Christopher McKay vom NASA Ames Research Center gefunden: »Sie sind intelligent, wenn sie ein Radioteleskop bauen können.« Bei der Suche nach E. T. oder Mr. Spock reicht es nicht, mit der nächsten Generation von Weltraumteleskopen einen Planeten zu finden, der in den Spektrallinien seines Infrarotlichts den Fingerabdruck des Lebens trägt. Das wäre nur der erste, wenn auch sensationelle Schritt. Kein unbelebter Himmelskörper kann eine Lufthülle mit einem Mix aus Stickstoff, Sauerstoff und Wasserdampf erschaffen. Diese Mischung ist chemisch instabil, nur das Leben erhält sie aufrecht. Mit der Entdeckung einer solchen Atmosphäre wäre klar, dass auf einem winzigen Nichts, das um einen weit entfernten Sternenpunkt kreist, die Grundlagen für komplexeres Leben gegeben sind – dass sich dieses

Wunder also nicht nur auf der Erde ereignet hat. Aber wer oder was sich dort die Zeit vertreibt, lässt sich allein aus der Atmosphäre nicht schließen. Das hängt davon ab, welchen Weg die Evolution auf diesem Exoplaneten eingeschlagen und was sich im Laufe der Jahrmilliarden ereignet hat.

Wir sind in Karonga, einer Kleinstadt mitten in Nordmalawi, am Westufer des Malawisees. Eine ruhige Gegend. Ende des 19. Jahrhunderts, als der arabische Sklavenhändler Mlozi hier sein Unwesen trieb, war das anders. Mlozi wurde schließlich am größten Affenbrotbaum Karongas erhängt, der immer noch seine Äste in den Himmel streckt. Im Ersten Weltkrieg fand hier die einzige Schlacht auf malawischem Boden statt. Die Briten besiegten die Deutschen, zurück blieben 15 Gräber mit weißen Kreuzen. An ihnen fährt man auf dem Weg zum Flugplatz vorbei. Diese Gegend erlangte nur unter Paläoanthropologen eine gewisse Berühmtheit, weil sie zu den Gebieten zählt, in denen die fossilen Überreste von Vor- und Frühmenschen gefunden werden. Ihnen spüren Friedemann Schrenk vom Frankfurter Senckenberg Museum und Timothy Bromage vom Hunter College in New York nach.

Vor fünf Millionen Jahren begann in Malawi der Ostafrikanische Graben auseinander zu reißen, und in der Senke entstand der Paläo-Malawisee. Die steilen Riftschultern wurden von Flüssen durchschnitten, die den Verwitterungsschutt der afrikanischen Ebenen in die Bruchzone schleppten. Der Transport im steilen Gelände war recht unsanft, die Überreste von Krokodilen, Flusspferden, Elefanten oder Antilopen wurden dabei ebenso zerschlagen wie die Knochen unserer Urahnen. Wo die Flüsse in den See mündeten, lagerten sie zwischen Sand und Kieseln auch die mehr oder weniger zertrümmerten Fossilien ab, die darin erhalten blieben. Sie sind der Grund, weshalb in dieser Grabungssaison die Zelte der Forscher in den Hügeln oberhalb des Sees, einer Gegend namens Malema, aufgeschlagen worden sind. Große alte Mangobäume spenden Schatten, in der Nähe ist eine Wasserstelle, und die Grabung ist nur ein paar Minuten Fußweg entfernt. Die Küche besteht aus einem selbst gebauten Paravent aus Holzstangen und Gras. Buschtoilette und Felddusche sind ebenso konstruiert – wobei der Begriff »Dusche« irreführend ist: Mit einer Tasse schöpft man Wasser aus einer Schüssel und gießt es über sich. Aber man wird sauber, und in der Hitze des Nachmittags ist jede Erfrischung willkommen.

Der Tag beginnt um sechs, bevor die Sonne aufgeht. Dann steht Küchenhilfe Jolie vor dem Zelt, er bringt süßen, heißen Tee mit Milch. Geduldig wartet er, bis man sich aus dem Moskitonetz herausgekämpft hat. Malema ist ein Hochrisikogebiet für Malaria. Der Tee macht halbwegs munter, und nach dem Zähneputzen am Rand des Kassavafeldes ruft der Koch Samson zum Frühstück. Es gibt kalte Bratkartoffeln, kalten Toast und kaltes Rührei. Um sieben treffen die Arbeiter ein, und es geht zur Grabung, zehn Minuten hügelaufwärts. Gearbeitet wird bis eins, dann wird die Hitze unerträglich.

Die Arbeiter haben viereckige Gruben ausgehoben, die untereinander mit schmalen Gängen verbunden sind, gerade so, als würden sie dem Grundriss römischer Villen folgen. Harrison, der Grabungsleiter, steckt mit Wasserwaage und Maßband quadratmetergroße Arbeitsfelder ab. Mit Meißeln und Kellen bauen die Arbeiter den Sandstein zehn Zentimeter tief ab und durchsuchen ihn nach Fossilien. Finden sie ein Knochenstück, wird seine Lage dokumentiert, und es wird vorsichtig herausgeholt. Harrison sortiert die besonders interessanten Stücke aus. Über sie wird Buch geführt, und der Arbeiter, der sie gefunden hat, bekommt am Ende der Grabungswoche ein paar Kwacha, die Währung Malawis. Für ein menschliches Fossil gibt es 500 Kwacha – umgerechnet etwa sieben Euro. Das ist viel Geld für die Menschen hier.

Schatten gibt es nicht. Die Männer meißeln unter der sengenden Sonne. Was sie an Abraum herausholen, schaufeln sie zur Seite und schaffen es mit der Schubkarre weg, um es am Rand aufzuschütten. Diese Halde wird durchgesiebt, damit auch kleine Fossilien nicht übersehen werden – eine ziemlich staubige Angelegenheit. Die Schichten, in denen gegraben wird, sind fünf Millionen Jahre alt. Aber die Geschichte der Menschwerdung beginnt viel früher, mit dem Einsetzen der Eiszeiten.

Abb. 25: Grabungsarbeiten in Malema

Gletscher und Poleiskappen sind etwas Seltenes auf der Erde. Die globalen Kälteperioden werden durch die aus den Schulbüchern berühmten Milanković-Zyklen,[75] also periodische Veränderungen in der Stellung der Erdachse und Veränderungen in der Geometrie der Erdbahn, ausgelöst. Diese Zyklen sind jedoch nicht die tiefere Ursache, denn die Achse schwankt immer, aber normalerweise ist unser Planet eis- und frostfrei. Ob die Gletscher vorstoßen, hängt vielmehr grundlegend mit der Plattentektonik zusammen. Einerseits steuert sie durch die Intensität des Vulkanismus die Menge an Treibhausgasen, die ins System gelangen. Andererseits bestimmt sie durch die geographische Verteilung der Kontinente die Meeresströmungen und damit den Temperaturausgleich sowie das Zusammenspiel zwischen Atmosphäre und Meer.

Der Auslöser für unser heutiges Eis auf der Erde war die Öffnung der Drake-Passage vor mehr als 30 Millionen Jahren, als die letzte Landverbindung zwischen der Antarktis und Südamerika abriss. Diese thermische Isolierung des Landes über dem Pol hatte schon zuvor eingesetzt, als sich Australien abtrennte und auf den Weg nach Norden machte. Jetzt war die Entwicklung abgeschlossen, und ein Ring aus kaltem Wasser rauschte um den sechsten Kontinent. Das war das Startsignal: Langsam eroberten die Gletscher das Land über dem Südpol. Der neue Strömungsring um die Antarktis wirkte sich auch auf das Gesamtgefüge aus. Weil das ganze Wasser dieses Ringes nicht durch die enge Drake-Passage passte, floss ein Zweig als kalte, nährstoffreiche Strömung in Richtung Äquator – der so genannte Humboldtstrom. Die weltweit vernetzten Meeresströmungen ordneten sich neu. Auch im heutigen Panama schloss sich die wichtige Meeresverbindung zwischen Atlantik und Pazifik, und der Golfstrom entstand. Zunächst brachte er warmes Wasser und viel Feuchtigkeit nach Norden. Als durch die Veränderungen der Erdbahn das Klima immer kühler wurde, verwandelte sich der Niederschlag im hohen Norden in Schnee. Dann bildete sich zunächst in der halbjährigen Winternacht Eis, und vor 14 Millionen Jahren schwammen auch in der Arktis Eisschollen und Eisberge auf dem Meer. Seit sieben Millionen Jahren schmilzt die polare Meereiskappe gar nicht mehr ab, und schließlich stießen zunächst auf Grönland die Gletscher weit vor, um auch weite Teile Europas und Nordamerikas mit einem mächtigen Eispanzer zu bedecken.

Eiszeiten mit ihren unbeständigen, schnell wechselnden Klimaverhältnissen scheinen der Evolution Beine zu machen, weshalb man den Menschen durchaus als ihr »Kind« bezeichnen könnte. Vor acht Millionen Jahren, der Nordpol war nur im Winter mit Eis bedeckt, wurde es auch in Afrika durch die globalen Klimaveränderungen trockener. Vor sieben Millionen Jahren, als der Nordpol gefror, entstand die Sahara. Der tropische Regenwald zog sich langsam zurück. Der einstmals lückenlose grüne Baumteppich lockerte auf, Savannen breiteten sich aus. Das war die Welt, in der sich die Entwicklung der Menschen und der Menschenaffen voneinander trennte.

Der erste Schritt zur Menschwerdung war der aufrechte Gang. Offenbar hat aber nicht nur eine Affenfamilie damit experimentiert, denn inzwischen kennen die Forscher drei verschiedene Gruppen, die unabhängig voneinander an unterschiedlichen Orten entstanden sind. Da ist zum einen der so genannte »Millennium-Man«, Orrorin, gefunden in Kenia, ungefähr sechs Millionen Jahre alt. Der Zweite ist Ardipithecus aus Äthiopien, ungefähr fünf bis 5,8 Millionen Jahre alt. Und aus dem Tschad stammt Sahelanthropus, der es auf fünf bis sieben Millionen Jahre bringt. Darüber, ob er noch Affe oder schon Vormensch ist, streiten sich die Paläoanthropologen, denn das Fossil ist arg zerdrückt. Jedenfalls muss das Konzept des aufrechten Ganges in der damaligen Umwelt erhebliche Vorteile gebracht haben, weshalb es gleich mehrfach erfunden worden ist.

Den Beginn der Menschwerdung an Zweibeinigkeit festzumachen erschien lange als Sakrileg. Bis zum Herbst 1924, als Raymond Dart im südafrikanischen Taung das etwa 2,5 Millionen Jahre alte Taung-Baby fand, galt das Credo: Das große Gehirn macht den Menschen aus. Das Taung-Baby, das vielleicht drei Jahre alt war, als es von einem Leoparden oder Raubvogel erbeutet wurde, lief zwar aufrecht, aber sein Gehirn war kaum größer als das eines Schimpansen. »Die Gehirnentwicklung hat erst vor 2,5 Millionen Jahren mit der Gattung Mensch eingesetzt, der Gattung Homo, nicht vorher«, erklärt Friedemann Schrenk, als wir mittags im Camp sitzen und er einen im Feld gefundenen Zahn unter der Lupe betrachtet. Er erzählt, dass bei Hominidenzähnen Wachstumsstreifen im Zahnschmelz verraten, wie kurz oder lang das Kindheitsstadium einer Art dauert. Je komplexer das Gehirn ist, desto länger dauert die Kindheit. Schimpansen werden schnell erwachsen, der moderne Mensch nur langsam. Fossile Menschenzähne beweisen, dass erst mit dem Neandertaler die verlängerte Kindheit beginnt. Bei ihm scheint allerdings die Pubertät etwas kürzer gewesen zu sein als bei uns. Lange Kind zu bleiben ist ein Luxus, der sich erst sehr spät in der Evolution entwickelt hat.

Vor dem Hintergrund der aktuellen Klimadebatte klingt es ironisch, aber die Geschichte der Menschwerdung ist eng mit Klimaschwankungen verknüpft. Unser Ursprung fiel mit einer zunehmenden Trockenheit und dem Schwinden der Regenwälder im »grünen Herzen« Afrikas zusammen, danach ermöglichte vor etwa dreieinhalb Millionen Jahren zeitweise feuchteres Klima unseren entfernten Ahnen, den Australopithecinen,[76] sich ins südliche Afrika auszubreiten. Vor drei Millionen Jahren waren sie dort angelangt. Davon zeugen berühmte Fossilien wie Lucy in Äthiopien und das Taung-Baby, beide aus längst ausgestorbenen Seitenlinien der Evolution. Auf ihren Wanderungen zogen Lucys Verwandte auch durch Malawi. Hier, im Südteil des afrikanischen Rifts, gab es damals Nahrung und Wasser. Buschland breitete sich aus und Wälder, ein einladender Landstrich also. Dann änderte sich das Klima erneut. Vor rund 2,8 Millionen Jahren, als sich die Eiszeiten in Europa ankündigten und die Gletscher das erste Mal weit vorstießen, blieben die Regenzeiten aus. Über 300 000 oder 400 000 Jahre fiel kaum Niederschlag. Es waren harte Zeiten für alle Lebewesen in Afrika – und die Evolution reagierte.

Bis dahin sollen die Australopithecinen Allesfresser gewesen sein, die sich von Beeren und Früchten ernährten, von Knollen, Blättern, Vogeleiern, Insekten oder Aas. Je trockener es wurde, umso schwerer wurde ihr Überlebenskampf. Im Überfluss gab es nur eines: sehr harte Pflanzenkost. Die Evolution fand für diese Herausforderung zwei Lösungen: »Vor 2,5 Millionen Jahren spaltete sich der Stammbaum«, führt Friedemann Schrenk aus. »Einerseits entstanden die robusten Australopithecinen und andererseits die Gattung Homo, die Gattung Mensch.«

Der robuste Australopithecus, von einigen Forschern auch Paranthropus genannt, verdankt seinen Namen den sehr starken Zähnen und einer enormen Kaumuskulatur, die beiderseits des Kopfes nach oben zusammenwuchs und in der Schädelmitte einen Kamm bildete. Das war sehr praktisch, wenn man sich auf hartfaserige Pflanzennahrung spezialisiert hatte. »Hier in Malema haben wir einen rund 2,5 Millionen Jahre alten Oberkiefer eines dieser Nussknackermenschen samt Zähnen gefunden«, erzählt Schrenk. An der Fundstelle mitten in den Hügeln steht heute ein kleiner Gedenkstein mit einer Platte, die das denkwürdige Datum vermerkt. Ein solcher Fund ist beinahe die Erfüllung eines Paläoanthropologenlebens. Fast scheint es, als gäbe es mehr Forscher als Fossilien. Unsere Vorfahren lebten an Land, und das ist eine schlechte Voraussetzung, um ein Fossil zu werden.

Das Forscherduo Schrenk und Bromage sollte aber noch einmal das große Los ziehen. Etwa 50 Kilometer von Malema entfernt entdeckten sie den Kiefer des ältesten bekannten Angehörigen der Gattung Homo, *Homo rudolfensis*. Dieses Fundstück ist der Beleg für das vielleicht wichtigste Ereignis unserer Geschichte: Die Evolution verlief erstmals nicht mehr über körperliche Anpassung. Vielmehr wurde die mangelnde Spezialisierung der Gattung Homo durch wachsende technische Fertigkeiten wettgemacht. *Homo rudolfensis* lernte, Steinwerkzeuge zum Zermahlen der Nahrung zu benutzen. »Damit hat sich Homo erstmals von der Umwelt unabhängig gemacht, und darauf beruht sein Erfolg«, erklärt Friedemann Schrenk. Bakterien setzen auf Biochemie, um zu überleben, und darin sind sie hervorragend, sie beherrschen bis heute die Welt. Höhere Pflanzen und Tiere haben im Lauf der Zeit verschiedene spezialisierte Zelltypen, Gliedmaßen und Organe entwickelt, um auf die Herausforderungen ihrer Umwelt zu reagieren. Die Menschen sind einen Schritt weiter gegangen.

Das Besondere an Afrika ist, dass dort viele Tiere schon seit Jahrmillionen leben. Heute wie damals blubbern Nilpferde im Wasser, warten Krokodile auf Beute, fressen Elefanten die Blätter von den Bäumen, flüchten Antilopen vor Löwen und Leoparden. In den Steinen von Malema finden die Paläontologen deshalb die Knochen von Schweinen, Giraffen, Elefanten und ihren Verwandten, den Dinotherien. Das waren Rüsseltiere mit nach unten gebogenen Stoßzähnen im Unterkiefer. Vor allem aber ästen hier viele Antilopen, und anhand ihrer Nachfahren lassen sich bis heute die ökologischen Beziehungen von einst sehr gut nachvollziehen. Antilopenarten, die vor fünf Millionen Jahren trockene, offene Savannen bevorzugten, leben immer noch dort, andere blieben in den dichten Buschlandschaften, und wieder andere hielten und halten sich entlang von Wasserläufen auf. Das war sehr hilfreich, um die Lebensräume von Paranthropus, dem Nussknackermenschen, und *Homo rudolfensis* rekonstruieren zu können. Während die robusten Australopithecinen die trockenen Savannen bevorzugten, hielt sich *Homo rudolfensis* am Rande von Galeriewäldern entlang der Flüsse auf. Ob sie viel miteinander zu tun gehabt haben, ist eine offene Frage.

Das Schicksal der beiden Arten war jedenfalls höchst unterschiedlich. Die Nussknackermenschen verschwanden vor

Abb. 26: Antilopen haben seit Millionen von Jahren den gleichen Lebensraum.

900 000 Jahren, als das Klima erneut kühler und trockener wurde. Vielleicht waren sie überspezialisiert, konnten sich nicht schnell genug anpassen. Vielleicht haben sie schlicht den Kampf gegen ihre Nahrungskonkurrenten verloren. Die Gattung aber, die den Werkzeuggebrauch gelernt hatte und die immer mehr Fleisch verspeiste, entwickelte sich weiter. »Zu der Zeit, als mit den Nussknackertypen der letzte Australopithecus verschwand, entwickelte sich die Gattung Homo weiter auf den *Homo sapiens* zu, den modernen Menschen«, so Friedemann Schrenk.

Es hat lange gedauert, ehe auf der Erde überhaupt etwas anderes lebte als Mikroben. Auch auf einem Exoplaneten müssten entscheidende Voraussetzungen gegeben sein, damit die Evolution voranschreitet. Erstens muss die Atmosphäre genügend freien Sauerstoff haben, und zweitens müssen die Bedingungen über sehr lange Zeiträume stabil bleiben. Das ist nicht leicht zu erfüllen, wenn man bedenkt, was einem Planeten so alles zustoßen kann, vom vernichtenden Asteroideneinschlag bis zu den »normalen« Krisen, mit denen der Planet selbst aufwartet. Außerdem muss die Planetenoberfläche kühl sein, mehr als eine maximale Durchschnittstemperatur von 45 °C ist schlecht für komplexere CHON-Wesen. Seine Meere müssen die richtige Größe haben. Ein großer Mond, der das Pendeln seiner Rotationsachse im Zaum hält, wäre vorteilhaft. Der Exoplanet braucht vernünftige Mechanismen zur Wärmeabfuhr, damit die Vulkane die richtige Menge an Treibhausgasen in die Atmosphäre freisetzen. Dann spielt natürlich eine Rolle, wie schnell die Strahlung der Sonne zunimmt, wie schnell die Kontinente wachsen, wie hoch die Verwitterungsrate ist – und wie schnell Bakterien die Sauerstoff produzierende Photosynthese erfinden und so dafür sorgen, dass die Temperatur auf dem Planeten sinkt und eine vernünftige Energiequelle für die Zellen vorhanden ist, damit komplexeres Leben entstehen kann. Auf der Erde hat allein das drei Milliarden Jahre gedauert, und bis der erste Mensch durch Afrika lief, vergingen noch einmal anderthalb Milliarden Jahre. Wahrscheinlich geht es auch nicht wesentlich schneller. Ein Exoplanet, auf dem höheres, wenn nicht gar intelligentes Leben zu finden ist, braucht also schon ein gewisses Mindestalter.

Nehmen wir an, es gibt eine zweite Erde. Müsste sich dieses CHON-Leben auf ihr zwangsläufig so entwickeln, wie wir es heute um uns sehen? Diese Frage war Gegenstand eines äußerst heftigen wissenschaftlichen Streits, den zwei renommierte Geologen ausfochten: Simon Conway Morris von der Cambridge University und Stephen Jay Gould aus Harvard. Entzündet hatte sich der Zwist an ein paar kleinen, wurmähnlichen Geschöpfen, die in den Burgess-Schiefern gefunden wurden und den Namen »Pikaia« erhielten. Sie sind die ältesten bekannten Chordatiere, die Ahnen der Wirbeltiere. Dass aus diesem schädellosen Wesen einmal unsere vielfältige Gruppe entstehen sollte, war damals nicht abzusehen. Pikaia war vor 525 Millionen Jahren äußerst selten, sie schien eher dem Untergang geweiht zu sein. Deshalb dachte Stephen Jay Gould über die Bedeutung des Zufalls in der Evolution nach: »Man spule das Band des Lebens bis in die Frühzeit der Burgess-Shales zurück und lasse es noch einmal vom gleichen Ausgangspunkt ablaufen: Die Chance, dass sich bei der Wiederholung so etwas wie menschliche Intelligenz als höchste Zierde ergeben würde, schwindet völlig.«[77]

Abb. 27: Langschnabel-Ichthyosaurier

Für Stephen Jay Gould war der Mensch und damit die Entstehung von Bewusstsein ein reines Zufallsprodukt, weil seine Entstehung nur durch zahllose unvorhersehbare, miteinander vernetzte Ereignisse möglich wurde: die Entstehung der Wirbeltiere aus Pikaia, das Ende der Herrschaft der Saurier über die Erde oder die Tatsache, dass eine kleine Gruppe von Primaten durch die Trockenheit in Afrika neue Wege beschreiten musste. Es lässt sich, so Gould, nicht vorhersagen, was nach Hunderten von Millionen Jahren Evolution herauskommt. Demnach wäre es vollkommen unwahrscheinlich, dass auf einem anderen Planeten intelligentes Leben entsteht, welches über Radiowellen mit uns kommuniziert. SETI könnte aufhören, in die Ferne zu lauschen.

Aber da gibt es auch noch das biologische Prinzip der Konvergenz. Nehmen wir einen Delphin und sein fossiles Äquivalent unter den Reptilien, den Ichthyosaurier, der vor 200 Millionen Jahren auf der Suche nach Beute die Meere durchstreifte. Beide Tiere haben einen stromlinienförmigen Körper, obwohl der Delphin von so etwas wie einem Hund abstammt und der Ichthyosaurus von einem eidechsenähnlichen Geschöpf. Sie sind kaum miteinander verwandt, haben aber die gleiche körperliche Antwort auf die Herausforderungen ihres Lebensraums Wasser gefunden – es gibt anscheinend keine bessere Anpassung. Genau dieses Prinzip führt Simon Conway Morris an, um zu beweisen, dass trotz zahlloser Zufälle die Entwicklung von Bewusstsein und Intelligenz kein Zufall ist.

Tiere, erklärt er, verarbeiten Umweltreize mit einem Nervensystem oder einem Gehirn. Beide »Methoden« sind gleich mehrfach in der Evolution entstanden. Bei den Insekten ist diese Struktur extrem klein und sehr einfach organisiert. Der Krake denkt sozusagen mit dem Magen, weil sein Gehirn einst aus den Zellen um den Schlund herum entstanden ist. Das Gehirn der Wirbeltiere bildete sich aus dem Rückenmark und ist ungeheuer komplex. Trotz der Unterschiede entwickeln diese weit voneinander entfernten Tiere manchmal überraschend parallele Strategien. Oktopusse können beispielsweise lernen und sich an das Gelernte erinnern, ebenso Bienen und Säugetiere. Alles Zufall?

Der Mensch, führt Morris weiter aus, ist auch nicht das einzige Wirbeltier, das sich seiner selbst bewusst ist. Delphine (und nicht nur sie) können sich im Spiegel erkennen. »Delphine besitzen eine komplexe Intelligenz, sind aber vollkommen anders als wir, schon weil sie im Wasser leben und dieser Lebensraum vollkommen andere Ansprüche an sie stellt«, erläutert Morris.[78] Sie haben aber wie wir ein komplexes Sozialverhalten, kommunizieren, gebrauchen sogar Werkzeuge, genau wie Affen, Menschen oder Krähen. Auch Papageien sind intelligent. »Warum sollte sich auf der Erde der Zufall Intelligenz so oft wiederholen?«, fragt Simon Conway Morris. »Wenn wir das Band der Evolution wieder und immer wieder ablaufen ließen, käme aufgrund der Konvergenz mehr oder weniger immer dasselbe dabei heraus« – jedenfalls solange wichtige Faktoren wie Schwerkraft, Atmosphäre, Salzgehalt des Meerwassers und andere planetare Steuerungsmechanismen gleich blieben. Allerdings bedeutet das nicht, dass Menschen entstehen müssten, auf jeden Fall aber intelligente Lebewesen, wie auch immer sie aussehen mögen.

Morris entwickelte die Idee von einer irdischen »Alien-Intelligenz«. Er setzte dabei auf die sozialen Insekten. Honigbienen kommunizieren, treffen Entscheidungen und erkennen fremde Bienen. Ihr winziges Gehirn leistet ungeheuer Komplexes. Stellen wir uns vor, die Erdgeschichte wiederholte sich und der Sauerstoffgehalt in der Luft stiege wieder auf 30 Prozent – aber diesmal wären die Bienen mit dabei. Sie entstanden erst vor 120 Millionen Jahren, und vom ersten Sauerstoffhoch konnten sie noch nicht profitieren. Jetzt wären also nicht nur Riesenlibellen unterwegs, sondern auch Riesenhonigbienen, deren ohnehin schon leistungsfähige Gehirne mitgewachsen wären. In Morris' Vision entwickeln sich die Kolonien der Superinsekten schnell, erlangen eine ausgefeilte taktile und chemische Sprache mit Syntax und Grammatik: »Ihr räumliches Vorstellungsvermögen überschreitet das aller Säugetiere. Gemeinsam könnten sie mathematische Probleme von ungeheurer Komplexität lösen – und dann sind vielleicht sie es, die die Galaxie erforschen – per Quantencomputer.«

Verlassen wir einmal die Erde und überlegen, wie sich ein erdähnlicher Exoplanet entwickeln würde, auf dem die Evolution in Gang kommt. Falls anderswo Leben entstanden ist und es sich über Jahrmilliarden fortentwickeln konnte, gibt uns die Konvergenz – falls sie universal gilt – ein Zipfelchen einer Ahnung. Auch auf dem fremden Planeten müssten die Lebewesen Schritt für Schritt komplexer werden, Sinnesorgane entwickeln, Gehirne, Intelligenz, Bewusstsein, Selbstbewusstsein. Aber es geht dabei nicht um humanoide Intelligenz, sie ist keineswegs die einzige Möglichkeit. Morris hat allerdings keine allzu hohe Meinung von intelligenten Wesen: »Es kann durchaus Alternativen geben, aber sobald irgendwo eine hyperintelligente Kreatur auftaucht, gleich wie sie beschaffen sein mag, sie wird den Planeten, auf dem sie lebt, unvermeidlich von Grund auf verändern – über alles Weitere können wir nur mutmaßen. Vielleicht ist es ebenso unvermeidlich wie ihr Entstehen, dass sie sich selbst wieder vernichtet.« Enrico Fermi lässt grüßen. Auch die meisten anderen sehr intelligenten Tiere auf der Erde sind keine Muster an Friedfertigkeit, Gorillas und Orang-Utans vielleicht ausgenommen. Schimpansen und Orkas finden durchaus Vergnügen an der Grausamkeit. Falls die hyperintelligenten Kreaturen anderswo wie wir über Hände verfügen, hätten sie die Möglichkeit, ihre zerstörerischen Impulse in zerstörerische Technik umzusetzen. Theoretisch könnten sie auch ein Radioteleskop konstruieren. Aber dann sei es noch erstaunlicher, dass wir nichts von ihnen erfahren, meint Morris: »Vielleicht liegt es doch daran, dass erdähnliche Planeten sehr selten sind.« Auch für den Paläontologen Peter Ward ist die Erde eher ein

Ausnahmeplanet. Die Entstehung von tierischem und erst recht von intelligentem Leben setzt sehr viele Bedingungen voraus. »Mikroben wird es auf vielen anderen Planeten geben. Aber eine zweite Erde mit intelligentem Leben dürfte sehr, sehr selten sein.«

In unserem eigenen Sonnensystem können wir höchstens Mikroben oder deren Fossilien erwarten. Mehr nicht. Falls auf Titan ein hypothetisches Siliziumwesen wohnt, wäre es ein sehr einfacher Organismus, wie auch immer sein Stoffwechsel aussehen mag. Hätte dieses Geschöpf seinen Planeten von Grund auf so verändert, wie die Cyanobakterien den unseren? Und würden wir das überhaupt erkennen? Und falls Mars irgendwann ein CHON-Wesen hervorgebracht haben sollte, das wie durch ein Wunder tief verborgen an einer vulkanischen Quelle immer noch dort lebt, es wäre höchstens eine Mikrobe. Selbst ein schlichter irdischer Wurm stellt viel zu hohe Anforderungen an seine Umwelt und hat eine viel zu lange Evolution erlebt, als dass er jemals mit einem aus seiner Sicht so trostlosen Steinhaufen wie dem Mars zufrieden wäre, von einem Asteroiden ganz zu schweigen.

Auf der Suche nach komplexerem Leben müssen wir weiter hinaus in den Weltraum schauen. In der Milchstraße sind weite Regionen unbewohnbar. Die Sterne im kugelförmigen Halo unserer Galaxie sind viel zu alt, um überhaupt Planeten zu haben. Als sie entstanden, gab es zu wenig schwere Elemente. Unsere Sonne fliegt durch die gemäßigte Zone der Milchstraße, in der dünnen galaktischen Scheibe. In diesem »Lebensgürtel« ist der Anteil an gesteinsbildenden Elementen hoch genug für terrestrische Planeten, und Neutronensterne oder Supernovae sind so selten, dass sich die kosmische Strahlung in Grenzen hält. Dort, wo die Scheibe der Milchstraße dicker wird, übersteigt diese Strahlung schnell die Grenze dessen, was für Organismen zuträglich ist. Das Zentrum einer Galaxie, Kugelsternhaufen oder auch die Randgebiete sind lebensfeindlich.

Wie der galaktische Lebensgürtel in der Milchstraße definiert sein könnte, ist weitgehend unerforscht. Nur zehn Prozent - aller Sterne unserer Galaxie befinden sich in dieser Zone, und die Hälfte von ihnen ist älter als unsere Sonne, erklärt Charly

Lineweaver von der Universität von New South Wales. Astronomen wie Guillermo Gonzalez von der University of Washington glauben deshalb, dass die Chance, höhere Lebensformen zu finden, viel geringer ist, als von vielen Astronomen, Astrobiologen und der breiten Öffentlichkeit angenommen wird. Die »ökologische Nische« für belebte Exoplaneten sei kleiner, als es auf den ersten Blick erscheine.

Vielleicht hat Enrico Fermi Recht, und Drakes Gleichung ist nichts anderes als ein in Rechenschritte geronnener Traum. Vielleicht ist die nächste von intelligenten Lebewesen bewohnte Erde einfach zu weit weg, um mit uns in Kontakt zu treten. Vielleicht fängt aber SETI eines Tages ein Zeichen ein – auch wenn es nicht ratsam ist, darauf zu wetten.

Der Blick zu den Sternen ist immer überwältigend, vor allem fernab der beleuchteten Städte, wenn der Nachthimmel seine ganze Pracht entfaltet. Wie in Afrika, in den Hügeln oberhalb des Malawisees. Den ganzen Abend über haben wir Trommeln und Gesang gehört. Beim Medizinmann wird Vimbuza getanzt, erklärt Samson. Er fragt, ob wir uns die Zeremonie ansehen wollen. Also machen wir uns auf, stapfen über tiefe Sandwege den Hügel hinauf und kommen schließlich bei der »Klinik« des Zauberarztes an. Die besteht aus kleinen, grauen Lehmhütten, die um eine große herum gebaut sind. Aus ihr dringt der Gesang. Samson verhandelt mit dem Medizinmann, wir dürfen hinein. In der Hütte kämpft eine kleine Petroleumlampe gegen die Finsternis. Dicht gedrängt sitzen die Kranken auf dem Boden. Die Frauen singen, schlagen mit Rasseln und Hölzern den Takt. Der Trommler fällt ein, dann der Tänzer, um dessen Hüften und Füße dicht mit Schellen besetzte Gürtel geschlungen sind. Die Trommel dröhnt, zuckend bringt der Tänzer die Glöckchen zum Klingen. Er tanzt sich in Trance. Trommeln, Glöckchen, Rasseln, Hölzer, die Stimmen. Ob wohl auf einem anderen, fernen Planeten jemand Musik hört?

Danksagung

Manche Recherchen lassen einen nicht mehr los, weil sie so spannend sind. Die über die Geschichte des Lebens gehört ganz sicher dazu. Deshalb möchte ich mich besonders bei Uli Blumenthal vom Deutschlandfunk bedanken, der dieses Thema ebenfalls so faszinierend fand, dass wir mehrere Features dazu ausstrahlen konnten. Nur so war es möglich, über Jahre Kontakt mit den Forschern zu halten und »am Puls« des Forschungsgeschehens zu bleiben. Auch Dorothea Runge vom Westdeutschen Rundfunk machte es mir möglich, mich dem Thema »Entstehung des Lebens« zu widmen.

Vor allem möchte ich mich bei den Wissenschaftlern bedanken, die ich bei ihrer Arbeit im Gelände besuchen durfte und die mir dort geduldig alle Fragen beantworteten, wenn ich mit dem Mikrofon wieder einmal bei ihnen auftauchte. Da ist Simon Wilde von der Curtin University in Perth zu nennen, Peter Appel vom Geologischen Dienst Dänemarks, Stephen Moorbath von der Oxford University und Friedemann Schrenk vom Frankfurter Senckenberg Museum.

Auch auf Konferenzen und bei Labor- und Institutsbesuchen nahmen sich viele Wissenschaftler Zeit, um mir ihre Forschungen zu erklären. Während ich dieses Buch schrieb, standen sie mir per E-Mail und Telefon zur Seite, wenn neue Aspekte eingeordnet werden mussten oder sie selbst neue Ergebnisse hatten. Mein Dank dafür gilt Michel Mayor und Didier Queloz von der Universität Genf, Willy Benz von der Universität Bern, Alan Boss von der Carnegie-Institution in Washington, D. C., und nicht zuletzt Geoffrey W. Marcy von der University of California in Berkeley, die mir die Exoplaneten näher brachten, und er geht auch an George Wetherill von der Carnegie Institution für seine Erläuterungen zur Planetenentstehung. Wie alt die Erde ist, erfuhr ich von Klaus Mezger von der Universität Münster und Thorsten Kleine von der ETH Zürich. Danke auch an James Kasting von der Penn State University, der mir immer bereitwillig zu den Problemen von jungen Atmosphären auf den Planeten unseres Sonnensystems Auskunft gab. Euan Nisbet von der Royal Holloway University of London erklärte mir die paläontologischen Befunde zur frühen Lebenswelt und die Geologie des Archaikums, ebenso Martin van Kranendonk vom Geologischen Dienst Westaustraliens in Perth. In die Geheimnisse der Laborforschung zum Ursprung des Lebens und in den Forschungszweig Astrobiologie führten mich Bob Hazen von der Carnegie Institution, Harold Morowitz von der George Mason University und André Brack vom französischen Centre de Biophysique Moléculaire in Orléans ein, ebenso Bruce Runnegar von der University of California in Los Angeles, Jack Farmer und Jonathan Lunine von der Arizona State University und Tilman Spohn vom Institut für Planetenforschung des Deutschen Zentrums für Luft- und Raumfahrt DLR. Die Paläontologen Doug Erwin vom Smithsonian Museum of Natural History in Washington, D. C., Peter Ward von der University of Washington in Seattle, David Bottjer von der University of Southern California in Los Angeles und Steve Benner von der Harvard University berichteten von Massenaussterben und der Wirkung des Sauerstoffs auf die Lebenswelt. Die Geophysiker Hans-Peter Bunge von der Ludwig-Maximilians-Universität in München, Onno Oncken vom Geoforschungszentrum Potsdam und Kent Condie vom New Mexico Institute of Mining and Technology in Soccorro erzählten von der Plattentektonik. Den Kontakt zur Tiefseeforschung verdanke ich unter anderem John Baross von der University of Washington in Seattle und Jack Corliss von der Central European University in Budapest und vor allem Professor Paul Tyler vom National Oceanography Center in Southampton. Mit Karl Stetter, Emeritus von der Universität Regensburg, hatte ich das große Vergnügen, über Extremophile reden zu dürfen. Diese Liste ist nicht vollständig, und ich möchte diejenigen um Verzeihung bitten, die hier aus Platzgründen nicht erwähnt wurden.

Dann gilt mein besonders großer Dank meinem Agenten Ulrich Pöppl, meiner Lektorin Julika Jänicke und all denjenigen, die geduldig und mit Sachverstand das Manuskript gegengelesen haben: meine Kollegen Arndt Reuning, Michael Lange und Angela Müller-Möhring sowie die Wissenschaftler Willy Benz, Hans-Peter Bunge, Norbert Junkes und Klaus Mezger. Danke auch an den List Verlag. Zum Schluss möchte ich mich bei meiner Familie bedanken, die mich während des Schreibens immer wieder unterstützt und mir den Rücken freigehalten hat. Danke an alle.

Anmerkungen

Kapitel 1

1 Cyanobakterien gehören zu den Bakterien, die Photosynthese betreiben. Früher hat man sie für Algen gehalten, weshalb sie auch »Blaualgen« genannt wurden.

2 John McPhee, *Basin and Range*. New York: Farrar Straus Giroux, 1981.

3 Richter Potter Stewart vom U. S. Supreme Court hat dieses Statement am 22. Juni 1964 abgegeben, als es um die Definition von Pornografie ging.

4 Noam Lahav, *Biogenesis – Theories of Life's Origin*. Oxford: Oxford University Press, 1999.

5 Aminosäuren sind die Bausteine der Proteine. Sie bestehen aus einer Aminogruppe (-NH_2) und einer Säuregruppe (-COOH). Das irdische Leben verwendet 23 verschiedene Aminosäuren, im menschlichen Körper sind es 20. Neben diesen »proteinogenen« gibt es noch viele andere Aminosäuren, die nicht am Aufbau von Proteinen beteiligt sind.

6 John Burdon Sanderson Haldane, geboren am 5. November 1892 in Edinburgh, gestorben am 1. Dezember 1964 in Bhubaneswar im Bundesstaat Orissa, Indien. Einige Zitate des Genetikers sind wahrscheinlich berühmter als er selbst.

Kapitel 2

7 Bellerophon ist der inoffizielle Name von 51 Pegasi b. Das »b« kennzeichnet, dass es sich bei diesem Planeten um den ersten gefundenen Begleiter seines Sterns handelt. Jeder weitere Planet bekäme dann die Bezeichnung c, d, e und so weiter. Bellerophon ist benannt nach dem griechischen Helden, der das geflügelte Pferd Pegasus zähmte.

8 51 Pegasi ist eine Sonne im Sternbild Pegasus.

9 Die Exoplaneten oder extrasolare Planeten sind Planeten außerhalb unseres Sonnensystems.

10 Die ersten Exoplaneten überhaupt wurden 1992 von dem Astronomen Alexander Wolszczan entdeckt. Allerdings fliegen diese Planeten nicht um einen Stern, sondern umkreisen einen Pulsar namens PSR B1257+12 im Sternbild Jungfrau. 51 Pegasi ist der erste Exoplanet um eine Sonne.

11 Die Bahn von 51 Pegasi b beträgt 0,052 AE (Astronomische Einheit, also der mittlere Abstand zwischen der Sonne und der Erde, derzeit rund 150 Millionen Kilometer), Merkur hat einen mittleren Sonnenabstand von 0,387 AE. Merkur braucht immerhin 88 Tage, um die Sonne einmal zu umrunden, 51 Pegasi b nur vier.

12 Unter Gasplaneten versteht man Riesenplaneten wie Jupiter, die größtenteils aus leichten Elementen wie Helium und Wasserstoff und nur zu einem geringen Anteil aus schwereren Elementen bestehen. In unserem Sonnensystem gibt es vier Gasriesen: Jupiter, Saturn, Uranus und Neptun.

13 James Pollack war Astrophysiker am NASA Ames Research Center in Kalifornien.

14 Es gibt mehrere indirekte Methoden, um Planeten zu finden, die um fremde Sonnen kreisen. Eine nutzt den Transit eines Planeten: Zieht der Begleiter vor seinem Stern vorbei, sinkt dessen Helligkeit ganz leicht ab, was sich manchmal messen lässt. Die Microlensing-Methode wiederum nutzt Einsteins allgemeine Relativitätstheorie, nach der die Schwerkraft eines »astronomischen Objekts« im Vordergrund das Licht eines Objekts im Hintergrund ablenkt. Die Verstärkung nimmt zu, wenn sich der Stern vor dem Hintergrundobjekt vorbeibewegt, danach wieder ab. Planeten setzen diesem Verlauf dann Spitzen auf. Eine dritte Methode ist die Astro-Seismologie, bei der die kleinen akustischen Wellen vermessen werden, die die Oberfläche eines Sterns periodisch pulsieren lassen. Die einfachste Methode beruht auf dem Dopplereffekt. Dabei werden die Bewegungen der fernen Sonne selbst überwacht, denn die Schwerkraft eines Planeten bringt den Zentralstern ein wenig ins Schlingern,

das man dann auf der Erde als Verschiebung im Lichtspektrum erkennt.

15 Der Dopplereffekt wurde nach dem österreichischen Physiker Christian Doppler benannt, der am 25. Mai 1842 das Buch veröffentlichte, das seinen Namen bis heute weltberühmt machte: »Über das farbige Licht der Doppelsterne«. Der Dopplereffekt bezeichnet die Veränderungen der Frequenz von Wellen, und zwar abhängig davon, ob sich Quelle und Betrachter einander nähern oder sich voneinander entfernen. Ein Beispiel ist das Martinshorn eines Krankenwagens. Nähert sich das Fahrzeug, ist der Ton höher, entfernt es sich, wird er tiefer.

16 Spektrometer sind optische Geräte, die Licht der verschiedensten Wellenlängen in ein Spektrum – also in seine verschiedenen Farben – zerlegen und registrieren.

17 Braune Zwerge sind gescheiterte Sterne, die mit 15 und 75 Jupitermassen zu klein sind, um in ihrem Inneren eine stabile Kernfusion zu zünden und den Wasserstoff zu Helium zu verbrennen. Sie nehmen eine Sonderstellung zwischen Planeten und Sternen ein und sind gewissermaßen nicht Fisch und nicht Fleisch.

18 Der Asteroidengürtel befindet sich zwischen den Bahnen von Mars und Jupiter. Es ist der Bereich in unserem Sonnensystem, in dem die meisten Asteroiden – kleine, unregelmäßig geformte Steinbrocken – fliegen. Im Asteroidengürtel sind rund 220 000 Asteroiden bekannt, wahrscheinlich sind es aber sehr viel mehr.

19 Gliese 876 war die Nummer 876 in dem Katalog der nahen Sterne, den der deutsche Astronom Wilhelm Gliese in den 60er Jahren aufgestellt hatte. Der Stern ist nur 15 Lichtjahre von der Erde entfernt, aber so lichtschwach, dass er sich nur mit dem Teleskop beobachten lässt. Er hat drei Planeten.

Kapitel 3

20 Papst Pius XII., *Discorsi e Radiomessagi,* Bd. XIII, Rom: Ed. Vaticana, 1951, S. 404.

21 Sir Fred Hoyle war britischer Astronom und Mathematiker (1915–2001).

22 Zu diesem Zeitpunkt hat das Universum eine Temperatur von 10^{32} Kelvin, seine Dichte liegt bei unglaublichen 10^{92} g/cm^3 und seine Ausdehnung bei 10^{-33} cm.

23 Die Kelvin-Skala ist im Grunde nichts anderes als die Celsius-Temperaturskala mit verschobenem Nullpunkt. –273,15 °C entspricht 0 K. Damit hat die Kelvin-Skala den Vorteil, dass es keine negativen Temperaturen gibt. Die Abstände innerhalb der Skalen aber sind gleich: Ein Kelvin-Schritt entspricht einem Celsius-Schritt.

24 Alan Guth arbeitet am Massachusetts Institute of Technology in Boston. Er ist einer der Väter der Inflationstheorie.

25 Deuterium ist eine schwere Variante des Wasserstoffs, bei dem der Atomkern nicht aus einem einzigen Proton besteht wie beim normalen Wasserstoff, sondern aus einem Proton und einem Neutron. Deuterium ist vermutlich unmittelbar nach dem Urknall entstanden und nicht erst in den Sonnen.

26 Seit der Aufnahme sind 13,7 Milliarden Jahre vergangen, eine schier endlose Zeitspanne, in der die kosmische Mikrowellen-Hintergrundstrahlung von seinerzeit 3000 K (2726 °C) auf 2,725 K (–270,275 °C) abgekühlt ist.

27 Die Dunkle Materie ist eine exotische Substanz, die wir zwar nicht sehen können, aber es gibt Beobachtungen, die darauf schließen lassen, dass sie existiert. Nach neuesten Erkenntnissen soll das Universum zu 23 Prozent aus Dunkler Materie bestehen, zu ca. 4 Prozent aus »gewöhnlicher Materie«, zu 0,3 Prozent aus Neutrinos und zu etwa 73 Prozent aus Dunkler Energie. Es könnte sein, dass Dunkle Materie und Dunkle Energie zwei Seiten einer Medaille sind, so wie Materie und Energie. Als Dunkle Energie wird eine bislang ebenfalls noch nicht nachgewiesene Form der Energie bezeichnet, die kein Licht, also keine elektromagnetische Energie, abstrahlt.

28 Astronomen verstehen unter einer Population eine Gruppe von Sternen einer Galaxie, die einander in Bewegung, chemischer Zusammensetzung und Alter ähnlich sind. Unsere Sonne und auch die anderen Sterne in der Scheibe unserer Milchstraße gehören der Population I an und fliegen in einer recht kreisförmigen Bahn um das Zentrum unserer Galaxis. Die Sterne der Population I enthalten wie die Sonne relativ viele schwere Elemente, die in früheren Sternengenerationen entstanden sind. In dem ausgedehnten kugelförmigen galaktischen Halo befinden sich die Sterne der Population II, die sehr viel weniger Metalle enthalten als die der Population I, die sehr viel älter sind und es auf bis zu zwölf, 13 Milliarden Jahre bringen. Sie werden auch in der Nähe unserer Sonne gefunden. Die ersten Sterne des Universums gehören der Population III an. Sie waren wahrscheinlich zu massereich und damit zu kurzlebig, um bis heute zu existieren.

29 Die Zeiten, da Sterne noch wohl klingende Namen erhielten wie »Wega« oder »Polaris«, sind lange vorbei. Heute bekommen sie eine Nummer aus dem Sternenkatalog. HE steht hier für »Hamburg/ESO Durchmusterung« oder neudeutsch »Survey«, eine Sternensichtung, die die Hamburger Sternwarte und die Europäische Südsternwarte ESO gemeinsam durchgeführt haben. Die Ziffern 0107–5240 geben die ungefähre Position am Himmel an: 1 Stunde und 7 Minuten in der Rektaszension, dem »Längengrad«, und -52 Grad und 40 Minuten in der Deklination, dem »Breitengrad«.

30 Für die Astronomen sind alle Elemente »Metalle«, die schwerer sind als Helium.

Kapitel 4

31 Erdähnliche Planeten oder terrestrische Planeten sind steinerne Himmelskörper, meist mit einem inneren Schalenaufbau. Im Zentrum befindet sich ein Eisenkern, der bei der Erde in einen festen »ausgefrorenen« und einen flüssigen

äußeren Kern unterteilt ist. Darüber befindet sich der steinerne Mantel, der vor allem aus Silikaten und Oxiden aufgebaut ist. Zuoberst liegt eine dünne Steinkruste, die ebenfalls aus Silikaten und Oxiden besteht. In der Erdkruste sind die leichteren Elemente angereichert, während die schweren Elemente wie Eisen schon sehr, sehr früh in der Erdgeschichte nach unten zum Erdkern hin gesunken sind. Bei einigen terrestrischen Planeten wie Venus und Mars schließt sich über der Kruste eine Atmosphäre an; bei der Erde gibt es auch noch eine Hydrosphäre: Ozeane, Flüsse und Seen.

32 Rund 20 Prozent der metallreichen Sonnen, die bislang auf Planeten untersucht worden sind, besitzen mindestens einen Riesenplaneten. Bei vielen anderen, so vermuten die Astronomen, hat man die Begleiter einfach noch nicht entdeckt. Umgekehrt haben Sterne mit sehr wenig schweren Elementen sehr selten detektierbare Planeten: Nur etwa zwei bis drei Prozent können sich damit schmücken.

33 Korund ist ein Aluminiumoxid. Es gilt nach dem Diamanten als das zweithärteste natürlich vorkommende Mineral. Zu den Korundformen gehören auch Rubine und Saphire.

34 Der Sonnenwind ist ein Strom geladener Teilchen, der von der Sonne ins All strömt. Er besteht hauptsächlich aus Protonen (also Wasserstoffkernen) und Elektronen sowie aus Heliumkernen.

35 Chondrite sind eine besondere Art der Meteoriten. Ihren Namen erhielten sie von den eingeschlossenen Silikatkügelchen, den so genannten Chondren, die in eine feinkörnige Matrix eingebettet sind. Eine Sonderform sind die kohligen Chondrite, die bis zu drei Prozent Kohlenstoff enthalten und deshalb schwarz gefärbt sind. Die kohligen Chondrite haben vermutlich die ursprüngliche Zusammensetzung der protoplanetaren Scheibe bewahrt.

36 Die Isotopenzusammensetzung von Erde und Mond legt nahe, dass Theia nicht weit von der Erde entfernt entstanden ist.

37 Die Lagrange-Punkte sind Gleichgewichtspunkte, in denen sich die Gravitationskraft und die Zentrifugalkraft auf einen dritten Körper sozusagen aufheben. Ein Körper, der

sich dort befindet, nimmt in Bezug auf die beiden anderen immer denselben Ort ein.

38 Isotope sind Atomkerne eines Elements, in dem unterschiedlich viele neutrale Bausteine, so genannte Neutronen, eingebaut sind. Das Element bleibt gleich, aber seine Masse ist unterschiedlich. So gibt es Sauerstoff in sieben Varianten, von denen allerdings vier synthetisch sind.

39 Radiometrische Datierungsmethoden beruhen darauf, dass es die chemischen Elemente in verschiedenen Spielarten, Isotopen, gibt. Das heißt nichts weiter, als dass im Atomkern eines Elements unterschiedlich viele neutrale Bausteine, so genannte Neutronen, eingebaut sein können. Allerdings sind diese Varianten nicht immer stabil, sondern sie zerfallen, sind radioaktiv. Glücklicherweise hat jedes dieser radioaktiven Isotope seinen eigenen Fingerabdruck: Es zerfällt in ganz typische Tochterisotope, und es gibt ein ebenfalls charakteristisches »Endprodukt«. Dieser Zerfall läuft nicht willkürlich ab, vielmehr haben radioaktive Isotope feste Halbwertzeiten. Nach dieser Zeitspanne ist nur noch die Hälfte dessen übrig, was zu Beginn da war.

40 Das Alter von Erde und Mond ist mit Hilfe des Zerfalls von Hafnium 182 in das stabile Wolfram-182 bestimmt worden. Das funktioniert, weil Hafnium-182 bereits 60 Millionen Jahre nach der Entstehung unseres Sonnensystems komplett zu Wolfram-182 zerfallen war. Hätte sich die Kollision erst nach diesen ersten 60 Millionen Jahren ereignet, wäre kein Hafnium-182 mehr übrig gewesen, und in allen Mondproben hätte gleich viel Wolfram-182 sein müssen. Die Isotopenchemiker fanden jedoch Variationen, was dafür spricht, dass der Zerfall noch lief.

Kapitel 5

41 Zirkone sind Silikatminerale, deren Farbe von Farblos, Goldgelb, Rot bis Braun variiert, sie können aber auch grün, blau oder schwarz sein. Für die Forschung brauchen die Geochemiker die farblosen Zirkone, weil nur sie sich

für die hochgenauen Messungen eignen. Heute entstehen Zirkone nicht nur in Graniten und in Anwesenheit von Wasser, sondern in Ausnahmefällen auch in besonders großen Magmenkammern wie etwa der unter Island.

42 SHRIMP steht für Sensitive High Resolution Ion Micro Probe.

43 Die Verhältnisse der Sauerstoffisotopen O_{16} und O_{18} zueinander verraten, dass es damals flüssiges Wasser gegeben haben muss. In dem Moment, in dem Steine bei niedrigen Temperaturen mit flüssigem Wasser reagieren, wird mehr O_{18} eingebaut, weil das normale O_{16} leichter verdunstet als das schwerere Isotop O_{18}. Weil die Zirkone mehr O_{18} enthalten, als normal ist, müssen die Steine, die schmolzen, damit das Magma entstand, an der Oberfläche gewesen sein, und zwar in Gegenwart von flüssigem Wasser, so die Interpretation der Forscher.

44 Die Zirkone liefern noch weitere Hinweise darauf, dass an dieser Idee etwas dran sein könnte: Anreicherungen von seltenen Elementen sprechen für eine kontinentale Kruste, ebenso winzigste Einschlüsse aus Quarz und Feldspat, denn diese Minerale sind in primitiven Basalten selten. Inzwischen sind Zirkone aus dem gesamten Hadaikum untersucht worden und auch etliche jüngere. Sie sind nicht zu unterscheiden, sodass sich die Bedingungen in der Frühzeit der Erde anscheinend nicht grundlegend verändert haben. Selbst anderthalb Milliarden Jahre später, als die ersten Bakterien auf der Erde lebten, waren die magmatischen Prozesse immer noch so wie am Anfang, was wiederum wichtig ist, um die Rahmenbedingungen auf diesem Planeten abzuschätzen.

Kapitel 6

45 Harold Urey erhielt 1934 den Nobelpreis für Chemie für die Entdeckung des schweren Wasserstoffs, des Deuterium.

46 The Darwin Correspondence Project, Online Database, University Library, Cambridge.

47 Die Forscher waren damals der Auffassung, dass sich der Eisenkern der Erde nur sehr langsam gebildet hat. Solange aber das Eisen im Erdmantel steckte und nach unten sickerte, band es der Theorie zufolge allen Sauerstoff an sich, sodass nur sauerstofffreie Vulkangase wie Methan oder Ammoniak aus der Erde strömten. Inzwischen steht fest, dass sich der Erdkern gleichzeitig mit der Erde selbst gebildet hat, weshalb sich die chemische Zusammensetzung der Vulkangase im Lauf der Erdgeschichte nur sehr wenig verändert hat.

Kapitel 7

48 Unter Ozonschicht versteht man den Teil der Stratosphäre, der vergleichsweise hohe Konzentrationen von Ozon enthält und gefährliche UV-Strahlung absorbiert.
49 Jack Donnelly war der Pilot und Tjeerd van Andel der zweite Wissenschaftler.
50 Dieses Phänomen wird als geothermische Tiefenstufe beschrieben. Darunter verstehen Geologen die Tiefe, in der sich die Erdkruste um je 1 °C erwärmt. Normalerweise wird es, wenn man ins Erdinnere hineinbohrt, alle 33 Meter um ein Grad wärmer. Allerdings gibt es Gebiete, in denen es erheblich schneller oder langsamer wärmer werden kann. So liegt die geothermische Tiefenstufe in der Schwäbischen Alb bei elf Metern, in dem uralten Kontinentkern Südafrikas dagegen bei 125 Metern.

Kapitel 8

51 Thomas R. Cech und Sidney Altman erhielten 1989 für ihre Entdeckung den Nobelpreis in Chemie.
52 Graham Cairns-Smith, *Seven Clues to the Origins of Life*, Cambridge, Cambridge University Press, 1985.

Kapitel 9

53 Fred Hoyle und Chandra Wickramasinghe, *Evolution from Space: A Theory of Cosmic Creationism*. New York: Simon & Schuster Adult Publishing Group, 1984.

54 Francis Crick, *Life itself*. New York: Simon & Schuster Adult Publishing Group, 1981.

55 Der absolute Nullpunkt ist der Beginn der wissenschaftlichen Temperaturskala. Der absolute Nullpunkt ist die tiefste mögliche Temperatur von 0 Kelvin. Das entspricht – 273,15 °C.

Kapitel 10

56 Chiralität kommt aus dem Griechischen und steht für »Händigkeit«.

57 Zu den Eukaryonten zählen Tiere, Pflanzen, Pilze und Einzeller wie die einzelligen Algen, bei denen die DNA in einer Hülle, dem Zellkern, verpackt ist. Sie haben in ihrem Inneren ein membranartiges feines Netzwerk, das Cytoskelett, und sie enthalten Mitochondrien, die als Zellkraftwerke dienen. Höhere Pflanzen und Algen besitzen Chloroplasten für die Photosynthese.

58 Prokaryonten sind einfache Zellen ohne Zellkern, bei denen die DNA frei im Cytoplasma schwimmt, der lebenden Substanz der Zellen. Sie enthalten keine Organellen wie z. B. Mitochondrien.

59 LUCA steht für Last Universal Common Ancestor.

Kapitel 11

60 Unter Metamorphose versteht man einen Prozess, durch den sich die Minerale in den Gesteinen verändern. Werden Gesteine tief in die Erde abgesenkt, geraten sie in die Zone, in der die Metamorphose abläuft. Je tiefer sie kommen, umso mehr steigen Druck und Temperatur um sie herum,

umso mehr heizen sie sich auf und werden durchgeknetet. Chemische Reaktionen verändern die Minerale, die dabei neu beziehungsweise umgebildet werden.

Kapitel 12

61 Frank Drake wurde am 28. Mai 1930 in Chicago geboren. Der Astronom und Astrophysiker ist seit 1984 Präsident des SETI-Instituts. Im November 1960 stellte er die nach ihm benannte Drake-Gleichung bei einer Tagung am Green-Bank-Observatorium im US-Bundesstaat Virginia vor.

62 Enrico Fermi (* 29. September 1901 in Rom, † 29. November 1954 in Chicago) war einer der bedeutendsten Kernphysiker des 20. Jahrhunderts und Nobelpreisträger.

63 Artefakte sind in diesem Zusammenhang Phantomstrukturen.

64 CHON steht für die chemischen Elemente Kohlenstoff, Wasserstoff, Sauerstoff und Stickstoff. Alles irdische Leben beruht auf ihnen, weshalb es auch CHON-Leben genannt wird.

65 Siehe Kohlenstoffzyklus S. 165.

66 Die deutsche »Star Trek«-Folge hieß »Horta rettet ihre Kinder«.

67 Cryovulkane haben, anders als es der Name vermuten lässt, nichts mit Vulkanen und geschmolzenem Magma zu tun. Sie entstehen auf sehr kalten Himmelskörpern und fördern keine Lava, sondern leicht schmelzbare Substanzen wie Methan, Kohlendioxid, Wasser oder Ammoniak, die im Inneren dieses Planeten oder Mondes gefroren sind. Durch Wärme im Inneren der Himmelskörper, die beispielsweise durch Gezeitenkräfte entsteht, schmilzt das Eis, und die Flüssigkeiten steigen auf. An der Oberfläche erstarrt der Auswurf dann wieder und bildet Strukturen, die an irdische Vulkane erinnern.

Kapitel 13

68 Alfred Wegener, * 1. November 1880, † November 1930.
69 Alfred Wegener hat diesen Durchbruch nicht miterlebt. Er starb kurz nach seinem 50. Geburtstag in Grönland. Seine Leiche wurde erst Monate später gefunden.

Kapitel 14

70 Photochemische Reaktionen sind Reaktionen, die durch das Licht angeregt werden.
71 Es gibt auch eine andere Version dieser Geschichte, nämlich dass es ein bakterieller Parasit war, der eine Wirtszelle befiel. Und daraus entwickelte sich die eukaryontische Zelle.
72 Lignin ist ein Makromolekül, das Pflanzen in ihre Zellwand einlagern und so dafür sorgen, dass die Zellen verholzen. Es ist neben der Zellulose der häufigste organische Stoff auf der Erde.
73 Interview mit Robert Dudley, University of California in Berkeley.
74 The Darwin Correspondence Project, Online Database. University Library, Cambridge.

Kapitel 15

75 Die Milanković-Zyklen entstehen durch wechselseitige Gravitationskräfte im System Sonne, Erde, Mond, die die Geometrie der Erdbahn um die Sonne etwa alle 100 000 Jahre verändern. Alle 40 000 Jahre verändert sich die Neigung der Erdachse zur Umlaufbahn. Das Ganze passiert zyklisch, und nach 25 000 Jahren fliegt die Erde wieder auf derselben Position wie zu Beginn.
76 Die Australopithecinen sind eine ausgestorbene Vormenschen-Gattung aus der Familie der Hominidea, zu der auch die Menschen gehören.

77 Stephen Jay Gould, *Wonderful Life: The Burgess Shale and the Nature of History*. New York: W. W. Norten & Co., 1990.
78 Simon Conway Morris, We were meant to be ..., New Scientist, 2369, 16. November 2002.

Literatur

Um einen möglichst hohen Grad an Aktualität zu gewährleisten, habe ich mich in diesem Buch zum großen Teil auf Daten und Fakten aus Interviews mit den beteiligten Forschern und aus Originalveröffentlichungen in wissenschaftlichen Zeitschriften gestützt. Im Folgenden eine Auswahl von Büchern und wichtigen Zeitschriftenaufsätzen zu diesem Thema, die ebenfalls bei der Recherche verwendet wurden:

André Brack (Hrsg.), *The Molecular Origin of Life*. Cambridge: Cambridge University Press, 1988

Graham Cairns-Smith, *Seven Clues to the Origins of Life*. Cambridge: Cambridge University Press, 1985

Francis Crick, *Life Itself*. New York: Simon & Schuster, 1982

Charles Darwin, *Die Entstehung der Arten*. Stuttgart: Reclam Verlag, 1976

Christian de Duve, *Ursprung des Lebens*. Heidelberg: Spektrum Akademischer Verlag, 1994

Stephen Jay Gould, *Wonderful Life: The Burgess Shale and the Nature of History*. New York: W. W. Norten & Co., 1990

Alan H. Guth, *The Inflationary Universe*. New York: Perseus Books, 1998

J. B. S. Haldane, »The Origin of Life«, in: *The rationalist annual*. London, 1929

Robert Hazen, *Genesis, The Scientific Quest for Life's Origin*. Washington D. C.: National Academy of Sciences, 2005

Arthur Holmes, *The Age of the Earth*. New York: Harper & Brothers, 1913

Xianguang Hou, Jan Bergström, Haifeng Wang et. al., *The Chengjiang Fauna*. Yunnan: Yunnan Science and Technology Press, 1999

Noam Lahav, *Biogenesis – Theories of Life's Origin*. Oxford: Oxford University Press, 1999

Harald Lesch, Jörn Müller, *Big Bang Zweiter Akt*. München: Wilhelm Goldmann Verlag, 2005

Jonathan Lunine, *Earth*. Cambridge: Cambridge University Press, 1999

Michel Mayor, Pierre-Yves Frei, *New Worlds in the Cosmos*. Cambridge: Cambridge University Press, 2003

Michel Mayor, Didier Queloz, »A Jupiter-Mass Companion to a Solar-Type Star«, in: *Nature*, 378, S. 355–359, 23. November 1995

Christopher McKay, »Time for Intelligence on Other Planets«, in: *Circumstellar Habitable Zones: Proceedings of the First International Conference*, Hrsg. L. Doyle. Menlo Park: Travis House Publishers, 1996

John McPhee, *Basin and Range*. New York: Farrar, Straus & Giroux, 1981

Stanley L. Miller, »A Production of Amino Acids Under Possible Primitive Earth Conditions«, in: *Science*, 117, S. 528–529, 15. Mai 1953

Simon Conway Morris, *Life's Solution*. Cambridge: Cambridge University Press, 2003

Papst Pius XII., *Discorsi e Radiomessagi*, Bd. XIII, S. 404, Rom: Ed. Vaticana, 1951

Frank Press, Raymond Siever, *Allgemeine Geologie (Grafik)*. Berlin: Spektrum Verlag, 1995

Horst Rauchfuß, *Chemische Evolution und Ursprung des Lebens*. Berlin: Springer Verlag, 2005

Dirk-Schulze-Makuch, Louis N. Irwin, *Life in the Universe*. Berlin: Springer Verlag, 2004

Simon Singh, *Big Bang*. München: Carl Hanser Verlag, 2004

Peter Ward, *Life As We Don't Know It*. New York: Viking Penguin, 2005

Peter Ward, Donald Brownlee, *Rare Earth*. New York: Copernicus Books, 2000

Simon A. Wilde et al., »Evidence from Detrital Zircons for the Existence of Continental Crust and Oceans on the Earth 4.4 Gyr ago«, in: *Nature*, 409, S. 175–178, 11. Januar 2001

Bildnachweis

Die Abbildungen stammen, soweit nicht gesondert aufgeführt, von Dagmar Röhrlich.

Alfred-Wegener-Institut: S. 164
Lynette Cook: S. 35, 38
Deutscher Infografikdienst: S. 20, 30, 60, 83, 116, 135, 175, 178
Xianguang Hou: S. 191
NASA: S. 53, 58, 100, 169
Bernd Pfarr: S. 45
Hermann Schäfer, Forschungsinstitut und Naturmuseum Senckenberg, Frankfurt am Main: S. 194/195
Forschungsinstitut und Naturmuseum Senckenberg, Frankfurt am Main: S. 213
UCLA: S. 64
University of Washington: S. 103
USGS: S. 98, 173

Wir danken allen Rechteinhabern für die Erlaubnis zum Abdruck der Abbildungen. Trotz intensiver Bemühungen war es nicht möglich, alle Rechteinhaber zu ermitteln. Wir bitten diese, sich an den Verlag zu wenden.

Register

µ Arae 40
16 Cygni B b 35
47 Ursae Majoris 34, 38, 40
47 Ursae Majoris b, c 40
51 Pegasi 27, 32 f., 35
51 Pegasi b 28, 31, 34, 36
55 rho Cancri A b, c, d, e 35
70 Virginis 34

Absoluter Nullpunkt 123
Acasta-Gneis 76, 78, 177
Adams, Douglas 7, 43, 109, 149, 185, 203
ALH84001 (Meteorit) 153 f.
Allamandola, Louis 123
Altman, Sidney 117
»Alvin« (Tiefsee-U-Boot) 96 f., 104
Aminosäuren 21, 87, 89, 92, 95, 109, 112 f., 115 ff., 125 ff., 131 f.
Anomalocaris 191
Apollo-Missionen 69, 125
Appel, Peter 132, 143–146
Aquifex-Bakterium 19, 138
Archaeen 107, 135 f., 138 f.
Ardipithecus 208
Aristoteles 23
Armstrong, Neil 69
Artensterben 195, 198
Asteroide 57 ff., 66, 72 ff., 127, 153, 211, 216
Asteroidengürtel 40 f., 71, 73
Astronomische Metalle 55
Atkins, Peter William 129
Atlantis (untermeerisches Bergmassiv) 102, 105
Atmosphäre 59
Aufrechter Gang 207 f.
Australopithecinen 208 ff.

Bakterien 10, 14 f., 19, 24 ff., 50, 59, 96, 98, 107 f., 135 f., 138 f., 153 f., 158, 162, 188, 192, 210, 212
Bändereisenerz 141, 143, 147
Baross, John A. 137, 163
Bäume 192 f.
Becquerel, Antoine Henri 68
Belbruno, Edward 65
Bellerophon 27 ff., 35
Benner, Steve 159
Benz, Willy 36 f.

Bernal, John Desmond 115
Berner, Robert 193
Bienen 214 f.
»Big Bang« s. Urknall
Bimsstein 114
»Black Smoker« 21, 97, 99, 104, 107, 110–114, 137, 185
Blank, Jennifer 127
Boss, Alan 29
Brack, André 115, 128
»Braune Zwerge« 32
Bromage, Timothy 204, 209
Bunge, Hans-Peter 180 f., 183
Burgess-Shales (Burgess-Schiefer) 190 f., 212
Butler, Paul 32, 34 f., 40

Cairns-Smith, Alexander Graham 118, 165
Campbell, Bruce 32
Canali (Mars) 152
»Cassini« (NASA-Sonde) 8, 101, 168
Cech, Thomas R. 117
Chandrasekhar, Subrahmanyan 44
Chiralität 131 f.
CHON-Leben 158 ff., 163, 165 f., 170 f., 212, 216
Chondriten 63, 125 f.
Chordatiere 212
Christlieb, Norbert 54
Chromosomen 187
Clinton, Bill 153
Condie, Kent 179
Cooper, George 126
Corliss, Jack 95 ff.
Crick, Francis 89, 121 f.
Cryovulkane 169
Cyanobakterien 14–17, 188, 216
Cygni B 35

Dart, Raymond 208
Darwin, Charles 18, 27, 87 f., 100, 138, 174, 190, 194, 196
»Darwin« (Weltraumteleskop) 9
Delphine 213 f.
Diatomeen 164 f.
DNA 25, 89–92, 115 ff., 121, 131, 134, 137 f., 159, 187
Dopplereffekt 31
Doushantou-Formation 189
Drake, Frank 149 ff.
Drake-Gleichung 149 f., 217
Drake-Passage 206 f.
Dunkle Energie 52
Dunkle Materie 51 f.
Duve, Christian de 117, 121

Ediacara-Fauna 189 f.
Egede, Hans 134
Einstein, Albert 141
Einzeller 14 f., 18 f., 23, 73, 107, 135, 147,

150, 156, 165, 179, 186, 188
Eiszeiten 144, 193, 205, 207
Elektromagnetische Wechselwirkung 46
»Élodie« (Spektrometer) 31 f.
Elysium-Region (Mars) 172
Enceladus (Saturnmond) 8, 101ff.
Endosymbionten 188
Enzyme 186, 188
Epsilon Eridani 151
Erbgut 19, 25
Erdalter 68, 77
Erde 8–11, 13, 15 f., 18, 20, 22, 25–30, 37, 39, 41, 59 ff., 64–77, 81–86, 90–93, 99, 101 f., 105 f., 109 f., 113, 119, 121 f., 124–131, 136 f., 141 ff., 147, 150, 152–159, 161 ff., 166 ff., 170 ff., 179–184, 185 ff., 192, 194, 196–201, 203–207, 211–217
Erdmagnetfeld 132, 176
Eros (Asteroid) 57 ff., 74
Erwin, Doug 199
ESA (Europäische Weltraumagentur) 8, 152, 158, 169
Eukaryonten 136, 138 f., 188 f., 192
Europa (Jupitermond) 8, 10, 26, 101, 106, 152, 161, 166, 172, 183
Evolution 11, 13, 19 f., 26, 39, 108, 118, 131, 134, 137 f., 154, 156, 158, 160, 179, 181, 183, 185, 187 ff., 192 f., 195 f., 198–201, 204, 207–216
Exoplaneten 10, 27, 29 f., 32–37, 40, 60, 184, 201, 204, 211 f., 215, 217
Extrasolare Planeten 34
Extremophile 107 f., 138

»falsches Vakuum« 47 f.
Farquhar, Bob 57 f.
Ferdinand II. 23
Fermi, Enrico 150, 215, 217
Fermi-Paradoxon 149
Ferries, James 117
Fixsterne 28
Foraminiferen 73
Fossilien 14, 26, 105, 130, 147, 152 f., 173 f., 187, 189, 191 f., 199, 204 f., 208 f., 216
Fowler, William 44

Galaktischer Lebensgürtel 216
Galilei, Galileo 30
Gasriesen 29 f., 32, 34–40, 71, 161, 168, 172
»Geburtsschrei« (des Universums) 51 f.
Gezeiten 70, 168, 175
»Giant Impact« 66, 69

Gletscher 144 f., 205 ff., 209
Gliese 876 b, c, d 35, 40
Gold, Thomas 95
Golfstrom 207
Gondwana (Urkontinent) 173
Gonzalez, Guillermo 217
Gorgonopsia 197 f., 200
Gott, J. Richard 65
Gould, Stephen Jay 212 f.
Gravitationslinseneffekt 41
Großer Bär (Sternbild) 34, 40
»Großes Kosmisches Bombardement« 72 f., 76
Gusev-Krater (Mars) 156 f.
Guth, Alan H. 47, 49

»Habitable zone« 40, 157
Hadaikum 76
Haldane, John Burdon Sanderson 13, 21, 88, 121, 160
Hale-Bopp (Komet) 73
Halit 123
Halley (Komet) 73
Halo 54, 216
Hämatit 156
Harrison, Mark 77
Hazen, Bob 110–113
HD209458b 36
HE0107–5240 54
HE1327–2326 54
Hedges, Blair 188 f.
Hellas-Becken (Mars) 183
Hess, Harry 176 f.
Hintergrundstrahlung 50 f.
Holmes, Arthur 68
Hominiden 196
Homo (Gattung) 208–211
Homo rudolfensis 210
Homo sapiens 130, 211
Hooker, Joseph 87
Horta 170
»Hot Jupiter« 35 ff.
Hoyle, Fred 44, 92, 121 f.
HR 4796 A 64 f.
Humboldtstrom 207
»Huygens« (Titansonde) 7, 167 ff.
Hyakutake (Komet) 73
Hydra (Sternbild) 54
Hydrothermale Quellen 99

Ichthyosaurier 213
Inflationstheorie 47 f.
Insekten 192 f., 214 f.
Intelligentes Leben/Intelligenz 8, 10 f., 28, 70, 109, 149, 152, 171, 181, 201, 203, 212–217
Interstellare Wolken 123 f., 126 f.
Iovianische Planeten 28
IRS 46 124
Isotope 66, 69, 72 f., 77 f., 83 f., 105 f., 143, 146 f., 153, 161, 186
Isua 9, 129 f., 132, 141–147, 154

Jack Hills 9, 76 f., 79 ff., 86, 143
Jarosit 155
Jørgensen, Bo Barker 106 f.
Joyse, Gerald 19 f.
Jungfrau (Sternbild) 34
Jupiter 8, 10, 26, 28 ff., 32, 34, 36 f., 40, 72 f., 88, 101, 105, 128, 158, 161

Kambrische Artenexplosion 190 f.
Kambrium 191
Karbon 194
Kassavafeld (Malawi) 205
Kasting, James 70 ff., 91, 157
Katzengold (Pyrit) 110 f., 113
Kennedy, Allen 77 f.
Kircher, Athanasius 23
Kissenlava 143, 145 f.
Kometen 22, 36, 66, 72 f., 121, 127, 137
Kontinentalverschiebung 173, 177
Konvektionsströmung/-zellen 180 f., 183
Konvergenz 213, 215
Kopernikus, Nikolaus 27 f., 172, 179
Korund 62
Kosmologie 46
Kristallwesen 118 f., 165
Kugelsternhaufen 216

Lahav, Noam 18, 115
Lahuis, Fred 124
Lake Thetis 13 f., 17, 26
Landbrücken 173 f.
Lateraler Gentransfer 139
Lazarus-Arten 199
Leben (Definition) 18 f.
Lemaître, Georges-Henri 43
Libellen 192, 215
Lignin 193
Lineweaver, Charly 217
Linné, Carl von 135
Lipide 21
»Lost City« 102–105
LUCA 136–139
»Lucy« (Fossil) 209

»Magnet Mountain« (Isua) 141
Magnetit 154
Magnetkies (Pyrrhotin) 111 f.
Malawisee 204, 217
Malema (Malawi) 204 ff., 210
Marcy, Geoffrey W. 32, 34 f., 40 f.
Mars 8 f., 11, 16, 26, 28, 30, 34, 61, 65, 70, 72 f., 76, 90, 101, 105, 128, 137, 141, 152–158, 171 f., 183 f., 185, 216
»Mars-Express« (ESA-Sonde) 158
Massenaussterben 187, 195 ff., 199 f.

Mayor, Michel 27, 31–34, 40
McKay, Christopher 203
McKay, David 153
McPhee, John 16
Meridiani Planum (Mars) 155 ff.
Merkur 28 f., 61, 72, 171 f.
Metamorphose 146
Meteoriten 22, 62 f., 76, 125 ff., 131, 136, 153 f.
Mezger, Klaus 68 f.
Mikroben 10 f., 13, 16, 18, 21 f., 24 f., 59, 70, 74, 89, 92, 96 ff., 100, 103–109, 134, 136 ff., 146, 152, 158, 160–164, 171 f., 184, 186, 189, 211, 216
Milanković-Zyklen 206
Milchstraße 10, 28, 54, 61, 149 f., 216
»Millenium-Man« 207
Miller, Stanley 22, 87–91, 93, 99, 112 f.
Minerale 22, 26, 63, 66, 73, 84, 99, 104, 110, 112 ff., 126, 132, 146, 153–156, 176, 186, 192
Mitochondrien 188
Mittelatlantischer Rücken 102 f.
Mittelozeanische Rücken 95, 98, 175 f., 179 f., 181
»molekulare Uhr« 187 ff.
Mond(e) 7–10, 26 f., 30, 58, 66, 68 ff., 72, 76, 84 f., 101, 105, 125, 137, 141, 152, 161, 166–170, 172, 212
Moorbath, Stephen 130, 133, 142 f., 146
Morgan, W. Jason 177
Morowitz, Harold 109 f., 112 f.
Morris, Simon Conway 212–215
Murchison-Meteorit 125 f., 132
Murray-Meteorit 126
MWC 297 62 f.
Mycobakterien 164
Myers, John 130
NASA 8, 19, 74, 101, 123, 152 f., 155 ff., 163
NEAR-Shoemaker (Raumsonde) 57 ff., 74
Needham, John Turberville 24
Nemitz, Gregory W. 74
Neptun 41, 166
Neutronensterne 216
Nisbet, Euan 185

OGLE-05–390L 41
OGLE-2005-BLG-390Lb 40 f.
OGLE-TR-56 36
Ökosphäre (von Sonnensystemen) 39 f., 71, 157
Ökosystem 198–201
Olympus Mons (Mars) 172
Onstott, Tullis 108
Opahania 191

Oparin, Alexander 88
»Opportunity« (Mars-Rover) 155
Orrorin 207
Ostafrikanischer Graben 204
Oxidation 186
Ozma (Projekt) 151
Ozonschicht 93, 110, 153, 186

Paläo-Malawisee 204
Pangäa 196
Panspermie 109, 121 f.
Panthalassischer Ozean 196
Paranthropus 209 f.
Parkes, John 107
Pasteur, Louis 24 f.
Patterson, Clair 68
Pegasus (Sternbild) 33
Perm 196 f., 200
Perseus (Sternbild) 28
Phoenix (Sternbild) 54
Photosynthese 14 ff., 97, 162, 185, 188, 192, 212
Pikaia 212 f.
Pius XII. 44
Planeten 9 ff., 15 ff., 25, 27–41, 46, 57–66, 69–72, 76, 86, 90 f., 100 ff., 106, 109 f., 113, 119, 121 f., 124 f., 127–130, 136 f., 149 f., 152 ff., 157 ff., 161, 166, 168, 171 f., 177 f., 181 ff., 185, 192, 194 f., 198, 201, 203, 206, 211 ff., 215 f.
Planetesimale 64, 71
Plankton 147, 198
Plattentektonik 59 f., 76, 95, 172, 177–184, 206
Pockenvirus 19
Polarstern 33
Pollack, James B. 29, 37
Population II 54
Population III 52
präsolare Körner 62
Primaten 213
Prokaryonten s. Bakterien
Proteine 25, 87, 89, 91 f., 109, 115 ff., 131, 134 f., 137, 159 f.
Proteobakterien 188
Proterosuchus fergusi 200
Protoerde 65 f., 69
Protoleben 26, 115
Protoplanetare Scheiben 37, 61, 63 ff., 70 f., 124–127, 168, 185
Protoplaneten 64 f., 70, 71
Protosonnen 61 f.
Protosterne 62
Protozelle 118
Pulsierende Sterne 33
Pyrit s. Katzengold
Pyrrhotin s. Magnetkies

Queloz, Didier 27 f., 32 ff., 37, 40

Radiometrische Datierung 68
Redi, Francesco 23, 67, 87
Reptilien 200, 213
Ribosom 134, 154

RNA 21, 115–118, 131, 134, 137, 158
»Roaster« 35, 37
Roddenberry, Gene 165
rRNA-Gene 134, 136
»Rulemig« 144
Runnegar, Bruce 136, 157

Safranov, Viktor 61
Sagan, Carl 150
Sagittarius (Sternbild) 28
Sahelanthropus 208
Saturn 7 f., 29 f., 88, 100 f., 166 ff.
Säugetiere 197, 200 f., 214 f.
Saurier 17, 197, 200, 213
Schiaparelli, Giovanni Virginio 8, 152
Schlangenträger (Ophiuchus) (Sternbild) 124
»Schneegrenze« 29
Schöpfung 13, 22, 75
Schrenk, Friedemann 204, 208–211
Schulze-Makuch, Dirk 162 f., 170
Schwache Wechselwirkung 46, 132
Schwefeldioxid 163
Schwefelwasserstoff 163
»Seafloor spreading« (Meeresspreizen) 177
Seeanemone 199 f.
SETI 151, 213, 217
Shinitzky, Meir 132
Shoemaker, Gene 59
SHRIMP (Ionensonde) 77, 81
Silane 166 f.
Silizium (-wesen) 163–167, 169 f., 216
Singularität 43, 46 f., 52
Smith, Joseph V. 110
Solarnebel 61, 69
Sonne(n) 9 f., 15 f., 27–32, 34–37, 39, 41, 47, 52–55, 59, 61–66, 69–72, 75, 85, 93, 97, 101, 108 ff., 122 ff., 137, 142, 153, 157, 161 f., 167 f., 171, 177, 182, 185 f., 199, 212, 216 f.
Sonnensystem(e) 8 f., 28–31, 34, 37–41, 57, 59, 61, 63, 65, 71 f., 74, 100 f., 124 f., 141, 152, 158, 166, 169, 171 f., 183, 212 f., 216
Sonnenwind 63, 90, 124, 153
Spallanzani, Lazzaro 24
Spektrometer 31, 36, 68, 151, 168
»Spirit« (Mars-Rover) 155 f.
Spitzer-Weltraumteleskop 53 f., 124
Spontanzeugung 23 ff., 67
Squyres, Steve 155 ff.
Starke Wechselwirkung 46
Steinplaneten s. terrestrische Planeten

Steno, Nicolaus 67
Sternbilder 33 f., 54, 57, 64, 124
Sterne 27–38, 40 f., 50, 52–55, 61 f., 64, 122, 124, 149 ff., 161, 216 f.
Stetter, Karl 138
Stoffwechsel 19, 21 f., 111, 117 f., 139, 165, 216
Stratosphäre 186
Stromatolithen 14–17
Subduktion(-szonen) 177, 180, 183
»Supererde« 40 f.
Supernovae 53, 61 f., 126, 216
»Superplume« 197, 201
»Super-Roaster« 35
Symbiose 188
Szostak, Jack 118 f.

Tagish-Lake-Meteorit 126
tau Bootes A b 35
Tau Ceti 151
Taung-Baby 208 f.
Tausendfüßer 192
Terrestrische Planeten (Steinplaneten) 28, 39 f., 55, 59, 69–72, 105, 149, 158, 160 f., 166, 168, 216
Tharsis-Region (Mars) 172, 183
Theia 65 f., 69, 76, 84, 85, 90
Therapsiden 196, 201
Titan (Saturnmond) 7 f., 152, 166–170, 172, 216
Tobie, Gabriel 168
Tonminerale/Tone 114 f., 117 f., 147, 185
Tracheen 193
Treibhausgase/-effekt 59, 73 f., 152, 161, 182, 193, 198, 206, 212
Tremaine, Scott 27
Trias 196, 198, 200
Trilobiten 191
Triton (Neptunmond) 161, 166 f.
Turbidit 146 f.

Urey, Harold 22, 87 ff., 91, 112
Uratom 44
Urknall 10, 21, 43–49, 50 f., 132
Urkraft 46 ff.
»Ursuppe« 21 f., 89, 92, 110, 121, 131, 185
Urzelle 126
Ussher, James 66 f.

Valles Marineris (Mars) 172
Venus 16, 28, 30, 61, 69 f., 72, 74, 90, 101, 137, 152, 161 ff., 169, 171 f., 182 ff., 185
Verne, Jules 100
»Very Hot Jupiter« 35
Viren 19 f., 115, 121, 158
»Voyager«-Sonden 30
Vulkanismus 8, 16, 59, 85, 91, 93, 98 f., 101 f., 113 f., 129, 136, 143, 147, 155, 157 f., 161,

163, 168 f., 171 f., 179 f., 182 f., 186, 197, 206, 212, 216

Wächtershäuser, Günter 110 ff., 114
Walker, Gordon 32
Walsh, Mary 79
Walsh, Match 79
Wandelsterne 28, 177
Ward, Peter 183, 196 f., 200, 215
Wassermann (Sternbild) 57
Watson, James 89
Wegener, Alfred 171–175, 177
Wetherill, George 57, 61, 64
Whittle, Mark 51 f.
Wilde, Simon 75–84
Wilson, J. Tuzo 177
Wirbeltiere 212 ff.
Witwatersrand 107 f.
Woese, Carl 134 f., 138 f.
Wray, Gregory 187

Ypsilon Andromedae b, c, d 35

Zellen 19 ff., 89, 91, 106 f., 111, 114, 116 ff., 121, 126 f., 131, 134 ff., 139, 154, 159 f., 187 ff., 210, 212
Zentaur (Sternbild) 64
Zentralsterne 34, 36 f., 137, 157
Zirkone 75–78, 80–85, 86, 143 f.
Zweigeschlechtliche Fortpflanzung 187
Zwergsterne 28 f., 40, 46